U0160912

井中雷达成像理论及技术

赵　青　刘述章　著

科学出版社

北　京

内 容 简 介

井中雷达成像理论及技术是探测地面以下介质的物理特性和分布规律的一种先进理论和技术,以其更大深度、近距离目标探测、噪声干扰小等一系列优点,而被地质和石化行业所广泛采用。本书从理论与工程应用相结合的角度,系统地介绍了井中雷达的主要内容,包括井中雷达的基本原理、瞬态脉冲在井周地质中的传播特性、适用于井中的天线系统、发射与接收系统、数据采集与处理系统;并介绍了井中雷达的应用实例。全书共8章,分别从不同的角度阐释了井中雷达的有关内容,为井中雷达技术的科学发展和深入应用打下了一个良好的基础。通过对本书的学习,读者能够基本了解和系统地掌握井中雷达成像的相关理论和技术。

本书可作为高等院校相关专业学生的参考教材,亦可供从事相关领域的科研及工程技术人员参考。

图书在版编目(CIP)数据

井中雷达成像理论及技术 / 赵青,刘述章著.—北京:科学出版社,2021.6

ISBN 978-7-03-068772-2

Ⅰ. ①井… Ⅱ. ①赵… ②刘… Ⅲ. ①雷达成像-研究 Ⅳ. ①TN957.52

中国版本图书馆CIP数据核字(2021)第089400号

责任编辑:刘凤娟 郭学雯 / 责任校对:彭珍珍
责任印制:吴兆东 / 封面设计:无极书装

科学出版社 出版
北京东黄城根北街16号
邮政编码:100717
http://www.sciencep.com
北京中石油彩色印刷有限责任公司 印刷
科学出版社发行 各地新华书店经销

*

2021年6月第 一 版 开本:720×1000 B5
2023年2月第二次印刷 印张:17 1/2
字数:343 000

定价:119.00元

(如有印装质量问题,我社负责调换)

前　言

探地雷达（ground penetrating radar，GPR），是利用系统产生的无线电磁波信号对冰面、地面或者其他介质层进行照射，根据电磁波信号在不同物性介质之间的反射及透射规律，探测地下结构和特性，或者探测埋藏在介质层中间以及介质层后面的目标物体的一种雷达。GPR 根据接收的电磁波信号所反映的波形特征、振幅强弱和走时变化特征等，实现对地下介质的空间位置结构、形态特征和埋藏深度的评价。这些信号主要受到探测信号频率、波长、波速、目标物体和介质层电导率、介电系数等参数的影响。由此可以看到，GPR 所面临的环境是比较复杂的，需要考虑更多影响信号参数的因素。GPR 系统的大框架结构与常规雷达基本一致，也是由发射系统和接收系统构成的，包括发射天线和接收天线，电源设备和信号传输线路，以及控制设备、数据存储和处理单元等。但是，GPR 主要探测一些介质层结构和特性，以及埋藏在介质层中间以及介质层后面的目标物体，发射的电磁波信号能量主要是照射地下浅表层或者介质层所在的方向，而大多数常规雷达是经由自由空间进行目标探测的。GPR 的这种特点，使其与传统雷达有很多不同，其具有操作简单、分辨率高等优点，因而被广泛地应用在许多领域中，在军事和民用方面都表现出强劲的生命力和广阔的应用前景。

钻孔雷达（borehole radar，BHR），是一种适用于井孔之中的深地层特殊环境的高效 GPR，是常规 GPR 技术的发展和延伸。它采用频带较宽的瞬态脉冲信号，其主要频谱范围为 10～1000MHz，能够下放到地面以下相当深的井孔中，完成对井周地质环境的勘探。

本书之所以采用井中雷达这种概念，主要是因为目前钻孔雷达所适用的井均不涉及数千米的高温高压和有泥浆的环境，在这样的环境条件下，传统的地球物理测井方法只能获取井周有限范围内的地层信息，这些测井方法受限于井孔布局，存在径向探测距离短、勘探效率低下等局限，对强非均质性、微裂缝发育的区域，低孔-低渗-致密性储层的识别将面临很大困难，因此会遗漏很多重要的地下介质信息。虽然现有的常规 GPR 测井方法也能获取一些有限范围的地质结构内容，但是，相较而言，井中雷达明显具有更大的探测范围及更高的分辨率，可以为更好地了解地层构造提供条件。因此，对于想要探测深地层结构和介质物性参数的情况，井中雷达则具有比较明显的性能优势。在一些导电率比较低的岩石中，径向探测范围也可以达到 10～20m。除了这些更加宽广的探测范围以外，井中 GPR 系统还可以在每一个重点深度进行多次的重复探测，通过对这些探测结果的平均叠加，可以有效地改善系统的信噪比。由此可见，井中雷达的概念相比钻孔雷达具有更广泛的适应性，是一个更大范围的概念。因此，本书所涉及的井中雷达就包括了钻孔雷达。

从雷达体制上来讲，GPR、钻孔雷达、井中雷达系统可分为时域雷达系统和频域雷达系统两类，对应的雷达探测信号也可以分为时域信号与频域信号两种形式。而钻孔雷达和井中雷达系统目前常用的还是时域信号系统的探测方式。时域雷达系统相较频域雷达系统而言，具有系统容易实现、探测信号频谱范围广、发射探测信号瞬态功率大、研究开发成熟、应用比较广泛、测量结果直观等特点；而频域雷达系统实现起来相对比较复杂，但在一定条件下能够实现比较大的系统动态范围，具有比较好的分辨率等特点。

井中雷达技术的研究在美国、加拿大、澳大利亚、德国、意大利和日本等国开展得比较早，已经开发出了多种以时域瞬态脉冲体制为主的商业化井中雷达探测仪器系统，但是这些仪器适用的范围都比较有限，井下探测器部分尚不能承受 1000m 或更深井中的高温高压和有泥浆的环境。而且，井下探测器和地面控制系统之间多采用光缆进行数据传输，由于光缆的拉伸特性较差、适应温度变化的范围较小，很难满足油田测井的实际作业要求。频域系统的收发天线之间的电磁泄漏会形成强信号，易导致接收机饱和，为动态范围的提高带来很大的挑战，所以频域 GPR 系统的开发成本较高。因此，目前主要仍是一些欧美国家在开展频域 GPR 系统的相关研究工作。例如，美国劳伦斯利弗莫尔国家实验室（Lawrence Livermore National Laboratory）的研究小组利用频域系统开展了一些地球物理勘探工作。20 世纪 90 年代开始，日本东北大学和大阪电气通信大学主要开展极化钻孔雷达系统的研究，该系统属于频域钻孔雷达，他们主要借助矢量网络分析仪进行实验数据采集。

近年来，国内也有一些高校、科研及企业单位开始对井中雷达技术逐步加大研发力度。2004 年，吉林大学刘四新等采用现有的矢量网络分析仪实现了步进频率体制钻孔雷达系统，该步进频率钻孔雷达设计中使用非对称光纤传输采样数据及控制命令。他们分别研究了长白山地热田中的裂缝区、辽宁岫岩玉矿中的地下空洞以及吉林省临江市东八里沟矿探区的矿化带等。"十二五"期间，电子科技大学与中国石化集团华北石油局测井公司联合开展了井中雷达的基础理论和关键技术研究，开发出了具有自主知识产权的瞬态脉冲雷达成像测井系统，该系统主要瞄准地下油气资源的勘探，测井深度达到 2000m，工作承压 50MPa，径向探测距离大于 5m，工作温度 $-30\sim97$℃，初步实现了对井周异常目标体的定位。但目前国内外的井中雷达系统对于充满泥浆的井眼，以及井下的高温高压环境，仍面临着诸多理论和技术挑战，还有很多亟待研究和发展的内容。

井中雷达作为一种新型的地球物理探测方式，已经引起了科技界和企业界的极大兴趣。井中 GPR 凭借其技术优势，已经被广泛地应用于水文地质学、温室气体探测、空洞和裂缝探测、矿藏勘探、喀斯特地形探测、盐丘调查和测井等诸多领域。到目前为止，已有不少研究者采用井中雷达进行地下油气资源的勘探，并且在这个领域里提出了不少新的理论和技术方法。Web of Science 对近十几年有关井中雷达方面文章的统计表明：对井中雷达的研究总体呈上升趋势。

　　井中雷达成像测井技术是井中雷达的一个主要应用领域，主要应用于油气资源勘探和油井测井，是国际上比较新的测井技术发展方向。井中雷达成像测井系统主要是在数千米深的地层进行勘探工作，需要克服充满泥浆的井眼中的高温高压环境，实现对井眼周围地层结构的三维成像，进而完成对油气储层的评价。

赵　青

2021 年 1 月

目　　录

第1章　井中雷达的基本原理和方法

1.1　井中雷达的基本原理和概念

1.1.1　井中雷达的基础理论

1. 井中雷达的工作频谱

井中雷达技术是一种利用电磁波信号进行目标探测的技术，因此有必要对井中雷达技术中所应用的电磁波信号频谱的概念有一个了解。目前已知的和应用到的电磁波信号的频谱范围是一个非常宽广的概念，低可至脑电波的 0.1Hz，可至 X 射线/γ 射线，其间包括了甚低频（VLF）3～30kHz，低频（LF）30～300kHz，中频（MF）300～3000kHz，高频（HF）3～30MHz，甚高频（VHF）30～300MHz，特高频（UHF）300～3000MHz，超高频（SHF）3～30GHz，极高频（EHF）30～300GHz，至高频（THF）300～3000GHz（也有太赫兹 0.1～10THz 这种频段划分），红外线，可见光，紫外线，如表 1-1 所示。它们的量级范围从 10^{-1}Hz 一直到 10^{21}Hz，频率依次增高，对应的波长依次缩短。如果以光波在真空传播的速度 $3×10^5$km/s 来计算的话，则它们遵从的关系为

$$\lambda = c/f \quad \text{或} \quad f = c/\lambda \tag{1-1}$$

表 1-1　频率与波长

频率	0.1～3000Hz	3～30kHz	30～300kHz	300kHz～3MHz	3～30MHz	30～300MHz
波长	100km 以上	100～10km	10～1km	1km～100m	100～10m	10～1m
频率	300MHz～3GHz	3～30GHz	30～300GHz	300GHz～3THz	3000GHZ～$3×10^7$GHZ（红外线/可见光/紫外线）	$3×10^7$GHZ 以上（X 射线/γ 射线）
波长	1～0.1m	0.1～0.01m	0.01m～1mm	1～0.1mm	10^{-4}～10^{-8}m	10^{-8}m 以下

信号频率的减小、波长的增加，将会导致实际系统在工程应用中难以实现，这时电磁波信号的辐射效率急剧下降，尤其是低于声波频率的信号辐射不易于实现，因此这个频率范围里的井中雷达应用在该领域里通常被研究者所忽略。实际应用中的 GPR 系统中常用到的电磁波信号频率从几十兆赫兹到几吉赫兹，对应的信号波长则从十几米到十几厘米。

图 1-1 给出了工作频率分别为 270MHz、400MHz、900MHz 的 GPR 天线，可以很明显地看到频率与波长之间的关系：随着频率的增高，天线的尺寸越来越小。

270MHz   400MHz   900MHz

图 1-1　工作频率 270MHz、400MHz、900MHz 的 GPR 天线

　　采用电磁波的探测方法是地球物理应用中非常重要的一个分支，其探测信号源有人工场源和天然场源之分。按照频率来划分，大地电磁（MT）方法频率最低，采用天然电磁场作为场源，因而探测的深度很大；感应电磁法和瞬变电磁方法采用人工场源，其使用的频率范围为几赫兹到兆赫兹；微波遥感和光学遥感具有较高的频率，探测深度较浅[1]。而井中 GPR 的工作频率一般为几十兆赫兹到几百兆赫兹。

　　2. 雷达方程

　　井中雷达的特性满足基本雷达方程，它所探测的距离取决于雷达本身的性能，其中有发射机、接收机、天线等的系统参数，同时与目标的性质及环境因素密切相关。雷达方程集中地反映了与雷达探测有关的因素以及它们之间的相互关系。雷达方程可以用来估算井中雷达的作业距离，同时可以深入理解井中雷达工作时各分机参数的影响，这对雷达系统的设计具有重要的指导作用。

　　设雷达的发射功率为 P_{t}，雷达天线的增益为 G_{t}，则在自由空间中，距离雷达天线 R 处的目标功率密度 S_1 为

$$S_1 = \frac{P_{\mathrm{t}} G_{\mathrm{t}}}{4\pi R^2} \tag{1-2}$$

目标受到发射电磁波的照射，会由于散射特性而产生散射回波。散射功率的大小与目标所在点的发射功率密度 S_1 以及目标的特性有关。目标的散射截面积 σ（其量纲是面积）表征其散射特性。如果假定目标可将接收到的功率无损耗地辐射，则可得到由目标散射的功率 P_2（二次辐射功率）为

$$P_2 = \sigma S_1 = \frac{P_{\mathrm{t}} G_{\mathrm{t}} \sigma}{4\pi R^2} \tag{1-3}$$

假设 P_2 均匀地辐射，则在接收天线处接收到的回波功率密度 S_2 为

$$S_2 = \frac{P_2}{4\pi R^2} = \frac{P_{\mathrm{t}} G_{\mathrm{t}} \sigma}{(4\pi R^2)^2} \tag{1-4}$$

如果雷达接收天线的有效接收面积为 A_{r}，则在雷达接收处的接收回波功率 P_{r} 为

$$P_{\mathrm{r}} = A_{\mathrm{r}} S_2 = \frac{P_{\mathrm{t}} G_{\mathrm{t}} \sigma A_{\mathrm{r}}}{(4\pi R^2)^2} \tag{1-5}$$

由天线理论知道，天线增益 G 和有效面积 A_r 之间有以下关系：

$$G = \frac{4\pi A_r}{\lambda^2} \tag{1-6}$$

式中，λ 是工作波长，则接收回波功率可写成如下形式：

$$P_r = \frac{P_t G_t G_r \lambda^2 \sigma}{(4\pi)^3 R^4} \tag{1-7}$$

$$P_r = \frac{P_t A_t A_r \sigma}{4\pi \lambda^2 R^4} \tag{1-8}$$

单基地脉冲雷达通常收发共用天线，即 $G_t=G_r=G$，$A_t=A_r$，因此，上面两式又可以写成

$$P_r = \frac{P_t G^2 \lambda^2 \sigma}{(4\pi)^3 R^4} = \frac{P_t A_r^2 \sigma}{4\pi \lambda^2 R^4} \tag{1-9}$$

由式（1-9）可见，接收回波功率 P_r 反比于目标与雷达之间的距离 R 的四次方，与发射功率 P_t、目标的散射截面积 σ、天线的有效面积平方 A_r^2 成正比，与雷达工作波长平方 λ^2 成反比。

3. GPR 的工作原理

在了解井中雷达系统工作原理之前，先了解一下地面 GPR 系统的工作原理，这样有助于我们更好理解和认识井中雷达的工作原理及所面临的问题。

GPR 利用瞬态脉冲电磁波（频谱范围为数十兆赫兹至数百兆赫兹以至千兆赫兹）形式，由地面发射天线 T 送入地下，经地下地层或目标反射后返回地面，由地面接收天线 R 所接收，如图 1-2 所示，通过对接收波场的成像分析，获取地下目标的探测图像。当地下介质具有均匀、各向同性特性的时候，脉冲波行程所需时间 t 为

$$t = \sqrt{4z^2 + x^2}/v \tag{1-10}$$

其中，z（m）为反射目标垂直方向抵达地面的深度；x（m）为发射天线与接收天线的距离，在剖面探测中可以认为是已知参数；v 值（m/ns）可以采用宽角方式直接测量，也可以根据 $v = c/(\varepsilon_r)^{1/2}$ 近似算出，这里，c 为光速（$c = 0.3$m/ns），ε_r 为地下介质的相对介电常量值。当地下介质中的波速 v 已知时，可根据测到的精确 t 值（ns，1ns$=10^{-9}$s）由式（1-9）求出反射体的深度 z。

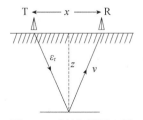

图 1-2　反射探测原理图

图 1-3 为对应目标的波形记录示意图。图 1-3（a）所对照的是一个简单的地质模型，图 1-3（b）画出了波形的记录位置。在图 1-3（b）的波形记录位置图上，各测点均以测线的铅垂方向记录波形，构成雷达剖面。该雷达剖面存在反射波的偏移与绕射波的归位问题，因而需要对所获取的雷达图像做偏移处理。

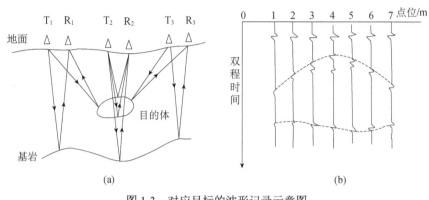

图 1-3　对应目标的波形记录示意图

（a）一个简单的地质模型；（b）波形的记录位置

所谓的偏移处理，就是通过一个地下波速模型将 GPR 记录数据进行重新处理之后，得到一个 GPR 剖面的精确空间形式。在一个理想条件下，双曲线将聚焦到一个点。经过这样的处理之后，所得到的结果将最大限度地逼近于探测目标。

GPR 对目标物的照射以及对电磁波信号的反射，应该使接收信号波形与发射信号波形一致。由于地下目标的各部分与雷达的距离不同，其回波信号包含不同的时间延迟。接收电磁信号最先到达的部分来自被天线照到的目标的最近的部位；最后到达的部分来自被天线照到的最远的部位或来自目标多次反射的回波信号。这里发射的脉冲周期应该保证足够的长度，以使得回波信号在时间上不会重叠。一般来讲，发射脉冲的宽度极窄，所以接收信号的持续时间也很短，通常为几百纳秒，这样短的信号很难进行直接的处理。因此，通常需要采用时域取样变换技术将接收信号展宽，使它变成低频的慢信号，并且在变换时保持信号的形状不变。

经过处理之后的 GPR 数据所成图像，与光学图像是两种不同性质的显示。光学图像是物体反射光线被接收设备获取，通过记录反射光线的强弱、光谱这些信息进行成像的；而 GPR 的成像原理是基于自身发射电磁波信号，并接收反射电磁波信号（或是透射电磁波信号），这些信号经过数据处理之后而显现的位置信息或者双程走时信息。这些信息反映在传播路径上，是随传播时间变化而变化的一些波形。这些波形就是信号的幅度、相位、频率信息经过处理之后而产生的图像反映。并且，这种方法所成图像还依赖于对探测电磁波信号在地下传输速度（即波速）的理解。我们知道，地下介质特性往往不是各向同性的，电磁波信号在地下的传输速度由于这种各向异性介质的影响而呈现一种非常复杂的情况，波速变化是比较大的，而这种波速复杂性对信号判别来说就带来了一定的难度。

图 1-4 是一个被探测地层的 50ns 时窗数据图像与光学图像的对比[2]。可以看出，两者之间的差异主要是由两者所反映的是明显不同的信号而引起的：被探测地层的图片反映的是地层的光学图像；而 50ns 时窗数据图像则是被接收的电磁波信号经过数据处理后的位置信息和走时信息的图像反映。GPR 图像数据结合一些扫描栅格、全球定位系统（GPS）等设备提供的位置信息，主要是关于物体所在的深度、方向、距离和表面反射特性，以及一些包含介质电性能特性（如介电常量、电导率）参数在波速上的反映。

图 1-4　地形光学图像与 GPR 记录成像对比图

在 GPR 系统的应用中，很多情况下需要预估电磁波信号在介质中传播的速度。比如在做偏移处理的时候，所有的假定条件中，恒定的横向波速假设是最为重要的。然而，发射的电磁波信号在复杂的环境中会遇到多种电特性不同的反射物体，因此，电磁波信号传输的速度与在自由空间传输的情况相比，有很大不同，其波速的变化更加复杂，如式（1-11）所示

$$\lambda_\varepsilon = \frac{v_\varepsilon}{f} = \frac{c}{f\sqrt{\varepsilon_r}} \qquad (1\text{-}11)$$

这里，λ_ε 是电磁波信号在介质传输时的波长；v_ε 是信号在介质中的波速；f 是工作频率；ε_r 是介质的相对介电常量。而这种波速变化的复杂性又与介质中信号的波长特性密切相关，所以，GPR 系统的性能与介质波长是密切相关的[3]，它决定了能够探测的最大深度和精度、能够被检测到的最小物体尺寸、相邻物体间能够被检测分辨出来的

最小距离等一些关键的指标参数。

　　每个 GPR 系统检测目标物体都要考虑到它们的尺寸，而系统的工作波长将决定能够检测到的目标尺寸。考虑目标物体本身的尺寸，在系统探测过程中是很重要的一环。如果一个目标物体太小，比如小于工作波长的 1/10，那么该物体将很难被检测到和反映出来。因此，除非目标接近或大于 1/10 工作波长，否则，想要得到满意的结果，是一件很困难的事情。换句话说，如果想要得到一个比较理想的检测结果，对同一个目标物体而言，采用工作波长相较其物理尺寸更小一点的雷达系统是更有益的，这就要求系统的工作频率更高一些。然而，这个要求与我们需要的更深的探测深度或者更远的探测距离的雷达系统是相互矛盾的。更远的探测距离意味着雷达系统工作的波长更长、频率更低。因此，如何考虑到各方面的需要，折中选择出最适合的工作波长和频率参数，将是 GPR 系统设计中首要考虑的内容。

　　比如，当一个小目标位于一个接近探测环境上表面的位置时，采用一个较高频率的系统可以得到比较好的检测结果。图 1-5（a）为一个 900MHz 的 GPR 系统，在面对不同厚度淤泥填充层时，表现出了一个有明显差异的探测效果[2]。该淤泥填充层在一个长近 2m 的缝隙里，最厚处 18cm，最薄处 7cm（图 1-5（b）），淤泥的相对介电常量为 10，900MHz 的系统在空气中的波长为 33cm，因此由式（1-3）可知，电磁波在淤泥中的波长约为 10.4cm。面对这个淤泥层，从探测数据的成像效果可以看出，大于 10.4cm 的地方，具有比较清晰的上下层面的反射图像，如图 1-5（a）中标记扫描线 A 的图形；而小于 10.4cm 的地方，已经分辨不出上下层面的结构了，如图 1-5 中标记扫描线 B 的图形。这种不同层面的分辨率，理论上是需要四分之一个介质中的传导波长大小才能达到，该理论分辨率与反射系数和分层结构相关。而在实验测试中可以看到，可与该波长相比拟的地方也能正常区分。

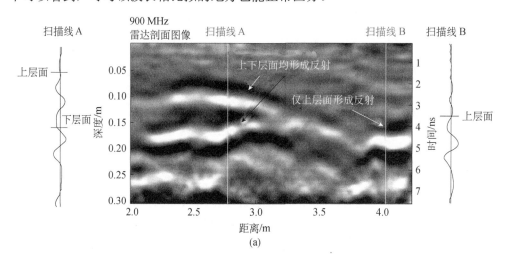

(a)

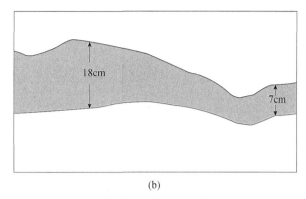

(b)

图 1-5　900MHz 系统探测不同厚度的淤泥填充层

（a）雷达剖面图像；（b）通过岩芯钻孔信息建立的某个地层单元的模型

　　当被探测目标处在一个比较深的、离探测环境上表面比较远的位置时，这个高频 GPR 系统很有可能因为距离探测的限制而得不到探测结果。同样道理，如果目标物体的尺寸小于某个工作波长的 1/10，即使这是一个工作波长比较低的 GPR 系统（即它可以探测到足够的距离位置），然而由于这个系统分辨率的限制，依然检测不出这个物体。

　　信号波长与主要检测目标之间的距离是密切相关的。当两个物体相距太近的时候，如果检测系统采用的信号频率（对应着该信号波长）不当，系统将分辨不出它们的间隔，在获取的数据图像上面将是一根独立的检测曲线，两个物体在主观的图形上面混淆成一个，如图 1-5（a）扫描线 B 所示。两个物体之间的距离如果在半个波长范围以内，就会发生这种混淆现象。通常情况下，如果需要用 GPR 系统将两个被测物体区分，它们之间就需要有 GPR 系统的一个或者一个以上工作波长的距离。换个角度说，对于探测相距比较近的两个物体的情况，根据它们之间的距离与探测系统波长之间的关系比较，需要采用更高频率（即更短的波长）的 GPR 系统。

　　从上面的讨论可以看出，准确的参数选择，不仅需要能够大致估计到目标物体的结构大小，还要对埋藏物体环境的电磁性能有所了解，只有这样，综合考虑到目标的尺寸和探测距离，才能够设计出合适的 GPR 系统来。

　　在 GPR 系统中，波场属性中的关键参数是波速 v、衰减系数 α 和电磁阻抗 Z。在正弦时谐信号激励下，对一固定介电常量、磁导率和电导率的单介质来说，波速 v 和衰减系数 α 随激励频率 f 的变化曲线如图 1-6 所示[4]。

　　从图 1-6 可以看到，波速 v 和衰减系数 α 在过渡频率 f_t 以下时，具有比较明显的色散现象；而非色散传播则出现在 f_t 以上的范围。

　　通常来说，可以认为 GPR 系统的频率是系统应用中不变的常量，除非改变系统的工作频率，否则系统工作频率不会在探测的过程中产生变化。特别是在井中 GPR 的系统应用中，收发设备都是位置固定或者是缓慢移动的，因此我们可以说，在这种工作条件下，可以把系统频率看成是一个恒定不变的数值。目前大部分 GPR 系统的应用一般都不考虑频散现象。

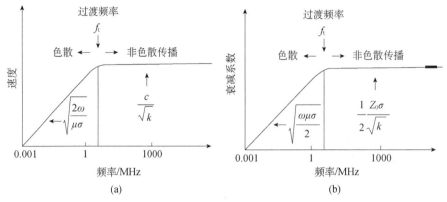

图 1-6　波速（a）和衰减系数（b）在不同频率下的色散特性

　　GPR 的工作频率，或者说系统天线的中心频率，主要对应于系统能量输出的最有效频点。当这种特性的频点要求具有多个发射接收时，它们便构成了 GPR 系统的工作频带宽度（带宽）。而这个带宽与探测分辨率是密切相关的，在后面我们将会看到，系统工作带宽越大，分辨率越高。

　　根据前面的理论分析可以知道，GPR 电磁波信号的传输速度一般不是一个常量，在地球物理领域内，对应着探测目标物体的几何尺寸量级，一般采用纳秒作为电磁波信号传输速度的时间单位。在真空中，电磁波信号的传播速度等于光速，即 $3 \times 10^5 \mathrm{km/s}$，换算之后也就是 0.3m/ns，这样就为今后讨论和研究纳秒量级的物理参量带来了比较大的方便。而在埋藏着目标物体的地下环境介质层面里，其电磁波传播速度计算公式为

$$v_\varepsilon = \frac{c}{\sqrt{\varepsilon_r}} \tag{1-12}$$

也就是说，电磁波信号在地层介质中传输的速度与介质的相对介电常量的平方根成反比。通常，电磁波信号在含水量不大的水泥、沥青材料中的波速可以估算为 0.1m/ns；而对于含水量大（水的 ε_r 一般记为 80）的地层介质中，此时电磁波信号速度一般可按 0.03m/ns 来估算。

　　波场属性中的衰减系数 α 和电磁阻抗 Z 在低损耗介质中有如下近似公式：

$$\alpha = \sqrt{\frac{\mu}{\varepsilon}} \cdot \frac{\sigma}{2} = Z_0 \cdot \frac{\sigma}{2 \cdot \sqrt{\varepsilon_r}} \tag{1-13}$$

$$Z = \sqrt{\frac{\mu}{\varepsilon}} = \frac{Z_0}{\sqrt{\varepsilon_r}} \tag{1-14}$$

由式（1-13）、式（1-14）可见介质的电性参数对衰减系数的作用，这也将会直接影响

到 GPR 的作用距离。从式（1-12）可以看到，电磁波在介质中的传播速度与介电常量和电导率密切相关。在同一个电导率情况下，介电常量越大，电磁波传播速度越慢；相反，介电常量越小，电磁波传播速度越快。而在介电常量相同的情况下，电导率越大，电磁波传播速度达到常数的趋势就越慢；电导率越小，这种趋势就越快。

一个很重要的结论是，为了让 GPR 数据尽可能地精确，GPR 应用中传播速度的校准是非常关键的。传播速度的校准方法有很多，可以通过传输深度的获取来利用软件调整探测数据，从而得到传播速度的大小。只要我们知道了目标物体的深度信息，并利用基础公式：速度=距离/时间，就可以很容易地计算出电磁波信号的传播速度。这里的时间，是指从探测系统发射探测信号到系统接收到反射信号的这段时间间隔，即双程走时，所以这里的距离是一个往返的双程距离，$v=2d/t$，为了保证计算的精度，要求这个往返距离 d 是相等的，如何保证这个条件也很关键。

知道了探测信号的波速和双程走时，由式（1-10）可知探测目标物体的位置深度。而 GPR 探测深度不仅依赖于波速条件，还需要根据探测信号反射能量的强弱才能够得到空间位置。也就是说，只有系统接收到足以超过判据信号的能量时，才可以确定目标物体的存在。根据雷达方程（1-9），随着探测距离的增加，检测功率与距离 4 次方成反比，距离越远，检测功率越小。同时，因为衰减系数 α 的影响，这一检测功率比自由空间里的值还要小。在一些比较理想的情况下，探测的最大深度小于 20 个波长。而在实际的测试环境中，想要探测到 20 个波长这样一个深度是非常困难的。比较典型的例子就是冰层的测量应用。在实际探测过程中，具有这样一个探测深度的概念是非常有帮助的。所以，研究者如果想要探测较深的目标物体，那么选择较低频率的系统更有益。频率与波长的反比关系，意味着较长波长的系统应用在深度探测系统中更加有效。通常 GPR 的深度精度探测也与系统探测的波长相关，波长越短，探测目标的深度精度越好。一般来说，四分之一波长精度的探测系统是可以满足探测需要的。

从以上内容可以看出，GPR 的工作频率一般为几十兆赫兹到几百兆赫兹，而一些人类活动所产生的信号频率恰好也在这个频率范围中，比如电视信号 48～860MHz，广播信号 300kHz～108MHz，包括宽频噪声的电弧、打火信号，以及一些通信信号等，因此，在研究和设计相关系统和电路的时候，避免这些信号对 GPR 工作的干扰，也是一个需要着重考虑的问题。

虽然 GPR 与井中雷达在原理方面具有相似性，但鉴于井中雷达的探测目标和环境的多样性及复杂性，需要对井中雷达的工作原理和系统构成，以及瞬态电磁波在井中及井周介质的传播特性有充分的了解和认识。

1.1.2　井中雷达系统结构和基本概念

井中雷达系统的典型框图如图 1-7 所示[5]。

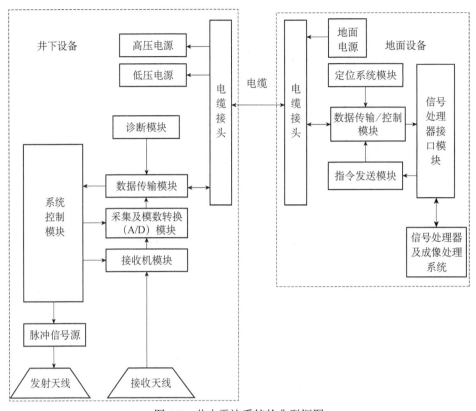

图 1-7　井中雷达系统的典型框图

该系统是一个时域瞬态脉冲的井中雷达系统，由井下设备和地面设备两部分组成。

井下设备包括脉冲信号源、接收机模块、发射天线、接收天线、采集及模数转换（A/D）模块、控制/数据传输模块等。井下设备的时域脉冲信号源产生一个单极性或者双极性高斯脉冲信号，该信号受到系统控制模块的操控，使得发射信号与接收信号分时工作，不至于造成相互之间的干扰。发射天线将产生的时域探测信号向井中地层和目标物体进行全向辐射，产生的回波信号被接收天线接收后，由接收机对原始信号进行放大。放大后的信号被传输到模数转换模块进行模数转换，变换成等待处理的数字信号。这些信号通过电缆被传送到地面系统进行处理。

地面设备包括信号处理器及成像处理系统、数据传输/控制模块、定位系统模块、信号处理机接口模块和地面电源等部分。地面系统主要负责数据传输、数据记录，以及探测器在井下的位置数据处理和成像处理等。通过信号处理器来实现井下数据解码，上位机通过 USB 串口连接到控制主机上，可以对回波信号的波形和井下探测器的工作状态进行实时监控。

井中雷达系统所涉及的系统参数和概念比较多，现在介绍其中一些主要的参数及概念。

1. 中心频率

对瞬态脉冲系统而言，其中心频率是指瞬态脉冲频谱的中心频率，它也就是系统的工作中心频率。系统工作中心频率 f 的选择是井中雷达应用中非常重要的一环，直接涉及系统的介质层穿透深度与探测的精度。自然界物质材料对电磁波的衰减效应与频率高低密切相关。工作频率越低，衰减越小，可以穿透的深度越大，然而此时的探测精度较低；而工作频率越高，相对的探测精度越高，但此时的衰减较大，因而探测深度比低频率的系统要浅一些。

2. 相对带宽

在井中雷达的应用中，相对带宽的概念也是非常重要的。所谓相对带宽就是工作带宽 B 与中心频率 f 之比：

$$R = B/f \tag{1-15}$$

对井中雷达来说，总是追求系统的大带宽应用，这样可以显著地提高系统的分辨率。对时域井中雷达系统来说，超宽带雷达、冲击雷达是常采用的形式，这时的 R 为 $30\% \sim 100\%$。

当 $R \approx 100\%$ 时，井中雷达就可由其中心频率 f 来描述。比如一个 100MHz 的井中雷达系统，就表示其中心频率在 100MHz 处，带宽为 100MHz，对应的时域脉冲宽度为 10ns。

3. 分辨率

井中雷达的分辨率包含两个参数分量：垂直分辨率（指探测距离和厚度方向）和水平分辨率（指角度方向和侧向）。

在理想的情况下，对非色散地层介质来说，垂直分辨率 δ_R 可表示为

$$\delta_R = \frac{v}{2B} = \frac{c}{2B\sqrt{\varepsilon_r}} \tag{1-16}$$

其中，B 是系统的工作带宽；v 是介质中的电磁波速度；c 是自由空间的光速；ε_r 是介质的相对介电常量。实际的井中雷达系统中，B 是非常难以估算的。系统的收发硬件特性和地质电特性参数对工作带宽都有很大影响。由于介质对不同频率具有相应的特性衰减，接收信号的频谱与发射信号的频谱相比向低端偏移，并且其带宽变窄。为了提高系统的垂直分辨率，适当地增大工作带宽将是有益的方法。由式（1-16）可见，在相对介电常量较大的地层中，大的工作带宽能够带来垂直分辨率的改善。

水平分辨率 δ_{CR} 可表示为

$$\delta_{CR} = \sqrt{\frac{vdW}{2}} = \sqrt{\frac{vd}{2B}} = \sqrt{\frac{\lambda d}{2}} \tag{1-17}$$

其中，W 是发射信号的脉冲宽度；d 是系统到目标的距离；λ 是系统的工作波长。这里认为 $W = 1/B = 1/f$。在一个恒定不变的波速条件下，我们可以知道，其水平分辨率与频率成反比。因为此时的高工作频率对应短的工作波长，而短的工作波长对应好的水

平分辨率。

4. A 扫描、B 扫描、C 扫描

系统扫描的方法有 A 扫描（A-scan）、B 扫描（B-scan）、C 扫描（C-scan）三种，它们分别对应一维扫描、二维扫描、三维扫描的概念[6]。

一般而言，大多数公开的雷达数据都是以 A 扫描、B 扫描、C 扫描的扫描形式进行处理和呈现的。

A 扫描：对应于图 1-8（a）坐标中，就是时域信号沿着 z 轴方向，表现在 y 轴上为不同幅值的一个扫描信号。属于单次扫描的概念。

B 扫描：对应于图 1-8（b）坐标中，就是时域信号沿着 z 轴方向，表现在 y 轴上为不同幅值的多个扫描信号集合。每次扫描信号对应着不同扫描时间，属于多次扫描的概念。

C 扫描：对应于图 1-8（c）坐标中，就是时域信号沿着 z 轴方向，表现在 y 轴上为不同幅值的多个扫描信号集合，并且在 x 轴方向上也具有多个 B 扫描信号的集合。同样，每次扫描信号对应着不同扫描时间，也是属于多次扫描的概念。

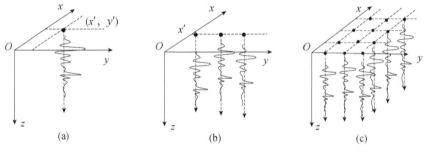

图 1-8　系统扫描的方法

（a）A 扫描；（b）B 扫描；（c）C 扫描

5. 时窗

时窗是指在电磁波信号探测扫描过程中，获取的数据信号所在的时间窗口长度。可以参看图 1-4 的 50ns 时窗数据图像。

6. 正演、反演

所谓正演，就是由源的属性推导出场的对应分布属性。井中雷达利用数值模拟技术分析电磁波在地下介质中的传播规律，数值模拟复杂介质构成存在时的雷达波场特征，对认识实际的数据记录、识别客观的目标物体具有非常重要的指导意义。井中雷达的模拟技术包括频域模拟、时域模拟、绕射理论、矩量法（method of moments，MoM）和离散元方法。其中，时域有限差分（finite different time domain，FDTD）方法和基于时空域的有限元法（finite element method，FEM）则是比较常用的电磁波正演模拟方法。

时域有限差分方法在正演模拟仿真简单规则模型时，采用矩形、立方体网格对模型进行离散化处理，这种方法具有模型离散误差小、计算精度高、研究比较广泛成熟的特点；而在模拟仿真复杂结构模型时，该方法会产生较大的离散误差，降低了求解精度，并使得计算效率降低，从而制约了其应用。

有限元法则利用三角形剖分、六面体剖分、非结构网格对复杂结构模型进行离散处理，可以采用较少的网格模拟复杂结构，并且采用二次插值基函数或者更高阶数的插值基函数精确地近似瞬态脉冲信号，因此具有更高的计算效率和精度。

而反演，则是由场的分布特性推导出源的属性。当已知某接收数据处理后的电磁波传播速度、信号幅度等信息时，利用地下介质电性参数的差异，根据得到的雷达双程走时剖面图的特征来分析和推断地下介质结构和物性特征，这样一个过程，就是反演。即通过数据处理方法，分析确定实测数据中有意义的地下介质内部结构、介质特征和分布规律等的过程。反演过程主要涉及滤波、卷积、反卷积、偏移等图像处理方法。

井中雷达探测的地下目标介质通常具有频散、各向异性、随机分布等特性，电磁波信号在这些介质中传播会发生畸变和衰减，这使得井中雷达实测资料的解译变得异常困难。当我们将正演模拟与反演计算方法进行有效结合之后，可以实现实测资料由定性分析到定量解释，通过模拟仿真来验证数据所反映的真实目标对象的空间位置信息、相关时间特征信息以及介质层的电性参数等。我们可以将理论计算和模拟仿真作为系统研究和实验验证的指导，为井中雷达系统技术的实现带来时间和成本上面的节省。

7. 高斯脉冲信号

对时域 GPR 系统来说，产生一种高幅度、大宽带的信号是非常必要的，而高斯脉冲恰是一种能够满足这些要求的信号。其信号发射波形实际上就是作为探测目标信息的载体，通过对接收信号波形幅度、相位的分析，从而获取被测目标的信息，而这些信息是通过对目标冲击响应的采样来得到的。

根据高斯脉冲在地层中的传播特性来获取地层信息，进而解释井周地层构造，具有较大的径向探测距离和相对较高的分辨率。高斯脉冲信号经发射天线向井周地层发射出去，当信号遇到井周不同的地质结构或电磁特性不同的介质时，部分信号会被反射回井眼，而剩余的则会向地层的更远处传播。根据接收天线接收到的回波信号，可以对井周地层结构进行成像，确定井周异常目标体的方位，以及获取地层的电学参数信息，进而完成对探测区域的地层评价。

高斯脉冲又称无载频信号，可分为单极脉冲和双极脉冲。这两种形式都可以看成是高斯函数的不同形式，统称为高斯脉冲形式。高斯脉冲由于其容易被实际电路实现，所以常被应用在超宽带（UWB）系统中。在高斯脉冲雷达探测系统中，根据探测物体的大小和材料特性，可以通过改变高斯脉冲雷达发射脉冲的脉宽，使雷达的接收天线获得不同范围和特点的频谱信息。

高斯脉冲，即电路输出模拟高斯函数，高斯函数表达式如下：

$$f(t) = \pm \frac{1}{\sqrt{2\pi}\sigma} e^{-\frac{t^2}{2\sigma^2}} \qquad (1\text{-}18)$$

当 $\sigma^2 = \alpha^2/4\pi$ 时，可以得到

$$f(t) = \pm \frac{\sqrt{2}}{\alpha} e^{-\frac{2\pi t^2}{\alpha^2}} \qquad (1\text{-}19)$$

其中，α 定义为时间参数，如果时间参数 α 变化，则 $f(t)$ 的函数图形也会呈一个随之变化的脉冲波形。

用于超宽带探测的高斯脉冲可以给实验系统提供较宽的频谱信息，脉冲提供的频谱很宽，可从几十兆赫兹至几吉赫兹，宽频带可以给系统带来很高分辨率和更多目标信息。对系统而言，高斯脉冲的宽度对可提供的频谱分量起着很重要的作用。利用电路系统设计出符合时域脉冲波形的信号源，使探测系统输出高斯脉冲，得到较宽的频谱信息，用于隐藏目标的探测，是时域 GPR 系统的主要任务。

为了深入理解高斯脉冲在各种地质条件下的传输特性，借助计算机技术进行数值模拟计算是非常有必要的。通过数值模拟建立高斯脉冲雷达成像测井系统在井周复杂环境介质中的仿真模型，能够直观地再现瞬态脉冲信号在地层中的传输过程，更重要的是能够将理论计算与物理实验结果相互验证，为瞬态脉冲成像测井的数据解译提供参考。

当然，计算机数值仿真的理想模型条件特性与现实物体和环境之间的差异，会导致模拟计算结果和真实环境之间的偏差，这种偏差为正确处理解译数据带来了一定的困难。在这种数值模拟的井中雷达正演和反演过程中，可以把数值仿真结论作为一种方向性的指导。

1.2　井中雷达的测井方法

井中雷达的测井方法一般有三种：单孔井中反射测量、跨孔井中透射测量，以及井中地面透射测量。

1.2.1　单孔井中反射测量

单孔井中反射测量是指将发射天线和接收天线放置到同一个井眼中，对井周360°范围内的区域进行成像，并提供不同深度处的井周信息。在采用单孔反射测量进行成像测井时，虽然面临着双程衰减的问题，但是它能够获取更丰富的地层信息。总体而言，单孔反射测量是一种更加经济、高效的工作模式。

在进行单孔井中反射测量时，瞬态高斯脉冲雷达探测系统的发射天线和接收天线被组合在一起，构成一个井下探测器，如图 1-9 所示。收、发天线以一个固定的距离被隔开，并沿着井眼轴线方向移动。瞬态高斯脉冲由发射天线辐射出去，而反射波

作为一个时间的函数被接收天线接收。这种模式可采用全向接收天线或定向接收天线来捕获反射波信号。全向接收天线只能够提供目标体到井眼的距离或与井眼的倾斜角，而不能给出目标体的方位信息；定向接收天线的敏感性和有效的径向探测距离虽然都不及全向接收天线，但能够给出目标体的方位信息。

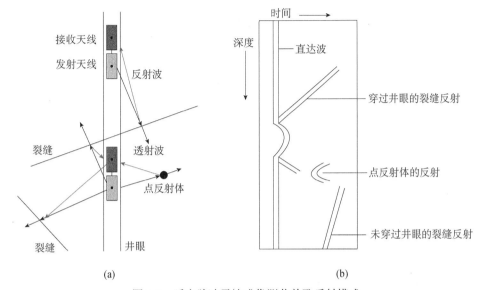

(a)　　　　　　　　　　　　　　　　　　　(b)

图 1-9　瞬态脉冲雷达成像测井单孔反射模式

（a）单孔反射成像测量中天线布局；（b）裂缝和点反射物体的反射成像剖面图

在实际进行单孔井中雷达设计时，要根据需要合理设计系统结构。当仅需要判断目标的横向距离、顶点和倾角等信息时，可以采用全向收发装置。这样可以在一定程度上降低系统设计成本，提高系统工作应用效率。而定向收发系统设计不仅能够确定目标反射体的横向距离、顶点和倾角等信息，而且能够在一定范围内确定目标的方位信息。但是对于同系列的收发系统，定向收发系统的工作效率要明显低于全向收发系统，其系统设计难度和复杂度，以及后期数据处理成本都要高于全向收发系统。因此，在进行系统设计时，应考虑到实际应用需要和设计成本等因素。

当接收天线在裂缝上方时，它对反射面的上部成像，即对井眼左侧裂缝部分成像；当接收天线移动到裂缝下方时，它对反射面的下部成像，即对井眼右侧裂缝部分成像。如图 1-9（b）所示，面反射体的雷达图像呈"K"形，而点目标体的雷达图像为单-"双曲线"状。在进行单孔反射成像测量时，根据全向接收天线获取的雷达数据，解释者不能确定反射体的具体方位，只能得出其到井眼的距离。为了确定反射体的具体方位，采用定向接收天线是比较理想的选择。

尽管单孔反射成像模式存在双程衰减问题，但是它的一个重要优点是能够识别未穿过井眼的裂缝；第二个优点是分辨率比较高，在有些情况下，可以发现厘米量级的裂缝。

下面我们采用单孔反射测量的方式来阐述井中雷达的一个工作情况。

首先，我们构建了如图 1-10 所示的仿真模型，并选用中心频率为 130MHz、收发间距为 2m 的两个偶极子天线进行仿真计算。假设岩层的相对介电常量和电导率分别为 8 和 0.001S/m；直径为 216mm 的井眼中充满泥浆，且泥浆的相对介电常量和电导率分别为 70 和 1S/m；在与井眼中心轴线相距 5m 和 5.4m 处有两个直径均为 20cm 的目标体，且目标体的水平间距为 20cm（与传输介质中的四分之一波长相对应），目标体的相对介电常量和电导率分别为 3 和 0.001S/m。收发天线同时以 0.2m 的步长，沿井眼轴线方向从井眼底部向上移动，并完成对整个井眼的扫描，所得到的雷达图像如图 1-11 所示。

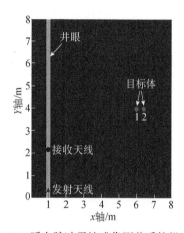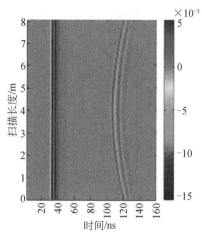

图 1-10　瞬态脉冲雷达成像测井系统纵向分辨率的仿真模型（彩图扫封底二维码）　图 1-11　130MHz 收发天线对井周目标的扫描图像（彩图扫封底二维码）

在图 1-11 的井周目标扫描图像中，我们可以看到两条近似平行的单-"双曲线"状雷达波踪迹，即为瞬态脉冲对井周目标体的回波响应。这两条双曲线的顶部分别对应目标体 1 和目标体 2 的最强回波信号，此时，收发天线处于正对目标体的位置且与目标体的距离最近，则回波信号相应的时间延迟也最短。

再次选用中心频率为 130MHz 且收发间距为 2m 的两个偶极子天线进行仿真计算，构建直径仍为 20cm 的两个目标体相距 70cm，且目标体与井眼轴线相距 5m，构建了如图 1-12 所示的仿真模型。完成对整个井眼的扫描，所得到的雷达图像如图 1-13 所示。

在图 1-13 中，可以看到两条交叉在一起的单-"双曲线"状雷达波踪迹，双曲线的交点处于两目标体之间的中间位置。由于两目标体的距离仅为 70cm，以至于在双曲线的交点处很难分辨出两个目标体的回波信号，但在该交点两侧，可以看到逐渐分离的两条双曲线，双曲线的顶部分别对应目标体 1 和目标体 2 的具体位置。这是因为发射天线辐射的瞬态脉冲先经过目标体 1 形成反射，之后目标体 2 才会产生反射；然而，当发射天线移动到两目标体中点的上方时，接收天线则先接收到目标体 2 的回波信号，然后，才能接收到目标体 1 的回波信号。目标体 1 和目标体 2 的回波信号存在着时间差，因此，在两双曲线交点位置的两侧，可以看到雷达波踪迹逐渐分离。

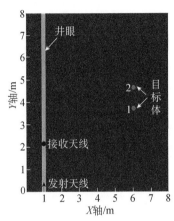

图 1-12　瞬态脉冲雷达成像测井系统横向分辨率的仿真模型（彩图扫封底二维码）

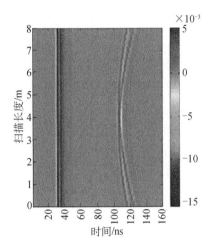

图 1-13　130MHz 的收发天线对井周目标的扫描图像（彩图扫封底二维码）

收发天线在井眼中特定的位置处所接收到的回波信号波形如图 1-14 所示，反射波的两个波峰，分别表示瞬态脉冲对目标体 1 和目标体 2 的回波信号响应，这两个反射波波峰之间的时间延迟 Δt 约为 7.5ns。虽然反射波存在一小部分重叠，但是能够区分这两个目标体的反射波。

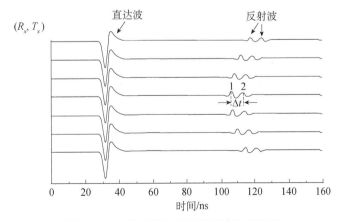

图 1-14　收发天线接收到的回波信号波形

1.2.2 跨孔井中透射测量

跨孔井中透射测量是指将发射天线和接收天线分别放置于不同的井眼中，主要对两个井眼之间的平面区域进行成像。为了能在这种工作模式下获得准确的电磁波传播时间，收发同步技术是十分重要的。目前常见的同步手段有脉冲触发、GPS 时间触发等，在其他硬件结构上与单孔井中雷达差异不大。跨孔透射测量只存在单程衰减，因此它能够实现更远的探测距离，然而这种方式所获取的地层信息相对较少。当电磁波信号在地下介质传播的时候，如果介质的电导率非常大，就很难得到足够的透射信号能量。

跨孔井中透射测量是为了评估两井眼之间地层内的电磁特性而形成的测量方法，它主要是应用层析原理进行成像。通过记录电磁波在井间传输过程中所对应的幅度、相位和走时等信息，对井间介质的电性参数（如电阻率、介电常量）的分布情况进行分析。直达波幅度主要受岩层电导率的影响，而传播时间主要受介电常量的影响，因此，这两个参数可以用来评估两井眼之间地层的电学参数变化。两井眼之间雷达数据的采集方法，可以分为全层析数据采集和水平平移数据采集，如图 1-15 所示。

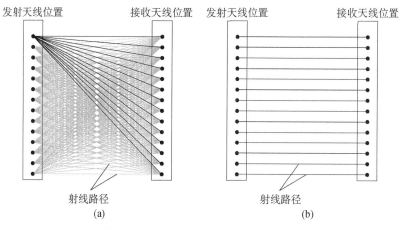

图 1-15 跨孔-层析成像数据采集模式图

（a）全层析数据采集；（b）水平平移数据采集

1.2.3 井中地面透射测量

这种模式的雷达发射系统可以位于探测的井孔之中，在探测过程中，系统的位置将会从上往下移动；而接收系统位于地面上，接收来自孔中的发射信号，如图 1-16 所示。这种探测也称为垂直雷达剖面（vertical radar profile，VRP）方式；另一种方式是接收系统位于井孔之中，发射系统在地面上。井中地面模式可以得到钻孔天线和地面天线之间介质的振幅和速度层析成像图。

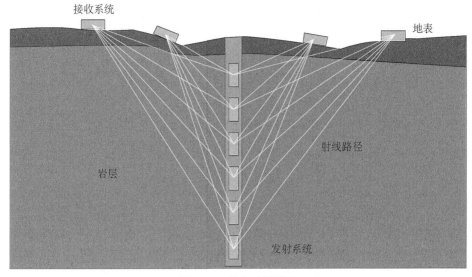

图 1-16　井中地面模式

当发射系统位于井孔中、接收系统位于地面的时候，由于井中相对无噪的环境，所以系统受到的干扰较小，可以很好地提高系统的信噪比（SNR）；并且，发射系统的信号传输经过地下介质，电磁波的反射与散射效应使得探测信号在整个过程中只通过地面表层一次，这种方式的接收信号能量比经过地表两次的反射能量要强一些。

在高电导率介质中，可以进行跨孔井中透射和井中地面透射测量，因为这两种方法可以不需要反射。在实际的系统应用中，应该根据测量的目标制订出适合的测量方案，最终决定采用哪一种测量方式。

1.3　井中雷达的应用及现状

GPR 技术是一种已经在很多领域被广泛使用的技术和方法。尤其是在像地震、火山爆发、山地滑坡、泥石流、雪崩等防灾减灾勘察，以及反恐防爆、探雷、物探、地探（农业、林业、渔业等资源）、水探、冰探、气探、考古、资源探测、地理制图（河流、湖泊、山地、森林、沼泽、海洋、建筑等）、环境监测、深空探测等领域，都有着一些具体的应用。

当今世界的资源勘探与开发已经到了一个非常关键的阶段。由于油气资源勘探区域逐渐从浅层往深层发展，勘探区域越来越广、勘探深度越来越深，继而带来的勘探难度越来越大。而井中 GPR 技术在较深的地层位置具有径向探测距离远、分辨率相对较高，且能够对井周地层结构进行成像的优势，能够弥补常规测井技术的不足，因此，井中雷达技术已成为世界各国高校、研究机构和企业竞相研究的重点。

由于矿产资源对人类生活和社会发展乃至国土安全都有着十分重要的意义，所以其在人类经济社会发展中的作用无法替代。随着人类社会的发展，地球上可供开采的矿产资源越来越少，很多矿产资源由于其所处地层越来越深，所以其开采难度越来越大，开采环境越来越恶劣，开采成本不断提高。人类迫切需要采用新的矿藏勘探技术以降低深地层矿藏的开采成本。利用井中雷达预先探测采矿区的地形变化可以更加准确地建立矿区的地质模型，从而大大降低开采成本，减少矿产损失。例如，Vogt 等利用井中雷达成功预测了南非 Ventersdorp Contact Reef（VCR）金矿区的地质结构，并证明，借助于井中雷达的探测结果，利用雷达信号处理技术进一步重构地下矿区探测空间，可以对矿坑内的支柱分布进行优化设计，减少矿藏开采过程中所需要的支柱数目，理论计算证明，每减少一根支柱可以为矿区增加 210 万美元的利润[7]。由此可见，井中雷达系统及其信号处理技术可以为人类社会带来巨大的经济效益。

Rubin 等在 1978 年首次利用脉冲井中雷达在辉绿岩中进行了单孔和跨孔探测[8]。为了确保盐丘作为液态或气态燃料地下储存仓库的安全性，Nickel 等在 1983 年利用脉冲井中雷达成功地对 3000m 深处的盐丘进行单孔探测，并设计连续波系统进行了跨孔探测，验证了系统的可靠性[9]。

随着经济的快速发展，核能作为世界上最清洁高效的能源，已经广泛应用于人类生活中。目前，全世界已有很多国家接近一半的能源来自于核能。在和平利用核能的同时，人们对安全处理高放射性的核废料高度重视。深地层处置是当今世界上普遍接受的最安全可行的方法，这种方法利用地层深处的仓库永久保存高放射性的核废料[10]。核废料的储存场所需要较为稳定的地质结构，因此获取深地层处的地质结构信息就成为核废料处理的关键。井中雷达能够探测地下几千米深处大范围内的地质结构，包括地下裂缝和空洞等地质异常，其雷达信号的处理结果及重构的探测空间图像可以为核废料储存场所的选址提供依据。1980~1986 年，在经济合作与发展组织的资助下，瑞典等国科学家开展了名为"STRIPA"的国际研究计划，该项目旨在研究如何妥善处理核能发电中产生的核废料。作为该项目的重要研究内容，多国科学家利用井中雷达对瑞典中部的一处废弃地下铁矿进行了单孔及跨孔探测，以确定探测区域中的地下裂缝分布及水流特征，为核废料存储仓库的选址提供判断依据[11]。

井中雷达技术还是水文地质学等学科的重要研究手段，能够对不同深度地层中的含水量做出很好的判断。如今，水资源的探测与保护是全社会可持续发展的必要条件，是提升人类生活品质的前提，在一定程度上决定了人类未来的生存模式。在水文地质学中，土壤含水量控制着水文循环的主要过程，包括降水的渗透、径流和蒸发，影响地面与大气之间的能量交换[12]。井中雷达作为一种新型的水文地质学的研究手段，已经越来越多地应用于水文地质特征的研究。利用井中雷达进行跨孔测量可以实时检测地层中含水量引起的介电常量变化，通过对雷达信号的分析可以判断不同深度地层中水分的分布及变化，为水文过程的解释提供定量依据，帮助人类更好地了解地下水资源的时空分布特征。

　　井中雷达技术的一个重要任务就是确定井周异常目标体的位置和描绘地下深层区域的地质特性。1989 年，瑞典地质雷达有限公司研制出了第一套用于 RAMAC 钻孔雷达系统的 60MHz 定向钻孔天线[13]。

　　2002 年，美国地质调查局的 Moulton 等设计了一种可以机械旋转的高分辨率定向井中雷达系统，该雷达系统的发射天线和接收天线均为背腔式单极子天线，该系统已在爱达荷州国家工程与环境实验室进行了单孔测量，为非饱和带玄武岩的液压流和优先流动路径的研究提供了依据[14]。德国的 Tronicke 和 Hamann 使用工作频率为 100MHz 的井中雷达对 Horstwalde 的地下介质进行了地面-孔中测量，并利用信号传播时间和幅度的反演结果推测了地下波速模型和介质衰减情况，进而获取地下介质的孔隙度和电导率信息，获得了与岩心取样和 GPR 一致的探测结果[15]。

　　2004～2015 年，日本的 Sato，Ebihara 等做了大量的井中雷达基础性研究，提出了一种适用于井中雷达跨孔测量的矩量分析方法，设计了两种基于同轴馈电的井中雷达定向偶极子阵列天线，并通过实验验证了该阵列天线工作在 20～150MHz 时的波束到达角性能。在定向井中雷达的设计中，使用了带有光调制器的偶极子阵列天线，在偶极子天线的馈电点将电信号转换为光信号以抑制信号耦合，该系统的跨孔和单孔实验取得了与井眼扫描仪一致的结果[16-22]。

　　2004 年，国内吉林大学的刘四新等实现了 60～90MHz 的井中雷达系统对井周导电介质的电导率（0.001～0.01S/m）和介电常量的测量[23]。

　　"十二五"期间，电子科技大学在 GPR 研究的基础上开展了瞬态脉冲体制的井中雷达系统研究，联合中国石化集团华北石油局测井公司成功设计了适用于复杂探测环境的瞬态脉冲井中雷达原型机系统，并进行了实验验证，取得了多项创新的研究成果[5, 24, 25]。该系统主要瞄准地下油气资源的勘探。考虑到井眼中的泥浆对系统机械结构的影响，同时，为了确保系统在高温高压环境下的稳定性，该系统采用新型的定向方式——通过多个沿轴线排列的定向天线，在不旋转天线的情况下实现对井周异常目标体的探测[26]。

　　基于井中雷达系统技术的广泛应用前景及潜在的巨大经济、社会效益，美国、德国、荷兰、澳大利亚、加拿大、瑞典、日本等国家的高校、研究机构和多个公司已纷纷开展井中雷达及其信号处理的研究，并已有商业化的井中雷达系统面世[27]。

　　瑞典 MALÅ 公司的 Pro Ex 井中雷达系统继承和发展了"STRIPA"计划的研究技术，已成功应用于断层探测、基础工程、溶洞和空洞探测、水流路径分析、丢失孔定位、页岩斜度、大坝探测、污染范围探测等工程领域[10]。Pro Ex 井中雷达系统配备有 100MHz 和 250MHz 的井中天线，可以满足不同探测范围及雷达分辨率的要求，最高可支持 8 个硬件通道 16 位采样精度的井中雷达信号采样。除了 MALÅ 公司的 Pro Ex 井中雷达系统，当今世界的主流商用井中雷达系统还包括美国 GSSI 公司的 SIR 30 雷达系统，荷兰 T&A survey 公司的 TISA 2D 和 TISA 3D 井中雷达系统，澳大利亚 Geo Mole 公司的 Geo Mole 井中雷达系统,加拿大 Sensors&Software 公司的 pulse EKKO PRO 雷达系统，南非 CSIR 研究机构的 Aardwolf BR40 井中雷达系统等[5]。

井中雷达接收信号的处理对地层结构的解释具有非常重要的作用，特别是探测信号处理成像的结果。探测过程中存在收发天线与目标之间的相对运动，因此，在不同的探测深度上，来自同一个目标的回波信号会有不同的传播时间。利用传统的偏移成像算法可以将同一目标的回波信号聚集到真实的目标位置，从而提高图像信噪比。但是，与地面 GPR 技术不同的是，井中雷达的信号处理，尤其是信号成像有着特殊的困难。例如，由于受到井孔空间大小的限制，井中雷达的分辨率与采样频率、数据传输速率与系统兼容性之间存在矛盾；雷达系统与井壁会产生摩擦，使得系统在井孔方向上采样不均匀；双基井中雷达探测不满足经典成像方法中假设的爆炸反射模型假设[28, 29]；经典成像方法无法处理非均匀层状介质带来的沿井孔方向的变波速雷达回波信号等。因此，对于这种井中雷达深地层探测方式的成像技术，还有待进一步深入研究。

习　　题

1.1 简述井中雷达系统的组成及对应功能？

1.2 井中雷达中的主要特性参数有哪些？它们的物理意义及计算方式是什么？

1.3 试说明 GPR 成像与光学图像的不同及其特点。

1.4 分别论述井中雷达探测技术中的正演和反演概念及其常采用的方法。

参 考 文 献

[1] 曾昭发，刘四新. 探地雷达原理与应用[M]. 北京：电子工业出版社，2010.

[2] Conyers L B. Ground-Penetrating Radar for Geoarchaeology[M]. New York：John Wiley & Sons，2016.

[3] Utsi E C. Ground Penetrating Radar Theory and Practice[M]. Amsterdam：Elsevier Ltd，UK.，2017.

[4] Jol H M. Ground Penetrating Radar：Theory and Applications[M]. Amsterdam：Elsevier B.V.，2009.

[5] 马春光. 瞬态脉冲雷达成像测井及实验研究[D]. 成都：电子科技大学，2015.

[6] 胡进峰，周正欧. 基于核方法和主成分分析（PCA）的探地雷达目标特征提取新方法[J]. 信号处理，2005，21（6）：581-584.

[7] Vogt D，Pisani P. Borehole radar delineation of the VCR：an economically important sedimentary deposit[C]. Proceedings of the Tenth International Conference on Ground Penetrating Radar，Delft，The Netherlands，2004：531-534.

[8] Rubin L A，Fowler J C. Ground-probing radar for delineation of rock features[J]. Engineering Geology，

1978，12：163-170.

[9] Nickel H，Sender F. Exploring the interior of salt domes from boreholes normal access[J]. Geophysical Prospecting，1983，31（1）：131-148.

[10] 温志坚. 中国高放废物深地质处置的缓冲材料选择及其基本性能[J]. 岩石矿物学杂志，2005，24（6）：583-586.

[11] Carlsson H. Update：The international STRIPA project[J]. International Atomic Energy Agency Bulletin，1986，28（1）：25-28.

[12] Jang H，Kuroda S，Kim H J. SVD inversion of zero-offset profiling data obtained in the vadose zone using cross-borehole radar[J]. IEEE Transactions on Geoscience and Remote Sensing，2011，49（10）：3849-3855.

[13] Falk L. Theory of a directional borehole antenna[C]. International Geoscience and Remote Sensing Symposium，1995，3：1714-1716.

[14] Moulton C W，Wright D L，Hutton R S，et al. Basalt-flow imaging using a high-resolution directional borehole radar[C]. Ninth International Conference on Ground Penetrating Radar，Santa Barbara，CA，2002，13-18.

[15] Tronicke J，Hamann G. Vertical radar profiling：combined analysis of traveltimes，amplitudes，and reflections[J]. Geophysics，2014，79（4）：H23-H35.

[16] Ebihara S，Hashimoto Y. MoM analysis of dipole antennas in crosshole borehole radar and field experiments[J]. IEEE Transactions on Geoscience and Remote Sensing，2007，45（8）：2435-2450.

[17] Ebihara S，Inoue Y. Analysis of eccentered dipole antenna for borehole radar[J]. IEEE Transactions on Geoscience and Remote Sensing，2009，47（4）：1073-1088.

[18] Ebihara S，Sasakura A，Takemoto T. HE$_{11}$ mode effect on direct wave in single-hole borehole radar[J]. IEEE Transactions on Geoscience and Remote Sensing，2011，49（2）：854-867.

[19] Ebihara S，Kimura Y，Shimomura T，et al. Coaxial-fed circular dipole array antenna with ferrite loading for thin directional borehole radar sonde[J]. IEEE Transactions on Geoscience and Remote Sensing，2015，53（4）：1842-1854.

[20] Ebihara S，Hanaoka H，Okumura T，et al. Interference criterion for coaxial-fed circular dipole array antenna in a borehole[J]. IEEE Transactions on Geoscience and Remote Sensing，2012，50（9）：3510-3526.

[21] Ebihara S，Hanaoka H，Okumura T，et al. Directional borehole radar with dipole antenna array using optical modulators[J]. IEEE Transactions on Geoscience and Remote Sensing，2004，42（1）：45-58.

[22] Sato M，Takayama T. A novel directional borehole radar system using optical electric field sensors[J]. IEEE Transactions on Geoscience and Remote Sensing，2007，45（8）：2529-2535.

[23] Liu S，Sato M，Takahashi K. Application of borehole radar for subsurface physical measurement[J].

Journal of Geophysics & Engineering，2004，1（3）：221-227.

[24] Liang H，Yang H，Zhang J. A cylindrical conformal directional monopole antenna for borehole radar application[J]. IEEE Antennas and Wireless Propagation Letters，2012，11：1525-1528.

[25] Liang H，Yang H，Hou J，et al. A compact ferrite-based dipole directional antenna for borehole radar application[J]. IEEE Antennas and Wireless Propagation Letters，2013，10：486-489.

[26] Ma C G，Zhao Q，Chang X H，et al. Field test of directional borehole radar in a hydrocarbon production well[C]. 15th International Conference on Ground Penetrating Radar GPR，Brussels，Belgium，2014，334-338.

[27] 杨海宁. 钻孔测井雷达信号处理技术研究[D]. 成都：电子科技大学，2016.

[28] Gazdag J，Sguazzero P. Migration of seismic data[J]. Proceedings of the IEEE，1984，72（10）：1302-1315.

[29] Claerbout J F. Imaging the Earth's Interior[M]. Cambridge，MA：Blackwell Scientific Publications，1985.

第 2 章 瞬态脉冲在井周复杂环境介质中的传播特性

井中雷达成像测井系统是通过发射瞬态脉冲对井周地层进行勘探的。井周介质的电磁特性决定了瞬态脉冲在其中的衰减量、相位离散、传播速度、反射系数等参数，因而决定了瞬态脉冲雷达成像测井系统工作参数的选择和性能特性[1-7]。研究井周介质的电磁特性及瞬态脉冲的传输特性，对充分理解井中雷达成像测井系统的工作原理及关键技术参数的选取具有重要意义。

2.1 基本的电磁关系

所有的经典电磁现象都可由紧凑、简练的麦克斯韦方程组（Maxwell's equations）进行解释。麦克斯韦方程组描述了电场和磁场之间以及两者与传输介质之间的相互作用关系。麦克斯韦方程组由法拉第电磁感应定律、安培定律、高斯定律和高斯磁定律组成。麦克斯韦方程的有效性建立在方程本身与所有的实验知识关于电磁现象认识的一致性上。对于无源区域，电磁场随时间做简谐变化时，麦克斯韦方程组的微分形式可以表示为

$$\nabla \times \boldsymbol{E} = -\frac{\partial \boldsymbol{B}}{\partial t} \tag{2-1}$$

$$\nabla \times \boldsymbol{H} = \boldsymbol{J}_{\mathrm{c}} + \frac{\partial \boldsymbol{D}}{\partial t} \tag{2-2}$$

$$\nabla \cdot \boldsymbol{D} = \rho \tag{2-3}$$

$$\nabla \cdot \boldsymbol{B} = 0 \tag{2-4}$$

其中，∇ 为哈密顿微分算子；$\boldsymbol{E}$ 为电场强度（V/m）；$\boldsymbol{B}$ 为磁感应强度；$\boldsymbol{H}$ 为磁场强度（A/m）；$\boldsymbol{J}_{\mathrm{c}}$ 为电流密度（A/m²）；$\boldsymbol{D}$ 为电位移（C/m²）；ρ 为电荷密度（C/m³）。然而，要充分确定电磁场的各个场量，只求解上述方程组的四个场矢量是不够的，必须引入介质的本构参数：

$$\boldsymbol{D} = \hat{\varepsilon} * \boldsymbol{E} \tag{2-5}$$

$$\boldsymbol{B} = \hat{\mu} * \boldsymbol{H} \tag{2-6}$$

$$\boldsymbol{J}_{\mathrm{c}} = \hat{\sigma} * \boldsymbol{E} \tag{2-7}$$

其中，*代表卷积；$\hat{\varepsilon}$、$\hat{\mu}$、$\hat{\sigma}$ 分别为介质的介电常量、磁导率和电导率。通常，式（2-5）～式（2-7）给出的本构参数均为与频率有关的复合张量函数。如果是各向同性介质，这些张量可以简化为与频率有关的复合函数。除了少数铁磁性材料外，绝大多

数地球材料的磁导率都可认为等于单位 1。只有当大量的 Fe_2O_3 存在时，才对磁导率有显著的影响。大多数岩石是非磁化的，因此，$\hat{\mu}(\omega) = \mu_0$（自由空间中的磁导率）。对于磁性介质和各向异性介质，本书暂不予考虑。因此，复介电常量和复电导率可以表示为

$$\varepsilon = \varepsilon' - j\varepsilon'' \tag{2-8}$$

$$\sigma = \sigma' + j\sigma'' \tag{2-9}$$

2.2 复介电常量和复电导率

在线性和各向同性介质中，本构参数的张量 $\hat{\varepsilon}$ 和 $\hat{\sigma}$ 可以简化为标量。但是，它们的值在大部分情况下与电场的频率有关[8, 9]。在一个无限大的、有耗的无源空间中，利用本构关系和麦克斯韦方程组，可以得到一个波方程：

$$\nabla^2 \boldsymbol{E} - \mu\varepsilon\frac{\partial^2 \boldsymbol{E}}{\partial^2 t} - \mu\sigma\frac{\partial \boldsymbol{E}}{\partial t} = 0 \tag{2-10}$$

对于时谐波场，

$$\frac{\partial}{\partial t} = j\omega; \quad \frac{\partial^2}{\partial^2 t} = -\omega^2 \tag{2-11}$$

波方程式（2-10）可以简化为亥姆霍兹方程：

$$\nabla^2 \boldsymbol{E} - j\omega\mu(\sigma + j\omega\varepsilon)\boldsymbol{E} = 0 \tag{2-12}$$

其中，σ 和 ε 为复数。同时，亥姆霍兹方程表明，介电常量和电导率一直紧密联系在一起，并提供式（2-12）电特性的不变测度：

$$\sigma + j\omega\varepsilon \tag{2-13}$$

有效复电导率可以定义为

$$\sigma^* = \sigma^{*\prime} + j\sigma^{*\prime\prime} = \sigma + j\omega\varepsilon \tag{2-14}$$

将式（2-8）和式（2-9）代入式（2-14），得到

$$\sigma^* = \sigma' + j\sigma'' + j\omega(\varepsilon' - j\varepsilon'') = \sigma' + \omega\varepsilon'' + j(\sigma'' + \omega\varepsilon') \tag{2-15}$$

其中，$\sigma' + j\sigma''$ 项是由欧姆-法拉第扩散机制引起的；而 $\varepsilon' - j\varepsilon''$ 项则是由介电弛豫机制引起的。

同样，方程（2-2）可以转换为

$$\nabla \times \boldsymbol{H} = j\omega\left(\varepsilon - j\frac{\sigma}{\omega}\right)\boldsymbol{E} \tag{2-16}$$

则有效复介电常量可表示为

$$\varepsilon^* = \varepsilon^{*\prime} - j\varepsilon^{*\prime\prime} = \varepsilon - j\frac{\sigma}{\omega} \tag{2-17}$$

将式（2-8）和式（2-9）代入式（2-17），可得到

$$\varepsilon^* = \varepsilon' - j\varepsilon'' - \frac{j}{\omega}(\sigma' + j\sigma'') = \varepsilon' + \frac{\sigma''}{\omega} - j\left(\varepsilon'' + \frac{\sigma'}{\omega}\right) \tag{2-18}$$

因此，实际有效的介电常量和电导率分别为

$$\varepsilon_e^* = \varepsilon' + \frac{\sigma''}{\omega} \tag{2-19}$$

$$\sigma_e^* = \sigma' + \omega\varepsilon'' \tag{2-20}$$

复有效介电常量 ε_e^* 的实部和虚部分别为

$$\varepsilon_e^{*\prime} = \varepsilon_e^* \tag{2-21}$$

$$\varepsilon_e^{*\prime\prime} = \frac{\sigma_e^*}{\omega} \tag{2-22}$$

复有效电导率 σ_e^* 的实部和虚部分别为

$$\sigma_e^{*\prime} = \sigma_e^* \tag{2-23}$$

$$\sigma_e^{*\prime\prime} = \omega\varepsilon_e^* \tag{2-24}$$

当外加电场作用于介质上时，摩擦阻尼和其他的欧姆损耗取决于复合介电常量的虚部，因此，介质损耗的程度取决于式（2-15）和式（2-18）所引出的准则：在零频率或低频时测得的电导率，可作为电导率实部的近似值；在无穷大频率或高频时测得的介电常量，可作为介电常量实部的近似值。

电导率测量值：$\sigma^*, f \to 0$；

介电常量测量值：$\varepsilon^*, f \to \infty$。

在钻孔雷达文献中，主要使用复有效介电常量，有时被错误地描述为复介电常量。任何地质材料介电常量的测量取决于实际有效本构参数，而不是纯粹的复介电常量和复电导率。King 和 Smith 的研究表明，在单一频率下，不可能区分出有效复介电常量和复电导率中 ε' 和 σ''/ω 或 σ' 和 $\omega\varepsilon''$ 对介电特性的影响。因此，衡量介质损耗程度的损耗正切角可以表示为

$$\tan\delta_e = \frac{\sigma_e^*}{\omega\varepsilon_e^*} \tag{2-25}$$

复有效介电常量和复有效电导率的实部是可以直接测量的值，它们是被广泛采用的参量，且在计算中最为有用。如果没有其他说明，本书中的所有介电常量和电导率均假设为本构参数的实部有效值。然而，实际上，使用相对介电常量通常比较方便，它被定义为

$$\varepsilon_r = \frac{\varepsilon}{\varepsilon_0} \tag{2-26}$$

其中，ε_0 为真空中的介电常量。

对于瞬态脉冲雷达成像测井系统的频率范围（10～1000MHz），实验数据表明，Debye 弛豫模型可以用于描述岩层的介电常量，其表达式为

$$\varepsilon = \varepsilon_{r\infty} + \frac{\varepsilon_{rs} - \varepsilon_{r\infty}}{1 + j\omega\tau} \qquad (2\text{-}27)$$

其中，$\varepsilon_{r\infty}$ 为在非常高的频段（理论上是无穷大）测得的介电常量的值；ε_{rs} 为静态介电常量（DC 状态下，即频率为零时测得的介电常量）；τ 为信号的弛豫时间（与信号的弛豫过程相对应）。

根据 Debye 弛豫公式（2-27），图 2-1 给出了 15℃时，水的复相对介电常量的实部和虚部随 $\omega\tau$ 的变化关系曲线，其中，$\varepsilon_{r\infty} = 5.5$，$\varepsilon_{rs} = 82.3$，$\tau = 10.9 \times 10^{-12}\,\text{s}$。从图中可以看出，$\omega\tau \ll 1$ 时，水的相对介电常量实部基本上为常数，且近似等于水在低频时的相对介电常量实部；随着 $\omega\tau$ 的值接近于 1，相对介电常量的虚部单调递增；但是，当 $\omega\tau \gg 1$ 时，相对介电常量的实部和虚部值均递减。

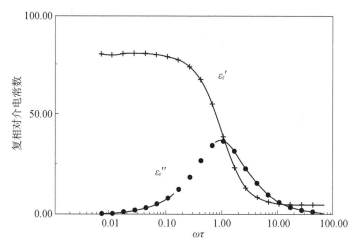

图 2-1 水（15℃时）的复相对介电常量的实部（ε_r'）和虚部（ε_r''）与参数 $\omega\tau$ 之间的关系曲线

为了确定岩层本构参数的变化，在开展瞬态脉冲雷达成像测井测量工作之前，应当对实验场地的岩芯样本进行测试。通常可以查阅相关文献，获取不同岩层的介电常量和电导率的典型值，表 2-1 给出了一些不同地质材料的有效相对介电常量和电导率的典型值。岩石的电特性是在特定频率下进行测量的结果，大多数情况下，并没有给出岩石的本构参数随频率变化的任何信息，因此，这些岩层的电学参量只能作为近似估计值[10]。

表 2-1 100MHz 时，常见地质材料的有效相对介电常量和电导率典型值

地质材料	ε_{er}	σ_e / (mS/m)
空气	1	0
蒸馏水	80	0.01
淡水	80	0.5
海水	80	30000

续表

地质材料	ε_{er}	σ_e / (mS/m)
干砂	3～5	0.01
饱和砂土	20～30	0.1～1.0
灰岩	4～8	0.5～2
页岩	5～15	1～100
泥沙	5～30	1～100
黏土	5～40	2～1000
花岗岩	4～6	0.01～1
干盐	5～6	0.01～1

2.3 损耗介质中平面波的传输特性

在损耗介质中，由亥姆霍兹方程给出的沿+z 方向传播的时谐平面波的解为

$$\boldsymbol{E} = \boldsymbol{E}(z) = \boldsymbol{n}_x E_0 \mathrm{e}^{-\gamma z} \mathrm{e}^{\mathrm{j}\omega t} \tag{2-28}$$

其中，γ 称为传播常数，为一复数，其表达式为

$$\gamma = \mathrm{j}\omega \sqrt{\mu\left(\varepsilon - \mathrm{j}\frac{\sigma}{\omega}\right)} = \gamma_r + \mathrm{j}\gamma_i \tag{2-29}$$

将式（2-29）代入式（2-28）得

$$\boldsymbol{E} = \boldsymbol{E}(z) = \boldsymbol{n}_x E_0 \mathrm{e}^{-\gamma_r z} \mathrm{e}^{-\mathrm{j}\gamma_i z} \mathrm{e}^{\mathrm{j}\omega t} \tag{2-30}$$

式（2-30）中的第一个因子 $\mathrm{e}^{-\gamma_r z}$ 表示电场的幅度随传播距离 z 的增加而呈指数衰减，因而被称为衰减因子。γ_r 则被称为衰减常数，表示雷达波传播一个单位长度，其幅度的衰减量，其单位为 dB/m。第二个因子 $\mathrm{e}^{-\mathrm{j}\gamma_i z}$ 是相位因子，γ_i 是相位常数，其单位为 rad/m。第三个因子 $\mathrm{e}^{\mathrm{j}\omega t}$ 为时谐因子，由于本书考虑的均为时谐场，为了表述方便，下文中时谐因子均忽略不写。

由式（2-29），可以解得

$$\gamma_r = \omega \sqrt{\frac{\mu\varepsilon}{2}} \left[\sqrt{1 + \left(\frac{\sigma}{\omega\varepsilon}\right)^2} - 1 \right]^{1/2} \tag{2-31}$$

$$\gamma_i = \omega \sqrt{\frac{\mu\varepsilon}{2}} \left[\sqrt{1 + \left(\frac{\sigma}{\omega\varepsilon}\right)^2} + 1 \right]^{1/2} \tag{2-32}$$

衰减量也可以表示为

$$\mathrm{ATT} = 20\log_{10}(\mathrm{e}^{\gamma_r}) = 8.686\gamma_r \tag{2-33}$$

相位的离散可以表示为

$$\mathrm{PH}_{err} = \frac{\gamma_i}{\omega\sqrt{\mu\varepsilon}} \tag{2-34}$$

图 2-2（a）中的实线表明，在固定的相对介电常量（$\varepsilon_r = 9$）的情况下，电磁波的衰减量是频率和电导率（0.005S/m，0.05S/m，0.25S/m）的函数；图 2-2（a）中的虚线表明，在固定的电导率（$\sigma = 0.04$ S/m）的情况下，电磁波的衰减量是频率和相对介电常量（2、15、40）的函数。图 2-2（b）给出了式（2-34）中所描述的相位离散与频率和电导率，以及相位离散与频率和相对介电常量之间的关系。从图 2-2（b）中可以容易地看出，对于给定范围的介质参量，在 100MHz 左右时，开始以波的传输为主，而波的相位离散随频率的增加逐渐减小到一个可以接受的水平，而在较低频段，相位离散却非常严重。

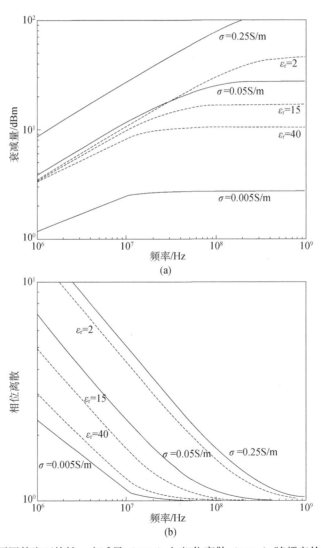

图 2-2　对于不同的岩石特性，衰减量（ATT）与相位离散（PHerr）随频率的变化关系曲线
（a）衰减量随频率的变化关系；（b）相位离散随频率的变化关系

通常采用一个简化的假设来解释井中雷达成像测井数据，那就是"低损耗条件"，在数学上可表示为这样的不等式：$\sigma/(\omega\varepsilon)\ll1$，一般来说，考虑到井中雷达成像测井系统的工作频率，这是一个合理的假设。如果工作频率高于100MHz，在 $\sigma/(\omega\varepsilon)\ll1$ 的岩层中，瞬态脉冲的衰减量和相位离散与频率无关（$\text{ATT}=4.343\sigma\sqrt{\mu/\varepsilon}$，$\text{PH}_{\text{err}}=1$），雷达脉冲的传输没有离散，而且其衰减量基本达到一个固定值。因此，$\sigma/(\omega\varepsilon)\ll1$ 是井中雷达正常工作的前提条件，同时，为了避免严重的色散，井中雷达成像测井系统的中心工作频率应当高于100MHz。

同时，岩层中瞬态脉冲的速度可表述为

$$\upsilon=\left[\frac{\mu\varepsilon}{2}\left(\sqrt{1+\left(\frac{\sigma}{\omega\varepsilon}\right)^2}+1\right)\right]^{-1/2} \tag{2-35}$$

基于上面的假设，衰减常数和速度的简化表达式为

$$\alpha\approx\frac{\sigma}{2}\frac{\eta_0}{\varepsilon_{\text{r}}} \tag{2-36}$$

$$\upsilon\approx\frac{c_0}{\sqrt{\varepsilon_{\text{r}}}} \tag{2-37}$$

其中，

$$\eta_0=\sqrt{\frac{\mu_0}{\varepsilon_0}}=377\,\Omega \tag{2-38}$$

$$c_0=\frac{1}{\sqrt{\mu_0\varepsilon_0}}=3\times10^8\,\text{m/s} \tag{2-39}$$

这里，η_0 为自由空间的波阻抗；c_0 为自由空间中的波速。因此，对大多数地球材料而言，在高频或低电导率的情况下，瞬态脉冲的波速仅取决于介质的相对介电常量。

2.4　岩层分界面和裂缝的反射系数

不连续介质的反射系数决定了瞬态脉冲雷达成像测井系统探测井周异常体的可行性。如果岩层分界面和裂缝的反射系数比较弱，那么雷达系统可能探测不到分界面或裂缝的反射波。本节主要讨论影响岩层分界面和裂缝反射系数的关键因子。

反射率表示反射能量的大小，它主要取决于反射系数，即反射波幅度与入射波幅度的比率。而反射系数的大小的估算，需要分别考虑入射波横电场（TE）场模式和横磁场（TM）场模式两种情形[11]，即当瞬态脉冲斜入射到两种介质的分界面时，需要考虑两种不同的情况：第一种情况，电场方向垂直于入射平面，而磁场与入射面平行，

通常称为垂直极化，即 TE 模式；第二种情况，电场矢量与入射平面平行，而磁场方向垂直于入射平面，通常称为平行极化，即 TM 模式。这两种模式的入射波情况，分别如图 2-3（a）和（b）所示。

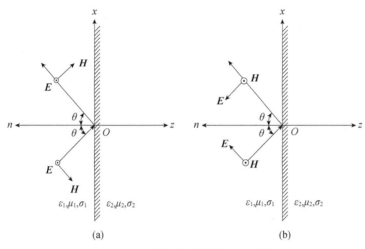

图 2-3　平面波斜入射到均匀半空间

（a）垂直极化波对损耗介质的斜入射；（b）平行极化对损耗介质的斜入射

假设 $z < 0$ 的半空间充满电学参数为 ε_1、μ_1、σ_1 的损耗介质 1，$z > 0$ 的半空间充满电学参数为 ε_2、μ_2、σ_2 的损耗介质 2，当电磁波从介质 1 斜入射到这两种介质的分界面上时，取平面 xOz 为入射平面，且入射角为 θ（图 2-3），则 TE 模式波和 TM 模式波的反射系数可以分别表示为

$$r_{\mathrm{TE}} = \frac{\sqrt{\cos^2 \theta - \mathrm{j}\delta_1} - \dfrac{1}{c}\sqrt{1 - c^2 \sin^2 \theta - \mathrm{j}\delta_2}}{\sqrt{\cos^2 \theta - \mathrm{j}\delta_1} + \dfrac{1}{c}\sqrt{1 - c^2 \sin^2 \theta - \mathrm{j}\delta_2}} \tag{2-40}$$

$$r_{\mathrm{TM}} = \frac{\sqrt{\cos^2 \theta - \mathrm{j}\delta_1} - \dfrac{\eta}{c}\sqrt{1 - c^2 \sin^2 \theta - \mathrm{j}\delta_2}}{\sqrt{\cos^2 \theta - \mathrm{j}\delta_1} + \dfrac{\eta}{c}\sqrt{1 - c^2 \sin^2 \theta - \mathrm{j}\delta_2}} \tag{2-41}$$

其中，

$$\delta_i = \frac{\sigma_i}{\omega \varepsilon_0 \varepsilon_{\mathrm{r}i}} \quad (i = 1, 2) \tag{2-42}$$

$$\eta = \frac{\sigma_1 + \mathrm{j}\omega \varepsilon_0 \varepsilon_{\mathrm{r}1}}{\sigma_2 + \mathrm{j}\omega \varepsilon_0 \varepsilon_{\mathrm{r}2}} \tag{2-43}$$

上式中，$i=1$，2，代表两种不同的介质；$c = c_2/c_1$，是介质 2 和介质 1 中瞬态脉冲速度的比值，这里，相对介电常量和电导率的值可以参考表 2-1。功率反射率（power reflectivity）是接收天线接收到的反射波能量大小的量度，如果功率反射率与背景噪声相比太低（即信噪比 SNR<1），则该雷达系统有可能记录不到相应的反射波[12]，所以往往采用介质分界面处的功率反射率（P_r）来描述界面处的反射强弱，它的幅度用反射系数表示为

$$P_r \approx \left(r_{TE}\right)^2 \quad \text{或} \quad P_r \approx \left(r_{TM}\right)^2 \tag{2-44}$$

由接收天线距反射点远近有关的式（2-44）可知，反射波能量可以用反射系数的 dB 形式来表示，即可写为 $20\log\left|r_{TE}\right|$ 或 $20\log\left|r_{TM}\right|$。当介质 1（$\sigma_1$=0.01 S/m，$\varepsilon_{r1}$=8）中传播的 200MHz 的平面波，以 45°角斜入射到介质 2（σ_2=0.01 S/m，相对介电常量 ε_{r2} 为变量）时，图 2-4 给出了 TM 模式和 TE 模式下，反射波能量随介质 2 的相对介电常量变化的关系曲线。当 $\varepsilon_{r2} < \varepsilon_{r1}$ 时，介质 2 的相对介电常量越小，瞬态脉冲的反射波能量越强；但当 $\varepsilon_{r2} > \varepsilon_{r1}$ 时，介质 2 的相对介电常量越大，瞬态脉冲的反射波能量越强[13]。当 $\sigma_2 > 0.3$ S/m 时，电导率的差异引起反射波能量的显著增加，但是，当 $\sigma_2 < 0.1$ S/m 时，反射波能量的大小主要取决于相对介电常量的差异。只要 $\sigma_1/(\omega\varepsilon_1) \ll 1$，介质 1 的电学参数并不会引起反射率曲线的显著改变。同时，由于在交界面处不存在磁导率的变化，因此，在相同条件下，TM 模式波的反射波能量没有 TE 模式波强。

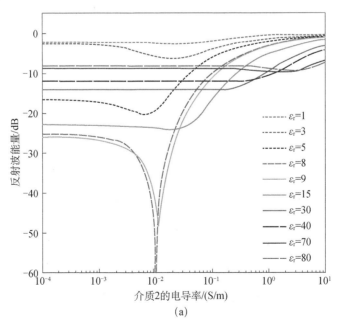

(a)

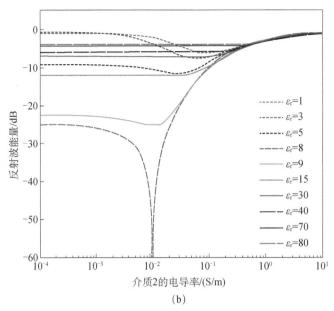

图 2-4   单一分界面的反射波能量随介质 2 电学参数
变化的关系曲线（彩图扫封底二维码）

（a）TM 模式波的反射系数；（b）TE 模式波的反射系数

两个半空间之间的薄层可以作为岩层中裂缝的粗略模型，假设裂缝的层厚为 Δ，则反射系数的表达式为

$$\widetilde{r_{12}} = r_{12} + \frac{r_{12}T_{12}T_{21}e^{2j\gamma_{2z}\Delta}}{1 - r_{12}^2 e^{2j\gamma_{2z}\Delta}} \tag{2-45}$$

其中，$T_{12} = 1 + r_{12}$ 和 $T_{21} = 1 - r_{12}$，这里，下标 1 代表背景介质 1，下标 2 代表裂缝内部的填充介质 2，且 r_{12} 可用于表示 TE 模式或 TM 模式；γ_{2z} 是均匀平面波在介质 2 中 z 方向上的传播常数。假设背景介质 1 的电导率 σ_1 和相对介电常量 ε_{r1} 分别为 0.01S/m 和 8，当裂缝内部的填充介质具有不同电学参数时，图 2-5 给出了裂缝的反射波能量与裂缝宽度的关系曲线。

假定裂缝内部填充物的电导率 $\sigma_2 = \sigma_1 = 0.01\mathrm{S/m}$，图 2-5（a）和（c）分别给出了 TM 模式和 TE 模式下，裂缝的反射波能量随其内部填充物相对介电常量 ε_{r2} 变化的关系曲线。当 $\varepsilon_{r2} < \varepsilon_{r1}$ 时，介质 2 的相对介电常量愈小，裂缝的反射波能量愈强；但当 $\varepsilon_{r2} > \varepsilon_{r1}$ 时，介质 2 的相对介电常量愈大，则裂缝的反射波能量愈强。当 $\Delta < 1\mathrm{cm}$ 时，裂缝的反射波能量随其宽度的增加而增加；但是，当裂缝宽度 $\Delta > 3\mathrm{cm}$ 时，裂缝的反射波能量趋于定值。当假定裂缝内部填充物的相对介电常量 $\varepsilon_{r2} = \varepsilon_{r1} = 8$ 时，图 2-5（b）和（d）分别给出了 TM 模式和 TE 模式下，裂缝的反射波能量随其内部填充物电导率 σ_2 变化的关系曲线。当 $\sigma_2 < 0.011\mathrm{S/m}$ 时，介质 2 的电导率值越小，裂缝的反

射波能量越强；但是，当 $\sigma_2 > 0.011\,\mathrm{S/m}$ 时，介质 2 的电导率愈大，则裂缝的反射波能量愈强，而且反射波能量的变化幅度比较明显。当 $\Delta < 1\,\mathrm{cm}$ 时，裂缝的反射波能量则随其宽度的增大而增大；但是，当裂缝宽度 $\Delta > 3\,\mathrm{cm}$ 时，裂缝的反射波能量也趋于定值。

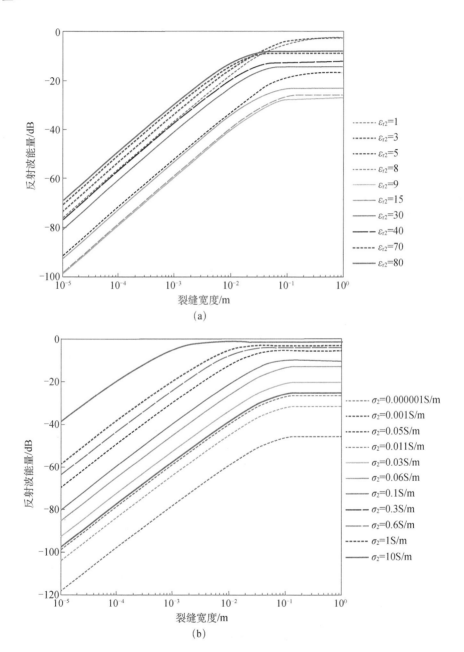

(a)

(b)

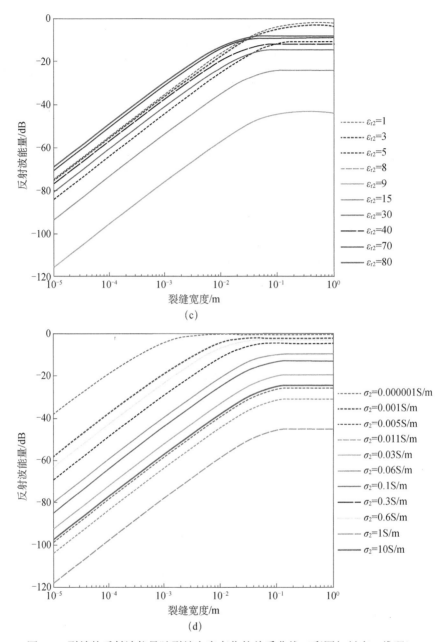

图 2-5　裂缝的反射波能量随裂缝宽度变化的关系曲线（彩图扫封底二维码）

（a）TM 模式下，填充物的相对介电常量对裂缝反射波能量的影响；（b）TM 模式下，填充物的电导率
对裂缝反射波能量的影响；（c）TE 模式下，填充物的相对介电常量对裂缝反射波能量的影响；
（d）TE 模式下，填充物的电导率对裂缝反射波能量的影响

图 2-6（a）和（b）分别表明 TM 模式和 TE 模式下，对于宽度为 150μm 的裂缝，反射波能量的大小与裂缝中填充物的电导率 σ_2 和相对介电常量 ε_{r2} 有关（背景介质 1 的电导率 $\sigma_1 = 0.01\,\text{S/m}$，相对介电常量 $\varepsilon_{r1} = 8$）。在图 2-6（a）中，当 $\varepsilon_{r2} < \varepsilon_{r1}$ 时，ε_{r2}

的值较小，裂缝的反射波能量较强，且 $\sigma_2 < 0.01\,\mathrm{S/m}$ 时，裂缝的反射波能量变化幅度不大；而当 $\sigma_2 > 0.01\,\mathrm{S/m}$ 时，裂缝的反射波能量随电导率的增加而增加。对于 $\varepsilon_{r2} > \varepsilon_{r1}$ 的情况，当 $\sigma_2 < 0.1\,\mathrm{S/m}$ 时，裂缝的反射波能量主要取决于 ε_{r2} 的值，ε_{r2} 越大，则裂缝的反射波能量越强且趋于定值；而当 $\sigma_2 > 2\,\mathrm{S/m}$ 时，ε_{r2} 与 ε_{r1} 的值差异越小，裂缝的反射波能量反而加强。在图 2-6（b）中，当 $\sigma_2 > 0.3\,\mathrm{S/m}$ 时，裂缝内部的电导率决定了反射波能量的大小；当 $\sigma_2 < 0.1\,\mathrm{S/m}$ 时，裂缝反射波能量的大小主要取决于 ε_{r2}

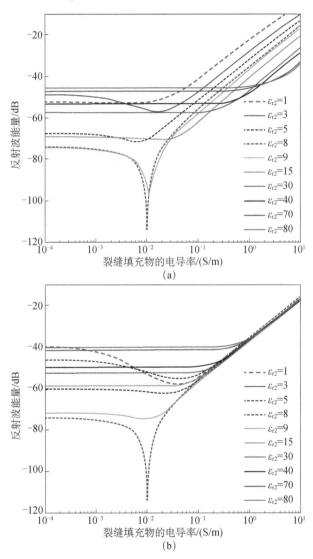

图 2-6　裂缝宽度一定时，反射波能量是裂缝中填充物的电导率和介电常量的函数（彩图扫封底二维码）

（a）TM 模式下，填充物的相对介电常量和电导率对裂缝反射波能量的影响；（b）TE 模式下，填充物的相对介电常量和电导率对裂缝反射波能量的影响

与 ε_{r1} 的差异。当 $\varepsilon_{r2} < \varepsilon_{r1}$ 时，ε_{r2} 的值越小，裂缝的反射波能量越强；但当 $\varepsilon_{r2} > \varepsilon_{r1}$ 时，ε_{r2} 的值越大，裂缝的反射波能量越强。

由图 2-5 和图 2-6 可知，裂缝的反射信号具有以下两个特性。第一，在一定条件下，反射波能量跟裂缝的宽度成比例。第二，在裂缝宽度一定的情况下，当电导率 σ_2 较大时，反射波能量的大小主要取决于填充物与背景岩层之间电导率的差异；而当电导率较小时，反射波能量的大小则取决于介电常量之间的差异。

反射波能量的大小取决于岩层介质的电学参数，以及入射波的极化方式、工作频率和入射角大小。当垂直入射时，$|r_{\mathrm{TE}}|^2 = |r_{\mathrm{TM}}|^2$，因此，TE 模式波和 TM 模式波均与分界面平行极化。只要入射角度 $\theta \neq 0$，TE 模式波呈现较高的反射率，但是 TM 模式波极化垂直于交界面，且趋向于传输。瞬态脉冲雷达成像测井系统采用全向偶极子天线作为发射天线，而井眼中的垂直电偶极子仅能产生 TM 极化波[14]，同时，瞬态脉冲雷达成像测井系统工作于充满泥浆的井眼中，TM 模式波将使入射波能量更多地耦合到井周地层，从而使目标物的回波信号增强，有利于后续的雷达成像和目标识别。岩层分界面和裂缝的反射波能量的差别，分别如图 2-4 和图 2-6 所示。在相同的电学参数差异的情况下，当电导率对反射波能量起主导作用时，一个宽度为 150μm 的裂缝比岩层分界面的反射波能量至少低 10dB；而当介电常量对反射波能量起主导作用时，这种差异高达 40~50dB。因此，岩层中的裂缝比岩层分界面更难探测。

2.5   瞬态脉冲在井周复杂环境介质中传输特性的研究方法

为了深入理解瞬态脉冲在各种地质条件下的传输特性，借助计算机技术进行数值模拟计算是非常有必要的。通过数值模拟建立瞬态脉冲雷达成像测井系统在井周复杂环境介质中的仿真模型，能够直观地再现瞬态脉冲在地层中的传输过程，更重要的是能够与物理实验结果相互验证，同时，也可为瞬态脉冲雷达成像测井数据及成像的解译提供参考。

2.5.1   存在的问题和解决方法

所有的电磁现象，在微观角度上，可以通过著名的麦克斯韦方程组进行描述。对瞬态脉冲雷达成像测井系统所应用的环境进行数值模拟，其本质属于初值的开放边界问题。这就意味着，若要获取其解，首先，必须定义其初值条件（如发射天线的激励源）；其次，考虑到在无穷远处，空间传播的场值为零。显然，第一个条件易于实现；但是，如果没有具体的边界条件对计算区域进行限制，并且使得在边界处的电磁场取得预定值，则很难满足第二个条件。

随着计算机技术的进步，已有许多学者提出多种求解麦克斯韦方程组的有效数值计算方法，如矩量法、有限元法、边界元法（boundary element method，BEM）

以及时域有限差分（FDTD）法等。随着电磁波应用领域的广泛拓展和计算机技术的迅猛发展，电磁场计算方法的研究工作也逐渐深入。Yee 在 1966 年创立了计算电磁场的 FDTD 法[15]，并且提出了一个合理的网格划分方法来对电场分量和磁场分量进行离散，同时，把他所提出的网格划分体系称为"Yee"网格。经过 50 余年的发展，FDTD 法作为一种成熟的电磁场计算方法，已被广泛应用于地球物理勘探领域。

FDTD 法是直接求解麦克斯韦微分方程组边值问题的有效时域方法，它的思路是，先将计算空间剖分为一定的网格，并将电学参数赋值给每一个网格，然后，将空间中某一样本点的电场（或磁场）与周围格点的磁场（或电场）直接建立联系，因此，该方法可以处理均匀或非均匀介质中形状复杂目标物的电磁散射和辐射问题。FDTD 法稳定性高、精度较佳，其计算误差来源已知并经过了大量的研究，便于对其仿真结果进行分析，并且适用于大型复杂模型。另外，随着时间的步进，FDTD 法可以方便地给出瞬变电磁场的时间演化过程，便于计算机的可视化处理，使效果更为直观和容易理解、分析[16-21]。FDTD 法的这些特点恰好能够满足瞬态脉冲雷达成像测井系统所应用的复杂环境的数值模拟的特点：①各种地质目标体的复杂性及岩层介质的非均匀性；②对瞬态脉冲回波信号波形特征的关注。

2.5.2　FDTD 法的基本原理

FDTD 法是通过连续离散计算区域的空间和时间，来逐渐逼近麦克斯韦方程组的数值解。然而，离散的空间步长 Δx、Δy、Δz 和时间步长 Δt 扮演着重要的角色，因为它们的值越小，FDTD 模型越能真实地表述实际问题。但是，离散步长的大小总是有限的，这主要取决于计算机有限的内存和有限的运算速度，因此，FDTD 模型代表实际问题和有限尺寸的离散形式，它包括三维、二维与一维形式。

1. 三维 FDTD 数值离散形式

在三维 FDTD 数值模拟中，FDTD 法把计算区域离散为一个个正方形的"Yee"网格，如图 2-7 所示。通过对电磁场分量的坐标设定合适的本构参数，形状复杂的目标体也可在模型中轻松构建。但是，目标物的曲线边界通常采用阶梯近似来实现。

FDTD 法就是通过计算每个"Yee"网格的场，进而得到整个计算区域的场分布，但值得注意的是，FDTD 法计算的场并不在"Yee"网格的八个顶点上，而是各个面中心点的磁场和各条棱中点处的电场（图 2-7）。在这个网格中，需要求解 E_x、E_y、E_z、H_x、H_y、H_z 六个场分量，根据麦克斯韦微分方程组，这六个场分量的表达式可写为

$$\varepsilon \frac{\partial E_x}{\partial t} = \frac{\partial H_z}{\partial y} - \frac{\partial H_y}{\partial z} - \sigma E_x \qquad (2\text{-}46)$$

$$\varepsilon \frac{\partial E_y}{\partial t} = \frac{\partial H_x}{\partial z} - \frac{\partial H_z}{\partial x} - \sigma E_y \tag{2-47}$$

$$\varepsilon \frac{\partial E_z}{\partial t} = \frac{\partial H_y}{\partial x} - \frac{\partial H_x}{\partial y} - \sigma E_z \tag{2-48}$$

$$\mu \frac{\partial H_x}{\partial t} = \frac{\partial E_y}{\partial z} - \frac{\partial E_z}{\partial y} \tag{2-49}$$

$$\mu \frac{\partial H_y}{\partial t} = \frac{\partial E_z}{\partial x} - \frac{\partial E_x}{\partial z} \tag{2-50}$$

$$\mu \frac{\partial H_z}{\partial t} = \frac{\partial E_x}{\partial y} - \frac{\partial E_y}{\partial x} \tag{2-51}$$

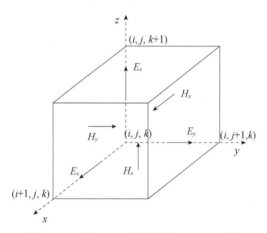

图 2-7 三维 FDTD 离散中的 "Yee" 网格

如果 $f(x,y,z,t)$ 表示 $\boldsymbol{E}$ 或 $\boldsymbol{H}$ 在直角坐标系中的某一场分量，则在时间域和空间域中的离散形式可用下面的符号表示

$$f(x,y,z,t) = f(i\Delta x, j\Delta y, k\Delta z, n\Delta t) = f^n(i,j,k) \tag{2-52}$$

对 $f(x,y,z,t)$ 关于时间和空间的一阶微分取中心差分近似，即

$$\frac{\partial f(\xi)}{\partial \xi} = \frac{\partial f(\xi + \Delta\xi/2)}{\partial \xi} - \frac{\partial f(\xi - \Delta\xi/2)}{\partial \xi} \tag{2-53}$$

则方程组式（2-46）～式（2-51）可以改写为

$$
\begin{aligned}
E_x^{n+1}\left(i+\frac{1}{2},j,k\right) =& \left(\frac{2\varepsilon - \sigma\Delta t}{2\varepsilon + \sigma\Delta t}\right) E_x^n\left(i+\frac{1}{2},j,k\right) + \left(\frac{2\Delta t}{2\varepsilon + \sigma\Delta t}\right) \\
& \times \left\{ \frac{1}{\Delta y}\left[H_z^{n+\frac{1}{2}}\left(i+\frac{1}{2},j+\frac{1}{2},k\right) - H_z^{n+\frac{1}{2}}\left(i+\frac{1}{2},j-\frac{1}{2},k\right) \right] \right. \\
& \left. - \frac{1}{\Delta z}\left[H_y^{n+\frac{1}{2}}\left(i+\frac{1}{2},j,k+\frac{1}{2}\right) - H_y^{n+\frac{1}{2}}\left(i+\frac{1}{2},j,k-\frac{1}{2}\right) \right] \right\}
\end{aligned}
\tag{2-54}
$$

$$E_y^{n+1}\left(i, j+\frac{1}{2}, k\right) = \left(\frac{2\varepsilon - \sigma\Delta t}{2\varepsilon + \sigma\Delta t}\right) E_y^n\left(i, j+\frac{1}{2}, k\right) + \left(\frac{2\Delta t}{2\varepsilon + \sigma\Delta t}\right)$$

$$\times \left\{ \frac{1}{\Delta z}\left[H_x^{n+\frac{1}{2}}\left(i, j+\frac{1}{2}, k+\frac{1}{2}\right) - H_x^{n+\frac{1}{2}}\left(i+\frac{1}{2}, j, k-\frac{1}{2}\right) \right] \right. \tag{2-55}$$

$$\left. - \frac{1}{\Delta x}\left[H_z^{n+\frac{1}{2}}\left(i+\frac{1}{2}, j+\frac{1}{2}, k\right) - H_z^{n+\frac{1}{2}}\left(i-\frac{1}{2}, j+\frac{1}{2}, k\right) \right] \right\}$$

$$E_z^{n+1}\left(i, j, k+\frac{1}{2}\right) = \left(\frac{2\varepsilon - \sigma\Delta t}{2\varepsilon + \sigma\Delta t}\right) E_z^n\left(i, j+\frac{1}{2}, k\right) + \left(\frac{2\Delta t}{2\varepsilon + \sigma\Delta t}\right)$$

$$\times \left\{ \frac{1}{\Delta x}\left[H_y^{n+\frac{1}{2}}\left(i+\frac{1}{2}, j, k+\frac{1}{2}\right) - H_y^{n+\frac{1}{2}}\left(i-\frac{1}{2}, j, k+\frac{1}{2}\right) \right] \right. \tag{2-56}$$

$$\left. - \frac{1}{\Delta y}\left[H_x^{n+\frac{1}{2}}\left(i, j+\frac{1}{2}, k+\frac{1}{2}\right) - H_x^{n+\frac{1}{2}}\left(i, j-\frac{1}{2}, k+\frac{1}{2}\right) \right] \right\}$$

$$H_x^{n+\frac{1}{2}}\left(i, j+\frac{1}{2}, k+\frac{1}{2}\right) = \left(\frac{2\mu - \sigma\Delta t}{2\mu + \sigma\Delta t}\right) H_x^{n-\frac{1}{2}}\left(i, j+\frac{1}{2}, k+\frac{1}{2}\right) - \left(\frac{2\Delta t}{2\mu + \sigma\Delta t}\right)$$

$$\times \left\{ \frac{1}{\Delta y}\left[E_z^n\left(i, j+1, k+\frac{1}{2}\right) - E_z^n\left(i, j, k+\frac{1}{2}\right) \right] \right. \tag{2-57}$$

$$\left. - \frac{1}{\Delta z}\left[E_y^n\left(i, j+\frac{1}{2}, k+1\right) - E_y^n\left(i, j+\frac{1}{2}, k\right) \right] \right\}$$

$$H_y^{n+\frac{1}{2}}\left(i+\frac{1}{2}, j, k+\frac{1}{2}\right) = \left(\frac{2\mu - \sigma\Delta t}{2\mu + \sigma\Delta t}\right) H_y^{n-\frac{1}{2}}\left(i+\frac{1}{2}, j, k+\frac{1}{2}\right) - \left(\frac{2\Delta t}{2\mu + \sigma\Delta t}\right)$$

$$\times \left\{ \frac{1}{\Delta z}\left[E_x^n\left(i+\frac{1}{2}, j, k+1\right) - E_x^n\left(i+\frac{1}{2}, j, k\right) \right] \right. \tag{2-58}$$

$$\left. - \frac{1}{\Delta x}\left[E_z^n\left(i+1, j, k+\frac{1}{2}\right) - E_z^n\left(i, j, k+\frac{1}{2}\right) \right] \right\}$$

$$H_z^{n+\frac{1}{2}}\left(i+\frac{1}{2}, j+\frac{1}{2}, k\right) = \left(\frac{2\mu - \sigma\Delta t}{2\mu + \sigma\Delta t}\right) H_z^{n-\frac{1}{2}}\left(i+\frac{1}{2}, j+\frac{1}{2}, k\right) - \left(\frac{2\Delta t}{2\mu + \sigma\Delta t}\right)$$

$$\times \left\{ \frac{1}{\Delta x}\left[E_y^n\left(i+1, j+\frac{1}{2}, k\right) - E_y^n\left(i, j+\frac{1}{2}, k\right) \right] \right. \tag{2-59}$$

$$\left. - \frac{1}{\Delta y}\left[E_x^n\left(i+\frac{1}{2}, j+1, k\right) - E_x^n\left(i+\frac{1}{2}, j, k\right) \right] \right\}$$

根据上述六个场分量的 FDTD 差分方程表达式，可以得到计算电磁场的时域步进计算法则。若已知 $t_1 = t_0 = n\Delta t$ 时刻在计算空间各处电场 $\boldsymbol{E}$ 的值，通过 FDTD 差分方程组便可算出 $t_2 = t_1 + \Delta t/2$ 时刻空间各处磁场 $\boldsymbol{H}$ 的值，再步进计算 $t_1 = t_2 + \Delta t/2$ 时

刻空间各处电场 $\boldsymbol{E}$ 的值，然后，以此类推，便可算出整个计算区域的电磁场值。

2. 二维 FDTD 数值离散形式

二维形式下的数值模拟是三维 FDTD 离散形式的简化。由于瞬态脉冲雷达成像测井系统的发射天线通常为偶极子天线，因此，我们选择 TM 模式，主要由 E_z、H_x 和 H_y 三个分量构成。根据麦克斯韦微分方程组，二维 FDTD 数值离散形式可以表示为

$$\frac{\partial D_z}{\partial t} = \frac{1}{\sqrt{\varepsilon_0 \mu_0}} \left(\frac{\partial H_y}{\partial x} - \frac{\partial H_x}{\partial y} \right) \tag{2-60}$$

$$D_z(\omega) = \varepsilon^*(\omega) \cdot E_z(\omega) \tag{2-61}$$

$$\frac{\partial H_x}{\partial t} = \frac{1}{\sqrt{\varepsilon_0 \mu_0}} \frac{\partial E_z}{\partial y} \tag{2-62}$$

$$\frac{\partial H_y}{\partial t} = \frac{1}{\sqrt{\varepsilon_0 \mu_0}} \frac{\partial E_z}{\partial x} \tag{2-63}$$

在进行二维 FDTD 离散时，二维"Yee"网格如图 2-8 所示。对于 TM 模式波，存在 $E_x = E_y = H_z = 0$，它们的离散可以写为

$$\begin{aligned}\frac{D_z^{n+\frac{1}{2}}(i,j) - D_z^{n-\frac{1}{2}}(i,j)}{\Delta t} = &\frac{1}{\sqrt{\varepsilon_0 \mu_0}} \left[\frac{H_y^n\left(i+\frac{1}{2},j\right) - H_y^n\left(i-\frac{1}{2},j\right)}{\Delta x} \right] \\ &- \frac{1}{\sqrt{\varepsilon_0 \mu_0}} \left[\frac{H_x^n\left(i,j+\frac{1}{2}\right) - H_x^n\left(i,j-\frac{1}{2}\right)}{\Delta x} \right]\end{aligned} \tag{2-64}$$

$$\frac{H_x^{n+1}\left(i,j+\frac{1}{2}\right) - H_x^n\left(i,j+\frac{1}{2}\right)}{\Delta t} = -\frac{1}{\sqrt{\varepsilon_0 \mu_0}} \left[\frac{E_z^{n+\frac{1}{2}}(i,j+1) - E_z^{n+\frac{1}{2}}(i,j)}{\Delta x} \right] \tag{2-65}$$

$$\frac{H_y^{n+1}\left(i,j+\frac{1}{2}\right) - H_y^n\left(i,j+\frac{1}{2}\right)}{\Delta t} = \frac{1}{\sqrt{\varepsilon_0 \mu_0}} \left[\frac{E_z^{n+\frac{1}{2}}(i+1,j) - E_z^{n+\frac{1}{2}}(i,j)}{\Delta x} \right] \tag{2-66}$$

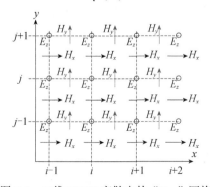

图 2-8 二维 FDTD 离散中的"Yee"网格

与三维的情况类似，在特定边界条件下，根据式（2-64）～式（2-66），可以得到二维电磁场的时域步进计算方法，并计算出相应的电磁场分量值。一维情况下的 FDTD 法，在此不作赘述。

2.5.3　FDTD 法的稳定性

FDTD 法是一种用差分方程组的解来直接代替电磁场偏微分方程组解的数值方法，仅当差分方程组的解是收敛和稳定时，才能保证该解在空间中任意一点和任意时刻均一致逼近原方程组的解。要确保麦克斯韦方程组的稳定性和收敛性，则需要对离散网格的时间和空间步长进行适当的限制。

在瞬态脉冲的有限差分计算中，空间步长的选择与天线的中心频率有关，根据 thumb 经验法则，空间步长应不超过介质中最短波长的 1/10：

$$\Delta l = \frac{\lambda}{10} \tag{2-67}$$

一般来说，可以把天线中心频率的 3～4 倍，作为计算波长所用的最高频率 f_m：

$$\lambda = \frac{c_0}{f_m \sqrt{\varepsilon_r}} \tag{2-68}$$

同时应当注意的是，采用 FDTD 法直接获取解时，空间步长 Δx、Δy、Δz 和时间步长 Δt 之间不是完全孤立的，它们的取值须受到一定的限制，否则将导致数值解的不稳定性。这种不稳定性表现为，随着计算时间步的增加，被计算场量的数值也将无限增大。为了确保差分方程组进行稳定的计算，需要确保空间步长 Δx、Δy、Δz 与时间步长 Δt 之间满足 CFL（Courant，Freidrichs and Lewy）条件：

$$\Delta t \leqslant \frac{1}{c_0 \sqrt{\dfrac{1}{(\Delta x)^2} + \dfrac{1}{(\Delta y)^2} + \dfrac{1}{(\Delta z)^2}}} \tag{2-69}$$

当令 $\Delta z \to \infty$ 时，可以容易获取二维形式下的稳定性条件。这些稳定性条件给出了时间步长与空间步长之间需要满足的关系。

2.5.4　FDTD 法的数值色散特性

FDTD 法的提出和发展大多是围绕电磁散射问题进行的，并且主要应用于自由空间中良导体或非色散介质的散射。岩层具有色散效应，即对于不同的频率，岩层具有不同的传输特性，因此岩层可以看成色散介质。传统 FDTD 法无法计算具有色散特性介质的传播与散射问题，因此需要适用于计算色散介质的 FDTD 法。

如果电磁波所在空间介质的电学参数与频率有关，则电磁波的传播速度也将随频率而改变，进而产生色散现象，因此，存在这种色散现象的介质被称为色散介质。由于 FDTD 法只是麦克斯韦微分方程的一种差分近似，当运用计算机对瞬态电磁波的传播特性进行数值模拟时，即使是在非色散介质中，也出现了色散现象，即电磁波的相速度随波长大小、传播方向以及变量离散化的程度而变化，这种由非物理原因引起的色散现象被称为数值色散。数值色散会造成脉冲波形的畸变、虚假折射以及人为的各向异性等问题，会严重影响计算精度。因此，数值色散是 FDTD 法计算过程中需要考虑的重要问题。

根据麦克斯韦方程，可导出瞬变电磁场任意直角分量所满足的齐次波动方程：

$$\frac{\sin^2\left(k_x\dfrac{\Delta x}{2}\right)}{\left(\dfrac{\Delta x}{2}\right)^2}+\frac{\sin^2\left(k_y\dfrac{\Delta y}{2}\right)}{\left(\dfrac{\Delta y}{2}\right)^2}+\frac{\sin^2\left(k_z\dfrac{\Delta z}{2}\right)}{\left(\dfrac{\Delta z}{2}\right)^2}-\frac{\omega^2}{c_0^2}=0 \qquad (2\text{-}70)$$

式（2-70）给出波动方程离散后电磁波波矢量 $\boldsymbol{k}=\left(k_x,k_y,k_z\right)$ 与角频率 ω 之间满足的色散关系。可以看出，$k=\omega/c_0$ 的线性关系已存在了，差分离散导致相速度随频率变化，即出现数值色散现象。这种色散跟步长有关，当 Δx、Δy、Δz 和 Δt 均趋于零时，式（2-70）趋于均匀、无耗、各向同性介质空间中的平面波色散关系式：

$$\frac{\omega^2}{c_0^2}=k_x^{\;2}+k_y^{\;2}+k_z^{\;2} \qquad (2\text{-}71)$$

如果在离散过程中尽可能选取较小的空间步长和时间步长，数值色散的影响也会减弱，但也意味着计算区域的总网格数增加，从而对计算机的存储空间和计算速度提出更高的要求。因此，在实际数值模拟过程中，通常考虑问题的性质和实际条件，适当地选择空间步长和时间步长。虽然步长不可能无限地减小，但对于特殊的网格离散形式和波的传播方向，理想的色散关系也可得以实现。例如，在三维计算空间，选取立方体网格（$\Delta x=\Delta y=\Delta z=h$），令电磁波沿立方体的对角线方向传播，即 $k_x=k_y=k_z=k/\sqrt{3}$，同时，如果 Δt 满足 $\Delta t=h/\sqrt{3}c_0$，则该色散关系变为理想的色散关系。同理，在二维空间中使用正方形网格，并且令电磁波沿正方形（$\Delta x=\Delta y=h$）的对角线方向传播，则 $k_x=k_y=k/\sqrt{2}$，同时，如果 Δt 满足 $\Delta t=h/\sqrt{2}c_0$，那么二维形式下的色散关系也将变为理想的色散关系。

2.5.5 FDTD 法的吸收边界条件

当利用 FDTD 法计算电磁场时，需要将计算区域全部离散为"Yee"网格。我们实际遇到的辐射、散射等问题都属于开放性问题，原则上需要有无限大的计算空间，这也是最具挑战性的开放边界问题。然而，计算机的存储空间是有限的，对这种开放性问题进行计算时，不可能在这种无限大的计算区域中进行。因此，针对瞬态脉冲雷达成像测井的仿真模型，需要在距离激励源和目标体一定的距离处截断计算空间，使之成为有限的计算空间，因为仿真模型内部电磁场的值不能通过解析方法直接计算。

同时，为了模拟开放区域的电磁特性，在计算区域的截断处必须设置吸收边界。吸收边界的作用是将穿过该边界的瞬态脉冲迅速衰减，从而在有限的计算网格内模拟瞬态脉冲在无限空间中的传播特性。关于截断边界的处理，研究者曾给出多种不同的方法，其基本原则都是对截断边界处的场附加一种条件，使得入射到该边界上的电磁波被迅速吸收，而不引起明显反射，这种附加条件统称为吸收边界条件（absorbing boundary condition，ABC）。

目前，有两种吸收边界条件非常实用，且得到广泛的应用。其一，Mur 基于 Enquist 和 Majda 提出的理论而获得的单行波方程的吸收边界条件，通过对波方程的因式分解而得到的吸收边界条件，适用于多维问题的求解，且能够满足较高的精确度。其二，Berenger 提出的理想匹配层（perfected matched layer，PML）吸收边界条件，其基本原理是通过在 FDTD 法计算区域的截断边界处设置一种特殊的 PML，该 PML 能够实现与相邻介质的波阻抗完全匹配，而且 PML 为损耗介质，因此，入射波将无反射地穿过分界面而进入 PML，且透射波将得到迅速衰减。近年来，对于 PML 吸收边界条件，有不少学者进行了深入研究，并采用一些手段加强了其在具体应用中的吸收效果。根据瞬态脉冲雷达成像测井系统的工作环境，本书主要采用 PML 作为吸收边界条件。下面介绍几种 PML 的吸收边界条件。

1. Bayliss-Turkel 吸收边界条件

Bayliss 和 Turkel 提出了一种微分算子，它能在 FDTD 法仿真区域的外边界处"湮灭"任一向外散射波，只具有很小的误差余项。在外边界通过一定的差分格式将这一算子作用于局部场，可以用完全位于网格内部的场量数据来表示外向波传播方向的偏导数，从而实现计算区域的封闭。

1）球坐标系

考虑下列三维波动方程的解 $U(R,\theta,\varphi,t)$：

$$\frac{\partial^2 U}{\partial^2 t}=c^2\nabla^2 U \qquad (2\text{-}72)$$

向外传播的辐射或散射场可以展开为收敛级数：

$$U(R,\theta,\varphi,t)=\sum_{i=1}^{\infty}\frac{u_i(ct-R,\theta,\varphi)}{R^i} \qquad (2\text{-}73)$$

其中，u_i 是以速度 c 向外传播的波函数。在远区，R 很大，式（2-73）中收敛级数的前几项起主导作用。根据 Sommerfield 辐射条件，构造下列偏微分算子：

$$L=\frac{1}{C}\frac{\partial}{\partial t}+\frac{\partial}{\partial R} \qquad (2\text{-}74)$$

将其作用于式（2-73）中收敛级数的前两项，可得

$$\frac{\partial U}{\partial R}=-\frac{1}{c}\frac{\partial U}{\partial t}+O(R^{-2}) \qquad (2\text{-}75)$$

从原理上讲，只要余项可以忽略，式（2-75）可用作 FDTD 法仿真区域外边界的边界条件，实现计算区域封闭。但式（2-75）的余项通常不可忽略，除非外边界条件远离原点，这又会导致计算上的巨大浪费。为此，Bayliss 和 Turkel 尝试寻找与 L 算子相似、余项比 $O(R^{-2})$ 衰减得更快的偏微分算子。

2）圆柱坐标系

对于二维空间的波函数 $U(r,\varphi,t)$，可相似地构造出湮灭算子 B_n。标量波动方程的辐射或散射场可以展开为下列收敛级数：

$$U(r,\varphi,t)=\sum_{i=1}^{\infty}\frac{u_i(ct-r,\varphi)}{r^{i+1/2}}\tag{2-76}$$

其中，u_i 是以速度 c 向外传播的波函数。在远区，r 很大，式（2-76）中收敛级数的前几项起主导作用。将 Sommerfield 算子作用于展开式（2-76），得

$$\lim_{R\to\infty}LU=\frac{(-1/2)u_1}{r^{3/2}}+\frac{(-3/2)u_2}{r^{5/2}}=O(r^{-3/2})\tag{2-77}$$

首先构造下列一阶 Bayliss-Turkel 算子：

$$B_1=L+\frac{1}{2r}\tag{2-78}$$

将 B_1 作用于展开式（2-76），得

$$B_1U=-\frac{u_2}{r^{5/2}}-\frac{u_3}{r^{7/2}}-\cdots=O(r^{-5/2})\tag{2-79}$$

为了获取更好的效果，用过渡算子 $B_{12}=(L+3/R)$ 作用于式（2-79）收敛级数的余项，由此构成下列复合算子：

$$B_2=B_{12}B_1=\left(L+\frac{5}{2r}\right)\left(L+\frac{1}{2r}\right)\tag{2-80}$$

于是，

$$B_2U=\frac{2u_3}{r^{9/2}}+\frac{6u_4}{r^{11/2}}+\cdots=O(r^{-9/2})\tag{2-81}$$

同三维情况一样，Bayliss-Turkel 二阶湮灭算子 B_2 优于 Bayliss-Turkel 一阶湮灭算子 B_1 两个量级。可以证明，继续这一过程，构造出下列 n 阶 Bayliss-Turkel 算子：

$$B_n=\prod_{k=1}^{n}\left(L+\frac{4k-3}{2r}\right)=\left(L+\frac{4n-3}{2r}\right)B_{n-1}\tag{2-82}$$

B_n 湮灭辐射场展开式（2-76）中收敛级数的前 $2n$ 项，余项为

$$B_nU=O(r^{-2n-1/2})\tag{2-83}$$

Bayliss-Turkel 吸收边界条件主要用于球形或圆柱形边界。对于普遍采用的直角坐标 FDTD 法差分网格，Bayliss-Turkel 吸收边界条件不太适合，因为这种网格的外边界不在 R 面上，用差分来实现角向偏导时，会出现所需数据位于计算区域以外的情况。

2. Engquist-Majda 吸收边界条件

Engquist 和 Majda 导出了适合直角坐标系的 FDTD 法网格吸收边界条件的单向波动方程，该方程可以用偏微分算子分解因式得到。以直角坐标系中的二维时域波动方程为例：

$$\frac{\partial^2 U}{\partial x^2} + \frac{\partial^2 U}{\partial y^2} - \frac{1}{c^2}\frac{\partial^2 U}{\partial t^2} = 0 \tag{2-84}$$

其中，U 是一标量场分量；c 是波的相速。以下再经过偏微分算子的因式分解和分解式的泰勒级数展开，可以得到网格边界 $x=0$ 处的一阶近似解析吸收边界条件

$$\frac{\partial U}{\partial x} - \frac{1}{c}\frac{\partial U}{\partial t} = 0 \tag{2-85}$$

和二阶近似解析吸收边界条件

$$\frac{\partial^2 U}{\partial x \partial t} - \frac{1}{c}\frac{\partial^2 U}{\partial t^2} + \frac{c}{2}\frac{\partial^2 U}{\partial y^2} = 0 \tag{2-86}$$

式中，U 代表网格边界的 $\boldsymbol{E}$ 或 $\boldsymbol{H}$ 的各个切向分量。

对于三维情况的吸收边界条件，波动方程为

$$\frac{\partial^2 U}{\partial x^2} + \frac{\partial^2 U}{\partial y^2} + \frac{\partial^2 U}{\partial z^2} - \frac{1}{c}\frac{\partial^2 U}{\partial t^2} = 0 \tag{2-87}$$

相应的偏微分算子为

$$L \equiv \frac{\partial^2}{\partial x^2} + \frac{\partial^2}{\partial y^2} + \frac{\partial^2}{\partial z^2} - \frac{1}{c^2}\frac{\partial^2}{\partial t^2} = D_x^2 + D_y^2 + D_z^2 - \frac{1}{c^2}D_t^2 \tag{2-88}$$

将 L 因式分解为 L^+L^-，得到

$$L^- \equiv D_x - \frac{D_t}{c}\sqrt{1-s^2} \tag{2-89}$$

$$L^+ \equiv D_x + \frac{D_t}{c}\sqrt{1-s^2} \tag{2-90}$$

$$s \equiv \sqrt{\left(\frac{D_y}{D_t/c}\right)^2 + \left(\frac{D_z}{D_t/c}\right)^2} \tag{2-91}$$

L^- 作用于波函数 U，将在网格边界 $x=0$ 处准确地吸收以任意角度传向该边界的平面波。

利用泰勒级数近似展开式（2-89）中的根式。当 s 很小时，保留一项的泰勒级数为

$$\sqrt{1-s^2} \cong 1 \tag{2-92}$$

得到 $x=0$ 处的一阶近似吸收边界条件，其形式与二维结果相同。

利用泰勒级数中保留两项的情形：

$$\sqrt{1-s^2} \cong 1 - \frac{1}{2}s^2 \tag{2-93}$$

可得 $x=0$ 处的二阶近似吸收边界条件如下：

$$\left(D_x - \frac{D_t}{c} + \frac{cD_y^2}{2D_t} + \frac{cD_z^2}{2D_t}\right)U = 0 \qquad (2\text{-}94)$$

两端同乘以 D_t，得

$$\frac{\partial^2 U}{\partial x \partial t} - \frac{1}{c}\frac{\partial^2 U}{\partial t^2} + \frac{c}{2}\frac{\partial^2 U}{\partial y^2} + \frac{c}{2}\frac{\partial^2 U}{\partial z^2} = 0 \qquad (2\text{-}95)$$

对于小 s 值，式（2-95）是准确吸收边界条件 $L^-U = 0$ 的一种很好近似。即，对于以近似于正侧向入射到网格边界 $x = 0$ 的任意数值平面波模，式（2-95）代表一种几乎无反射的网格截断。对于其他网格边界，可导出相应的二阶近似解析吸收边界条件如下：

$$\frac{\partial^2 U}{\partial x \partial t} + \frac{1}{c}\frac{\partial^2 U}{\partial t^2} - \frac{c}{2}\frac{\partial^2 U}{\partial y^2} - \frac{c}{2}\frac{\partial^2 U}{\partial z^2} = 0, \quad x = h\text{边界} \qquad (2\text{-}96)$$

$$\frac{\partial^2 U}{\partial y \partial t} - \frac{1}{c}\frac{\partial^2 U}{\partial t^2} + \frac{c}{2}\frac{\partial^2 U}{\partial x^2} + \frac{c}{2}\frac{\partial^2 U}{\partial z^2} = 0, \quad y = 0\text{边界} \qquad (2\text{-}97)$$

$$\frac{\partial^2 U}{\partial y \partial t} + \frac{1}{c}\frac{\partial^2 U}{\partial t^2} - \frac{c}{2}\frac{\partial^2 U}{\partial x^2} - \frac{c}{2}\frac{\partial^2 U}{\partial z^2} = 0, \quad y = h\text{边界} \qquad (2\text{-}98)$$

$$\frac{\partial^2 U}{\partial z \partial t} + \frac{1}{c}\frac{\partial^2 U}{\partial t^2} - \frac{c}{2}\frac{\partial^2 U}{\partial x^2} - \frac{c}{2}\frac{\partial^2 U}{\partial z^2} = 0, \quad z = h\text{边界} \qquad (2\text{-}99)$$

$$\frac{\partial^2 U}{\partial z \partial t} - \frac{1}{c}\frac{\partial^2 U}{\partial t^2} + \frac{c}{2}\frac{\partial^2 U}{\partial x^2} + \frac{c}{2}\frac{\partial^2 U}{\partial z^2} = 0, \quad z = 0\text{边界} \qquad (2\text{-}100)$$

对于矢量麦克斯韦方程的 FDTD 模拟，吸收边界条件式（2-96）～式（2-100）中的 U 代表网格边界的 E 或 H 的各个切向分量。

3. 廖氏吸收边界条件

廖氏吸收边界条件可以看成利用牛顿后向差分多项式在时空中对波函数进行外推的结果。这样得到的吸收边界条件比 Mur 二阶吸收边界条件在网格外边界引起的反射要小一个数量级，对外向波的传播角度或数值色散均不敏感，并且，在矩形计算区域的角点处也易于实现。

考虑一个位于 $x = x_{\max}$ 的网格边界，以及在计算区域内垂直于该边界的一条直线上取样的波函数 U_j，期望建立一个用这些取样值 U_j 刷新边界切向分量 $U(x_{\max},\ t + \Delta t)$ 的近似吸收边界条件。首先，沿上述直线在时间及空间上对波函数进行等间距取样：

$$\begin{aligned}
&j = 1, \quad U_1 = U[x_{\max} - ac\Delta t, t] \\
&j = 2, \quad U_2 = U[x_{\max} - 2ac\Delta t, t - \Delta t] \\
&j = 3, \quad U_3 = U[x_{\max} - 3ac\Delta t, t - 2\Delta t] \\
&\qquad\vdots \\
&j = N, \quad U_N = U[x_{\max} - Nac\Delta t, t - (N-1)\Delta t]
\end{aligned} \qquad (2\text{-}101)$$

其中，α 是比例因子，$0.5 \leq \alpha \leq 2$。$U_1 = U(x_{\max} - ac\Delta t, t)$ 处的各阶后项差分定义如下：

$$\Delta^1 U(x_{\max} - ac\Delta t, t) \equiv \Delta^1 U = U_1 - U_2 \tag{2-102}$$

$$\Delta^2 U(x_{\max} - ac\Delta t, t) \equiv \Delta^2 U = \Delta^1 U_1 - \Delta^1 U_2 \tag{2-103}$$

$$\Delta^3 U(x_{\max} - ac\Delta t, t) \equiv \Delta^3 U = \Delta^2 U_1 - \Delta^2 U_2 \tag{2-104}$$

一般来说，第 m 阶后向差分可以用各取样点上的波函数值表示

$$\Delta^m U(x_{\max} - \alpha c\Delta t, t) = \sum_{j=1}^{m+1} (-1)^{j+1} C_m^{j-1} U\left[x_{\max} - j\alpha c\Delta t, t - (j-1)\Delta t\right] \tag{2-105}$$

其中，二项式系数

$$C_m^j = \frac{m!}{(m-j)! \, j!} \tag{2-106}$$

现在，利用牛顿后向差分多项式，可以给出 $U_{\bar{j}} \equiv U[x_{\max} - \bar{j}\alpha c\Delta t, t - (\bar{j}-1)\Delta t]$ 的内插值表达式如下：

$$U_{\bar{j}} \cong U_1 + \beta \Delta^1 U_1 + \frac{\beta(\beta+1)}{2!} \Delta^2 U_1 + \frac{\beta(\beta+1)(\beta+2)}{3!} \Delta^3 U_1$$
$$+ \cdots + \frac{\beta(\beta+1)(\beta+2)\cdots(\beta+N-2)}{(N-1)!} \Delta^{N-1} U_1 \tag{2-107}$$

其中，$\bar{j}$ 为实数，$1 \leq \bar{j} \leq N$；$\beta = 1 - \bar{j}$。

廖的方法可以简单地解释如下：利用多项式（2-107），不作 $1 \leq \bar{j} \leq N$ 范围的内插，而是外推到 $\bar{j} = 0$ 处。$\bar{j} = 0$ 点刚好对应要刷新的外边界点场分量 $U(x_{\max}, t + \Delta t)$。于是，有 $\beta = 1$，进而由式（2-107）得

$$U_0 \equiv U(x_{\max}, t + \Delta t) \cong U_1 + \Delta^1 U_1 + \Delta^2 U_1 + \Delta^3 U_1 + \cdots + \Delta^{N-1} U_1 \tag{2-108}$$

上式还可以写成下列形式：

$$U(x_{\max}, t + \Delta t) = \sum_{j=1}^{N} (-1)^{j+1} C_j^N U\left[x_{\max} - j\alpha c\Delta t, t - (j-1)\Delta t\right] \tag{2-109}$$

式（2-109）就是所要推导的吸收边界条件，它将边界点 $x_{\max}$ 上的值 $t + \Delta t$ 用 x 轴上内部的点和以前时刻的 U 值来表示。

用内插公式（2-107）作外推通常会带来高阶误差，但是，只要牛顿差分多项式中的项数足够多，误差可控制在允许的范围内。对于一个以角度 θ 入射向边界点 $x_{\max}$ 的单位振幅平面波，其波长为 λ，用廖氏吸收边界条件带来的最大幅度误差由下式给出：

$$\left|\Delta^N U\right|_{\max} = 2^N \sin^N(\pi c\Delta t / \lambda) \tag{2-110}$$

设 $c\Delta t = \Delta/2$，$\Delta/\lambda = 1/20$ 和 $N = 3$，由式（2-110）算出最大误差约为 0.4%，远比 Mur 二阶吸收边界条件小。

4. Berenger 完全匹配层

1994 年，Berenger 提出了用完全匹配层（PML）来吸收外向电磁波。它将电磁场分量在吸收边界区分裂，并能分别对各个分裂的场分量给以不同的损耗。这样一来，就能在 FDTD 网格外边界得到一种非物理的吸收介质，它具有不依赖于外向波入射角及频率的波阻抗。使用 PML，可以使 FDTD 模拟的最大动态范围达到 80dB。

1）PML 介质的定义

首先，以二维 TE 情形为例建立 PML 介质的方程。在直角坐标系中，电磁场不随 z 坐标变化，电场位于（x，y）平面。电磁场只有三个分量 E_x、E_y 和 H_z，麦克斯韦方程组退化为三个方程。设介质的介电常量为 ε_0，磁导率为 μ_0，电导率为 σ，磁阻率为 ρ，麦克斯韦方程可以写成

$$\varepsilon_0 \frac{\partial E_x}{\partial t} + \sigma E_x = \frac{\partial H_z}{\partial y} \tag{2-111}$$

$$\varepsilon_0 \frac{\partial E_y}{\partial t} + \sigma E_y = -\frac{\partial H_z}{\partial x} \tag{2-112}$$

$$\mu_0 \frac{\partial E_t}{\partial t} + \rho H_z = \frac{\partial E_x}{\partial y} - \frac{\partial E_y}{\partial x} \tag{2-113}$$

进一步，如果下列条件成立：

$$\frac{\sigma}{\varepsilon_0} = \frac{\rho}{\mu_0} \tag{2-114}$$

则该介质的波阻抗与自由空间波阻抗相等，当波垂直地入射到介质-自由空间分界面时，无反射存在。

现在定义 TE 情形下的 PML 介质。定义的关键是将磁场分量 H_z 分裂为两个子分量，记为 H_{zx} 和 H_{zy}。在 TE 情形下的 PML 介质中共有四个场分量 E_x、E_y、H_{zx} 和 H_{zy}，满足下列方程：

$$\mu_0 \frac{\partial H_{zy}}{\partial t} + \rho_y H_{zy} = \frac{\partial E_x}{\partial y} \tag{2-115}$$

$$\mu_0 \frac{\partial H_{zx}}{\partial t} + \rho_x H_{zx} = -\frac{\partial E_y}{\partial y} \tag{2-116}$$

$$\varepsilon_0 \frac{\partial E_x}{\partial t} + \sigma_x E_x = \frac{\partial (H_{zx} + H_{zy})}{\partial y} \tag{2-117}$$

$$\varepsilon_0 \frac{\partial E_x}{\partial t} + \sigma_y E_y = -\frac{\partial (H_{zx} + H_{zy})}{\partial y} \tag{2-118}$$

其中，σ_y 和 σ_x 为电导率；ρ_x 和 ρ_y 为磁阻率。

于是 PML 介质可以看成普通物理介质的数学推广形式。如果式（2-115）～式（2-118）中 $\sigma_x = \sigma_y = \rho_x = \rho_y = 0$，则式（2-115）～式（2-118）退化为自由空间的麦克斯韦方程；如果 $\sigma_x = \sigma_y$ 和 $\rho_x = \rho_y = 0$，则它们退化为导电介质中的麦克斯韦方程；如果 $\sigma_x = \sigma_y$ 和 $\rho_x = \rho_y$，则它们退化为吸波材料中的麦克斯韦方程式（2-111）～式（2-113）。

2）PML 介质中平面波的传播

现在考察一个正弦平面波在 PML 介质中的传播情况。令平面波电场分量的振幅为 E_0，方向与 y 轴成角度 φ。分离磁场分量为 H_{zx} 和 H_{zy} 的振幅分别为 H_{zx0} 和 H_{zy0}。4 个场分量分别表示如下：

$$E_x = -E_0 \sin\varphi \mathrm{e}^{\mathrm{j}\omega(t-\alpha x-\beta y)} \tag{2-119}$$

$$E_y = E_0 \cos\varphi \mathrm{e}^{\mathrm{j}\omega(t-\alpha x-\beta y)} \tag{2-120}$$

$$H_{zx} = H_{zx0} \mathrm{e}^{\mathrm{j}\omega(t-\alpha x-\beta y)} \tag{2-121}$$

$$H_{zy} = H_{zy0} \mathrm{e}^{\mathrm{j}\omega(t-\alpha x-\beta y)} \tag{2-122}$$

其中，ω 是角频率；t 是时间；α 和 β 是复常数。设 E_0 为已知，式（2-119）～式（2-122）中共有 4 个待定量，分别是 α、β、H_{zx0} 和 H_{zy0}。将式（2-119）～式（2-122）代入式（2-115）～式（2-118），可以得到这些待定量之间的关系如下：

$$\varepsilon_0 E_0 \sin\varphi - \mathrm{j}\frac{\sigma_y}{\omega} E_0 \sin\varphi = \beta(H_{zx0} + H_{zy0}) \tag{2-123}$$

$$\varepsilon_0 E_0 \cos\varphi - \mathrm{j}\frac{\sigma_x}{\omega} E_0 \cos\varphi = \beta(H_{zx0} + H_{zy0}) \tag{2-124}$$

$$\mu_0 H_{zx0} - \mathrm{j}\frac{\rho_x}{\omega} H_{zx0} = \alpha E_0 \cos\varphi \tag{2-125}$$

$$\mu_0 H_{zy0} - \mathrm{j}\frac{\rho_y}{\omega} H_{zy0} = \alpha E_0 \sin\varphi \tag{2-126}$$

消去 H_{zx0} 和 H_{zy0}，可得

$$\varepsilon_0 \mu_0 \left(1 - \mathrm{j}\frac{\sigma_y}{\omega\varepsilon_0}\right)\sin\varphi = \beta\left(\frac{\alpha\cos\varphi}{1 - \mathrm{j}\dfrac{\rho_x}{\omega\mu_0}} + \frac{\beta\sin\varphi}{1 - \mathrm{j}\dfrac{\rho_y}{\omega\mu_0}}\right) \tag{2-127}$$

$$\varepsilon_0 \mu_0 \left(1 - \mathrm{j}\frac{\sigma_x}{\omega\varepsilon_0}\right)\cos\varphi = \alpha\left(\frac{\alpha\cos\varphi}{1 - \mathrm{j}\dfrac{\rho_x}{\omega\mu_0}} + \frac{\beta\sin\varphi}{1 - \mathrm{j}\dfrac{\rho_y}{\omega\mu_0}}\right) \tag{2-128}$$

由式（2-123）～式（2-126）可以解得 α 和 β。首先求出下列比值：

$$\frac{\beta}{\alpha} = \frac{\sin\varphi}{\cos\varphi} \frac{1 - \mathrm{j}\dfrac{\sigma_y}{\omega\varepsilon_0}}{1 - \mathrm{j}\dfrac{\sigma_x}{\omega\varepsilon_0}} \tag{2-129}$$

其次，由式（2-128）和式（2-129）可求得 α^2，由式（2-127）和式（2-129）可求得 β^2。由此，存在两组符号相反的 (α, β)，代表两个相反的传播方向。选择正的一组解，有

$$\alpha = \frac{\sqrt{\varepsilon_0\mu_0}}{G}\left(1 - \mathrm{j}\frac{\sigma_x}{\omega\varepsilon_0}\right)\cos\varphi \tag{2-130}$$

$$\beta = \frac{\sqrt{\varepsilon_0\mu_0}}{G}\left(1 - \mathrm{j}\frac{\sigma_y}{\omega\varepsilon_0}\right)\sin\varphi \tag{2-131}$$

其中，

$$G = \sqrt{\omega_x\cos^2\varphi + \omega_y\sin^2\varphi} \tag{2-132}$$

$$\omega_x = \frac{1 - \mathrm{j}\dfrac{\sigma_x}{\omega\varepsilon_0}}{1 - \mathrm{j}\dfrac{\rho_x}{\omega\mu_0}} \tag{2-133}$$

$$\omega_y = \frac{1 - \mathrm{j}\dfrac{\sigma_y}{\omega\varepsilon_0}}{1 - \mathrm{j}\dfrac{\rho_y}{\omega\mu_0}} \tag{2-134}$$

这样就求得了 PML 介质内平面波的传播常数。

3）用于 FDTD 法的 PML

对于二维情形，Berenger 建议了如图 2-9 所示的将 FDTD 网格与 PML 相结合的方案。FDTD 仿真区域假设为自由空间，它将被 PML 介质包围，PML 又被理想导电壁包围。在仿真区域的左、右边界，吸收材料是匹配的 PML$(\sigma_x, \rho_x, 0, 0)$ 介质，它能让外向波无反射地通过自由空间-PML 介质分界面 $\overline{AB}$ 和 $\overline{CD}$。类似地，在仿真区域的上、下边界，吸收材料是匹配的 PML$(0, 0, \sigma_x, \rho_x)$ 介质，它能让外向波无反射地通过自由空间-PML 介质分界面 $\overline{CB}$ 和 $\overline{DA}$。在四个角，采用 $(\sigma_x, \rho_x, \sigma_y, \rho_y)$ 介质，其中的各个参数分别与相邻的 $(\sigma_x, \rho_x, 0, 0)$ 和 $(0, 0, \sigma_x, \rho_x)$ 介质参数相等。于是，根据前面的结论，在侧边的 PML 介质与角 PML 介质的分界面处不存在反射。

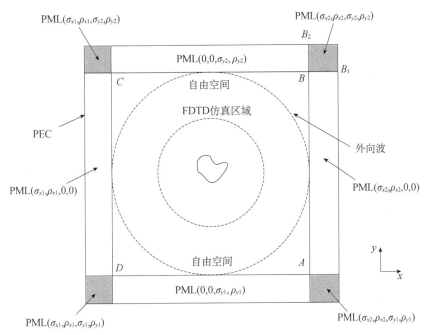

图 2-9　FDTD 网格与 PML 的结合

PEC：理想电导体边界；PML：完全匹配层

对于二维 TM 情形，电磁场分量简化为三个：E_z、H_x 和 H_y。在 PML 介质中，E_z 分离为两个子分量：E_{zx} 和 E_{zy}。场分量满足下列方程组：

$$\varepsilon_0 \frac{\partial E_{zx}}{\partial t} + \sigma_x E_{zx} = \frac{\partial H_y}{\partial x} \tag{2-135}$$

$$\varepsilon_0 \frac{\partial E_{zy}}{\partial t} + \sigma_y E_{zy} = -\frac{\partial H_x}{\partial y} \tag{2-136}$$

$$\mu_0 \frac{\partial H_x}{\partial t} + \rho_y H_x = -\frac{\partial (E_{zx} + E_{zy})}{\partial y} \tag{2-137}$$

$$\mu_0 \frac{\partial H_x}{\partial t} + \rho_x H_y = -\frac{\partial (E_{zx} + E_{zy})}{\partial x} \tag{2-138}$$

由以上分析可以得：①在垂直于 x 轴的 PML-PML 介质分界面上，如果两种介质 (σ_y, ρ_y) 相同，则反射系数始终为零；②在垂直于 y 轴的 PML-PML 介质分界面上，如果两种介质的 (σ_x, ρ_x) 相同，则反射系数始终为零。

4）三维情况下的 PML

在三维情况下，直角坐标系中的六个场分量均分离：$E_x = E_{xy} + E_{xz}$，$E_y = E_{yx} + E_{yz}$，$E_z = E_{zx} + E_{zy}$，$H_x = H_{xy} + H_{xz}$，$H_y = H_{yx} + H_{yz}$，$H_z = H_{zx} + H_{zy}$。因此 PML 介质中的场分量满足下列 12 个方程：

$$\mu_0 \frac{\partial H_{xy}}{\partial t} + \rho_y H_{xy} = -\frac{\partial (E_{zx} + E_{zy})}{\partial y} \quad (2\text{-}139)$$

$$\mu_0 \frac{\partial H_{xz}}{\partial t} + \rho_z H_{xz} = \frac{\partial (E_{yx} + E_{yz})}{\partial z} \quad (2\text{-}140)$$

$$\mu_0 \frac{\partial H_{yz}}{\partial t} + \rho_z H_{yz} = \frac{\partial (E_{xy} + E_{xz})}{\partial z} \quad (2\text{-}141)$$

$$\mu_0 \frac{\partial H_{yx}}{\partial t} + \rho_x H_{yx} = \frac{\partial (E_{zx} + E_{zy})}{\partial x} \quad (2\text{-}142)$$

$$\mu_0 \frac{\partial H_{zx}}{\partial t} + \rho_x H_{zx} = -\frac{\partial (E_{yx} + E_{zy})}{\partial x} \quad (2\text{-}143)$$

$$\mu_0 \frac{\partial H_{zy}}{\partial t} + \rho_y H_{zy} = \frac{\partial (E_{xy} + E_{xz})}{\partial y} \quad (2\text{-}144)$$

$$\varepsilon_0 \frac{\partial E_{xy}}{\partial t} + \sigma_y E_{xy} = \frac{\partial (H_{zx} + H_{zy})}{\partial y} \quad (2\text{-}145)$$

$$\varepsilon_0 \frac{\partial E_{xz}}{\partial t} + \sigma_z E_{xz} = -\frac{\partial (H_{yx} + H_{yz})}{\partial z} \quad (2\text{-}146)$$

$$\varepsilon_0 \frac{\partial E_{yz}}{\partial t} + \sigma_z E_{yz} = \frac{\partial (H_{xy} + H_{xz})}{\partial z} \quad (2\text{-}147)$$

$$\varepsilon_0 \frac{\partial E_{yx}}{\partial t} + \sigma_x E_{yx} = -\frac{\partial (H_{zx} + H_{zy})}{\partial x} \quad (2\text{-}148)$$

$$\varepsilon_0 \frac{\partial E_{zx}}{\partial t} + \sigma_x E_{zx} = \frac{\partial (H_{yx} + H_{yz})}{\partial x} \quad (2\text{-}149)$$

$$\varepsilon_0 \frac{\partial E_{zy}}{\partial t} + \sigma_y E_{zy} = -\frac{\partial (H_{xy} + H_{xz})}{\partial y} \quad (2\text{-}150)$$

同二维情况类似，匹配条件为

$$\frac{\sigma_i}{\varepsilon_0} = \frac{\rho_i}{\mu_0}, \quad i = x, y, z \quad (2\text{-}151)$$

当匹配条件满足时，波在 i 方向衰减很快。对于长方形 FDTD 计算域，将 PML 用于仿真域的边界外侧，设分界面内介质为 (ε, μ)。在 $x = x_{\min}$ 或 $x = x_{\max}$ 边界外侧，采用参数为 $(\sigma_x, \rho_x, 0, 0, 0, 0)$ 的 PML 介质；在 $y = y_{\min}$ 或 $y = y_{\max}$ 边界外侧，采用参数为 $(0, 0, \sigma_y, \rho_y, 0, 0)$ 的 PML 介质；在 $z = z_{\min}$ 或 $z = z_{\max}$ 边界外侧，采用参数为 $(0, 0, 0, 0, \sigma_z, \rho_z)$ 的 PML 介质；在 x-y-z 交叠的立方形区域，采用参数为 $(\sigma_x, \rho_x, \sigma_y, \rho_y, \sigma_z, \rho_z)$ 的 PML 介质。设 PML 介质厚度为 δ，其外侧是理想导体，PML 介质内沿 i 方向的电导率分布为

$$\sigma_i(r) = \sigma_{i\max}\left(\frac{r}{\delta}\right)^2 \tag{2-152}$$

则 PML 内侧表面的反射系数为

$$R(\theta) = e^{-\frac{2\delta_{i\max}\cos\theta}{3}\sqrt{\frac{\mu}{\varepsilon}}} \tag{2-153}$$

对上述 12 个方程进行差分化处理，得到 PML 介质中的差分格式：

$$
\begin{aligned}
H_{xy}^{n+\frac{1}{2}}\left(i, j+\frac{1}{2}, k+\frac{1}{2}\right) &= A_y^h\left(j+\frac{1}{2}\right)H_{xy}^{n-\frac{1}{2}}\left(i, j+\frac{1}{2}, k+\frac{1}{2}\right) \\
&- B_y^h\left(j+\frac{1}{2}\right)\frac{E_z^n\left(i, j+1, k+\frac{1}{2}\right) - E_z^n\left(i, j, k+\frac{1}{2}\right)}{\Delta y}
\end{aligned} \tag{2-154}
$$

$$
\begin{aligned}
H_{xz}^{n+\frac{1}{2}}\left(i, j+\frac{1}{2}, k+\frac{1}{2}\right) &= A_z^h\left(k+\frac{1}{2}\right)H_{xz}^{n-\frac{1}{2}}\left(i, j+\frac{1}{2}, k+\frac{1}{2}\right) \\
&- B_z^h\left(k+\frac{1}{2}\right)\frac{-E_y^n\left(i, j+\frac{1}{2}, k+1\right) + E_y^n\left(i, j+\frac{1}{2}, k\right)}{\Delta z}
\end{aligned} \tag{2-155}
$$

$$
\begin{aligned}
H_{yz}^{n+\frac{1}{2}}\left(i+\frac{1}{2}, j, k+\frac{1}{2}\right) &= A_z^h\left(k+\frac{1}{2}\right)H_{yz}^{n-\frac{1}{2}}\left(i+\frac{1}{2}, j, k+\frac{1}{2}\right) \\
&- B_z^h\left(k+\frac{1}{2}\right)\frac{E_x^n\left(i+\frac{1}{2}, j, k+1\right) - E_x^n\left(i+\frac{1}{2}, j, k\right)}{\Delta z}
\end{aligned} \tag{2-156}
$$

$$
\begin{aligned}
H_{yx}^{n+\frac{1}{2}}\left(i+\frac{1}{2}, j, k+\frac{1}{2}\right) &= A_x^h\left(i+\frac{1}{2}\right)H_{yx}^{n-\frac{1}{2}}\left(i+\frac{1}{2}, j, k+\frac{1}{2}\right) \\
&- B_x^h\left(i+\frac{1}{2}\right)\frac{-E_z^n\left(i+1, j, k+\frac{1}{2}\right) + E_z^n\left(i, j, k+\frac{1}{2}\right)}{\Delta x}
\end{aligned} \tag{2-157}
$$

$$
\begin{aligned}
H_{zx}^{n+\frac{1}{2}}\left(i+\frac{1}{2}, j+\frac{1}{2}, k\right) &= A_x^h\left(i+\frac{1}{2}\right)H_{zx}^{n-\frac{1}{2}}\left(i+\frac{1}{2}, j+\frac{1}{2}, k\right) \\
&- B_x^h\left(i+\frac{1}{2}\right)\frac{E_y^n\left(i+1, j+\frac{1}{2}, k\right) - E_y^n\left(i, j+\frac{1}{2}, k\right)}{\Delta x}
\end{aligned} \tag{2-158}
$$

$$
\begin{aligned}
H_{zy}^{n+\frac{1}{2}}\left(i+\frac{1}{2}, j+\frac{1}{2}, k\right) &= A_y^h\left(i+\frac{1}{2}\right)H_{zy}^{n-\frac{1}{2}}\left(i+\frac{1}{2}, j+\frac{1}{2}, k\right) \\
&- B_y^h\left(j+\frac{1}{2}\right)\frac{-E_x^n\left(i+\frac{1}{2}, j+1, k\right) + E_x^n\left(i+\frac{1}{2}, j, k\right)}{\Delta y}
\end{aligned} \tag{2-159}
$$

$$E_{xy}^{n+1}\left(i+\frac{1}{2},j,k\right)=A_y^e\left(j\right)E_{xy}^n\left(i+\frac{1}{2},j,k\right)$$
$$+B_y^e\left(j\right)\frac{H_z^{n+\frac{1}{2}}\left(i+\frac{1}{2},j+\frac{1}{2},k\right)-H_z^{n+\frac{1}{2}}\left(i+\frac{1}{2},j-\frac{1}{2},k\right)}{\Delta y} \quad (2\text{-}160)$$

$$E_{xz}^{n+1}\left(i+\frac{1}{2},j,k\right)=A_z^e\left(k\right)E_{xz}^n\left(i+\frac{1}{2},j,k\right)$$
$$+B_z^e\left(k\right)\frac{-H_y^{n+\frac{1}{2}}\left(i+\frac{1}{2},j,k+\frac{1}{2}\right)+H_y^{n+\frac{1}{2}}\left(i+\frac{1}{2},j,k-\frac{1}{2}\right)}{\Delta z} \quad (2\text{-}161)$$

$$E_{yz}^{n+1}\left(i,j+\frac{1}{2},k\right)=A_z^e\left(k\right)E_{yz}^n\left(i,j+\frac{1}{2},k\right)$$
$$+B_z^e\left(k\right)\frac{H_x^{n+\frac{1}{2}}\left(i,j+\frac{1}{2},k+\frac{1}{2}\right)-H_x^{n+\frac{1}{2}}\left(i,j+\frac{1}{2},k-\frac{1}{2}\right)}{\Delta z} \quad (2\text{-}162)$$

$$E_{yx}^{n+1}\left(i,j+\frac{1}{2},k\right)=A_x^e\left(i\right)E_{yx}^n\left(i,j+\frac{1}{2},k\right)$$
$$+B_x^e\left(i\right)\frac{-H_z^{n+\frac{1}{2}}\left(i+\frac{1}{2},j+\frac{1}{2},k\right)+H_z^{n+\frac{1}{2}}\left(i-\frac{1}{2},j+\frac{1}{2},k\right)}{\Delta x} \quad (2\text{-}163)$$

$$E_{zx}^{n+1}\left(i,j,k+\frac{1}{2}\right)=A_x^e\left(i\right)E_{zx}^n\left(i,j,k+\frac{1}{2}\right)$$
$$+B_x^e\left(i\right)\frac{H_y^{n+\frac{1}{2}}\left(i+\frac{1}{2},j,k+\frac{1}{2}\right)-H_y^{n+\frac{1}{2}}\left(i-\frac{1}{2},j,k+\frac{1}{2}\right)}{\Delta x} \quad (2\text{-}164)$$

$$E_{zy}^{n+1}\left(i,j,k+\frac{1}{2}\right)=A_y^e\left(j\right)E_{zy}^n\left(i,j,k+\frac{1}{2}\right)$$
$$+B_y^e\left(j\right)\frac{-H_x^{n+\frac{1}{2}}\left(i,j+\frac{1}{2},k+\frac{1}{2}\right)+H_x^{n+\frac{1}{2}}\left(i,j-\frac{1}{2},k+\frac{1}{2}\right)}{\Delta y} \quad (2\text{-}165)$$

其中，系数 A 和 B 按两种情况分别给出。

如果采用指数差分格式，结果为

$$A_i^h\left(l+\frac{1}{2}\right)=\mathrm{e}^{-\frac{\rho_i\left(l+\frac{1}{2}\right)\Delta t}{\mu}},\quad i=x,y,z \quad (2\text{-}166)$$

$$B_i^h\left(l+\frac{1}{2}\right)=\frac{1-\mathrm{e}^{-\frac{\rho_i\left(l+\frac{1}{2}\right)\Delta t}{\mu}}}{\rho_i\left(l+\frac{1}{2}\right)}, \quad i=x,y,z \tag{2-167}$$

$$A_i^e(l)=\mathrm{e}^{-\frac{\sigma_i(l)\Delta t}{\varepsilon}}, \quad i=x,y,z \tag{2-168}$$

$$B_i^e(l)=\frac{1-\mathrm{e}^{-\frac{\sigma_i(l)\Delta t}{\varepsilon}}}{\sigma_i(l)}, \quad i=x,y,z \tag{2-169}$$

如果采用标准的中心差分格式，结果为

$$A_i^h\left(l+\frac{1}{2}\right)=\frac{1-\dfrac{\rho_i\left(l+\frac{1}{2}\right)\Delta t}{2\mu}}{1+\dfrac{\rho_i\left(l+\frac{1}{2}\right)\Delta t}{2\mu}}, \quad i=x,y,z \tag{2-170}$$

$$B_i^h\left(l+\frac{1}{2}\right)=\frac{\Delta t}{\mu\left[1+\dfrac{\rho_i\left(l+\frac{1}{2}\right)\Delta t}{2\mu}\right]}, \quad i=x,y,z \tag{2-171}$$

$$A_i^e(l)=\frac{1-\dfrac{\sigma_i(l)\Delta t}{2\varepsilon}}{1+\dfrac{\sigma_i(l)\Delta t}{2\varepsilon}}, \quad i=x,y,z \tag{2-172}$$

$$B_i^e(l)=\frac{\Delta t}{\varepsilon\left[1+\dfrac{\sigma_i(l)\Delta t}{2\varepsilon}\right]}, \quad i=x,y,z \tag{2-173}$$

5）PML 介质参数的选择

使用 PML 时，首先要选定三个参数：PML 层数 N，电导率分布阶数 n，PML 表面反射系数 $R(0)$。大量的实验数据表明：

（1）当 PML 厚度（层数）固定时，减小 $R(0)$，即增加 PML 的衰减，可以使局部和总体误差都单调地减小，然而，当 $R(0)$ 小于 10^{-5} 时，这种现象不再出现，原因是存在由数值网络引起的固有误差，通常选取 $R(0)=1\%$。

（2）增加 PML 厚度，可以使局部及总体误差都单调地减小，但是，PML 层数过多又会使计算量剧增，考虑吸收边界与计算量，通常选取 N 为 4～8。

（3）电导率分布阶数的改变不影响计算量，却会影响吸收边界效果。通常常数电导率分布会带来较强的数值反射；选取线性分布可以改善结果；通常，选取 $n=2$，可进一步改进吸收效果，Berenger 还曾建议过一种几何递增分布：

$$\sigma(r) = \sigma_0 g^{\frac{r}{\Delta x}} \tag{2-174}$$

将其代入自由空间-PML 分界面的反射系数公式：

$$R(\theta) = \mathrm{e}^{-2\frac{\cos\theta}{\varepsilon_0 c}\int_0^\delta \sigma(r)\mathrm{d}r} \tag{2-175}$$

可得

$$R(0) = \mathrm{e}^{-\frac{2\sigma_0 \Delta x(g^N-1)}{\varepsilon_0 c \ln g}} \tag{2-176}$$

给定 N、g、$R(0)$，可定出 σ_0：

$$\sigma_0 = -\frac{\varepsilon_0 c \ln g}{2\Delta x(g^N-1)} \ln R(0) \tag{2-177}$$

g 的选取随所处理的问题不同而不同，可由数值实验寻找最佳值。

6）减小反射误差的措施

PML 吸收边界条件的反射误差主要来自两个方面：一是由 PML 外侧理想导体引起的理论反射系数；二是由数值网络引起的误差。当电导率分布阶数 n 较低时，以前者为主；当电导率分布阶数 n 较高时，数值色散增加，以后者为主。

为简明起见，以二维 TE 场 E_x、E_y、H_z 为例，设 PML 介质参数为 $(\varepsilon, \mu, \sigma_x, \sigma_y = 0, \rho_y = 0)$，时空步长分别为 Δt 和 Δh。按分析数值色散标准做法，采用标准的中心差分格式，将平面波解代入差分方程，令所得齐次方程的系数行列式为零，可得 PML 介质中的色散关系为

$$\left[\frac{\dfrac{\sin(k_x\Delta h/2)}{\Delta h}}{1 - j\dfrac{\sigma_x\Delta t}{2\varepsilon\tan(\omega\Delta t/2)}}\right]^2 + \left[\frac{\sin(k_y\Delta h/2)}{\Delta h}\right]^2 = \mu\varepsilon\left[\frac{\sin(\omega\Delta t/2)}{\Delta t}\right]^2 \tag{2-178}$$

下面介绍一些减少反射误差的措施。

（1）分界面处参数的取值。

为简明起见，以二维 TE 场 E_x、E_y 和 H_z 为例。设参数为 $(\varepsilon, \mu, \sigma_{1x}, \rho_{1x}, \sigma_y = 0, \rho_y = 0)$ 的均匀 PML 介质位于 $x < 0$ 区域，参数为 $(\varepsilon, \mu, \sigma_{2x}, \rho_{2x}, \sigma_y = 0, \rho_y = 0)$ 的均匀 PML 介质位于 $x > 0$ 的区域，电场 E_y 的取样点位于分界面上。现在，设一平面波从介质 1 入射到分界面，两种介质中的场可以表示为

$$E_{1y}^n(i,j) = \mathrm{e}^{j(\omega n\Delta t - k_{1x}i\Delta h - k_{1y}j\Delta h)} + R_{\mathrm{e}}\mathrm{e}^{j(\omega n\Delta t + k_{1x}i\Delta h - k_{1y}j\Delta h)} \tag{2-179}$$

$$H_{1z}^n(i,j) = \frac{1}{Z_1}\left[\mathrm{e}^{j(\omega n\Delta t - k_{1x}i\Delta h - k_{1y}j\Delta h)} - R_{\mathrm{e}}\mathrm{e}^{j(\omega n\Delta t + k_{1x}i\Delta h - k_{1y}j\Delta h)}\right] \tag{2-180}$$

$$H_{2z}^n(i,j) = \frac{1+R_{\mathrm{e}}}{Z_2}\mathrm{e}^{j(\omega n\Delta t - k_{2x}i\Delta h - k_{1y}j\Delta h)} \tag{2-181}$$

其中，R_e 是分界面处待定反射系数；E_y 在分界面处连续。Fang 曾证明反射系数为

$$R_e = -\frac{\dfrac{2\mathrm{j}(\hat{\varepsilon}-\varepsilon)}{\Delta t}\sin\dfrac{\omega\Delta t}{2} + \left(\hat{\sigma}_x - \dfrac{\sigma_{1x}+\sigma_{2x}}{2}\right)\cos\dfrac{\omega\Delta t}{2} + \dfrac{1}{Z\Delta h}\left(\cos\dfrac{k_{2x}\Delta h}{2} - \cos\dfrac{k_{1x}\Delta h}{2}\right)}{\dfrac{2\mathrm{j}(\hat{\varepsilon}-\varepsilon)}{\Delta t}\sin\dfrac{\omega\Delta t}{2} + \left(\hat{\sigma}_x - \dfrac{\sigma_{1x}+\sigma_{2x}}{2}\right)\cos\dfrac{\omega\Delta t}{2} + \dfrac{1}{Z\Delta h}\left(\cos\dfrac{k_{2x}\Delta h}{2} + \cos\dfrac{k_{1x}\Delta h}{2}\right)}$$

$$(2\text{-}182)$$

其中，$\hat{\varepsilon}$ 和 $\hat{\sigma}$ 在分界面取值，Z 由下式给出：

$$Z = \frac{\dfrac{\sin\dfrac{k_{1x}\Delta h}{2}}{\Delta h}}{\dfrac{\varepsilon}{\Delta t}\sin\dfrac{\omega\Delta t}{2} - j\dfrac{\sigma_{1x}}{2}\cos\dfrac{\omega\Delta t}{2}} = \frac{\dfrac{\sin\dfrac{k_{2x}\Delta h}{2}}{\Delta h}}{\dfrac{\varepsilon}{\Delta t}\sin\dfrac{\omega\Delta t}{2} - j\dfrac{\sigma_{2x}}{2}\cos\dfrac{\omega\Delta t}{2}} \qquad (2\text{-}183)$$

通常，取 $\hat{\varepsilon}=\varepsilon$，$\hat{\sigma}=(\sigma_{x1}+\sigma_{x2})/2$。但是，这样并不是使式（2-183）中 R_e 最小的取法。Fang 证明，使 R_e 最小的取法是

$$\hat{\sigma} = \frac{\sigma_{1x}+\sigma_{2x}}{2} - \sqrt{\left(\frac{1}{Z\Delta h}\right)^2 + \left(\frac{\sigma_{2x}}{2}\right)^2} + \sqrt{\left(\frac{1}{Z\Delta h}\right)^2 + \left(\frac{\sigma_{1x}}{2}\right)^2} \qquad (2\text{-}184)$$

$$\hat{\varepsilon} = \varepsilon - \frac{\varepsilon\sigma_{2x}}{4\sqrt{\left(\dfrac{1}{Z\Delta h}\right)^2 + \left(\dfrac{\sigma_{2x}}{2}\right)^2}} + \frac{\varepsilon\sigma_{1x}}{4\sqrt{\left(\dfrac{1}{Z\Delta h}\right)^2 + \left(\dfrac{\sigma_{1x}}{2}\right)^2}} \qquad (2\text{-}185)$$

相似地，如果磁场分量 H_z 的取样点位于分界面，可取

$$\hat{\rho} = \frac{\rho_{1x}+\rho_{2x}}{2} - \sqrt{\left(\frac{Z}{\Delta h}\right)^2 + \left(\frac{\rho_{2x}}{2}\right)^2} + \sqrt{\left(\frac{Z}{\Delta h}\right)^2 + \left(\frac{\rho_{1x}}{2}\right)^2} \qquad (2\text{-}186)$$

$$\hat{\mu} = \mu - \frac{\mu\rho_{2x}}{4\sqrt{\left(\dfrac{Z}{\Delta h}\right)^2 + \left(\dfrac{\rho_{2x}}{2}\right)^2}} + \frac{\mu\rho_{1x}}{4\sqrt{\left(\dfrac{Z}{\Delta h}\right)^2 + \left(\dfrac{\rho_{1x}}{2}\right)^2}} \qquad (2\text{-}187)$$

使分界面的反射系数最小。

在计算中，Z 可近似取为 $\eta\cos\theta$，这里，η 为自由空间波阻抗，θ 为入射角。可选取 θ 使得在某一特殊方向吸收最好。数值实验表明，采用上述算法可使 PML 的数值反射大为减小。

（2）用吸收算子取代 PML 外侧的理想导体。

为了减小由 PML 外侧理想导体引起的反射，自然会想到在外界用传统的吸收边界条件取代理想导体。例如，可以在外边界采用 Mur 的一阶或二阶吸收边界条件，或采用廖氏吸收边界条件，使反射误差减小。

（3）衰落模的吸收。

为了更有效地吸收衰落模，Chen 等提出了一种改进的 PML 方案——MPML[16]。

它在 PML 的基础上，对 ε_r 和 μ_r 引进额外的自由度。以二维 TE 情形为例，与式（2-115）～式（2-118）相应的场方程变为

$$\varepsilon_0\varepsilon_y \frac{\partial E_x}{\partial t} + \sigma_y E_x = \frac{\partial(H_{zx}+H_{zy})}{\partial y} \qquad (2\text{-}188)$$

$$\varepsilon_0\varepsilon_x \frac{\partial E_y}{\partial t} + \sigma_x E_y = -\frac{\partial(H_{zx}+H_{zy})}{\partial x} \qquad (2\text{-}189)$$

$$\mu_0\mu_x \frac{\partial H_{zx}}{\partial t} + \rho_x H_{zx} = -\frac{\partial E_y}{\partial x} \qquad (2\text{-}190)$$

$$\mu_0\mu_y \frac{\partial H_{zy}}{\partial t} + \rho_y H_{zy} = \frac{\partial E_x}{\partial y} \qquad (2\text{-}191)$$

当 $\varepsilon_x = \varepsilon_y = \mu_x = \mu_y = 1$ 时，还原为普通 PML 方程，在 MPML 中，

$$\psi = \psi_0 e^{j\omega\left(t-\frac{\varepsilon_x x\cos\varphi+\varepsilon_y y\sin\varphi}{cG}\right)} e^{-\frac{\sigma_x\cos\varphi}{\varepsilon_0 cG}x} e^{-\frac{\sigma_y\sin\varphi}{\varepsilon_0 cG}y} \qquad (2\text{-}192)$$

$$Z = \sqrt{\frac{\mu_0}{\varepsilon_0}} \cdot \frac{1}{G} \qquad (2\text{-}193)$$

$$G = \sqrt{w_x\cos^2\varphi + w_y\sin^2\varphi} \qquad (2\text{-}194)$$

$$w_x = \frac{\varepsilon_x - j\dfrac{\sigma_x}{\omega\varepsilon_0}}{\mu_x - j\dfrac{\rho_x}{\omega\mu_0}} \qquad (2\text{-}195)$$

$$w_y = \frac{\varepsilon_y - j\dfrac{\sigma_y}{\omega\varepsilon_0}}{\mu_y - j\dfrac{\rho_y}{\omega\mu_0}} \qquad (2\text{-}196)$$

如果令参数满足

$$\frac{\sigma_x}{\varepsilon_0} = \frac{\rho_x}{\mu_0}, \quad \frac{\sigma_y}{\varepsilon_0} = \frac{\rho_y}{\mu_0} \qquad (2\text{-}197)$$

则对任何频率，w_x、w_y 和 G 均等于 1，场分量及波阻抗的结果如下：

$$\psi = \psi_0 e^{j\omega\left(t-\frac{\varepsilon_x x\cos\varphi+\varepsilon_y y\sin\varphi}{c}\right)} e^{-\frac{\sigma_x\cos\varphi}{\varepsilon_0 c}x} e^{-\frac{\sigma_y\sin\varphi}{\varepsilon_0 c}y} \qquad (2\text{-}198)$$

$$Z = \sqrt{\frac{\mu_0}{\varepsilon_0}} \qquad (2\text{-}199)$$

在 FDTD 仿真区域外，用 MPML 作吸收材料，在其外侧为理想导体。在网格的左右侧，MPML 参数为 $\left(\varepsilon_x, \mu_x, \varepsilon_y = 1; \mu_y = 1; \sigma_x, \rho_x, \sigma_y = 0; \rho_y = 0\right)$，可以让波无反射地通过 MPML-自由空间分界面。在网格的上下侧，MPML 参数为 $(\varepsilon_x = 1; \mu_x = 1; \varepsilon_y,$

$\mu_y,\sigma_x=0;\rho_x=0,\sigma_y,\rho_y$），可以让波无反射地通过 MPML-自由空间分界面。同 PML 情况相似，在交叠的角形区域，MPML 参数取为$(\varepsilon_x,\mu_x,\varepsilon_y,\mu_y,\sigma_x,\rho_x,\sigma_y,\rho_y)$。

如果$\sigma=\sigma_{max}(r/\delta)^n,\delta$是 MPML 层的厚度，对传播模，MPML 表面的反射系数仍旧由式（2-137）和式（2-138）给出，与 PML 无区别；对y方向的衰落模，波函数可写成

$$\psi=\psi_0 e^{j\omega\left(t-\frac{\varepsilon_x x ch\alpha}{c}\right)}e^{j\frac{\sigma_y y sh\alpha}{\varepsilon_0 c}y}e^{-\varepsilon_y ky sh\alpha} \tag{2-200}$$

其中$k=\omega/c$。衰落模的反射系数为

$$R_{em}=e^{-2\delta\varepsilon_y k sh\alpha} \tag{2-201}$$

为避免分界面两侧介质参数突变引起较大的数值色散误差，可以取ε_y为如下的连续分布：

$$\varepsilon_y(r)=1+\varepsilon_{max}\left(\frac{r}{\delta}\right)^n \tag{2-202}$$

于是，分界面反射系数为

$$R_{em}=e^{-2k sh\alpha\int_0^\delta \varepsilon_y(r)dr} \tag{2-203}$$

可见，增加ε_y或ε_{max}可以减小R_{em}。如果采用普通 PML，$\varepsilon_y=1$固定不变，只能增加 PML 厚度δ来减小R_{em}，致使计算量过大。在使用 MPML 时，ε_{max}也不能太大，否则会由于分布变化太大而产生较强的数值色散。数值实验表明，最好取$\varepsilon_{max}<10$。

减小 PML 的数值反射是该领域许多研究者关心的课题，也试验了许多改进措施，并正在探索一些新的改善方案。

5. Gedney 完全匹配层

Berenger 的 PML 理论体系是非麦克斯韦方程的，物理机制模糊。同时，其电、磁场分量分裂技术增加了数值实现的难度、计算机内存的占用。

1996 年，Gedney 从理论上提出用单轴各向异性材料实现 PML 以吸收外向电磁波，并且证明它与 Berenger 的 PML 在数学上是等效的。但与 Berenger 的电、磁场分量分裂技术不同的是，Gedney 的理论体系是基于麦克斯韦方程的，更便于理解和高效数值实现。此外，Gedney 的 PML 不仅能够吸收传播模，也能同时吸收衰落模，这是原始 Berenger 完美匹配层难以完成的。下面详细介绍其基本原理。

1）完全匹配单轴

设一任意极化的时谐平面波

$$\boldsymbol{H}^{inc}=\boldsymbol{H}_0 e^{-j\beta_x^i-j\beta_z^i z} \tag{2-204}$$

在各向同性介质中传播，并射向占据无限大空间的单轴各向异性介质。设两种介质的分界面为$z=0$的平面。在单轴各向异性介质中激励起的场是平面波，满足麦克斯韦方程，传播常数为$\boldsymbol{\beta}^a=\hat{x}\beta_x^i+\hat{z}\beta_z^a$，并保证分界面处相位匹配。将平面波解代入麦克

斯韦旋度方程，得

$$\boldsymbol{\beta}^a \times \boldsymbol{E} = \omega \mu_0 \mu_r \overline{\overline{\mu}} \boldsymbol{H} \tag{2-205}$$

$$\boldsymbol{\beta}^a \times \boldsymbol{H} = -\omega \varepsilon_0 \varepsilon_r \overline{\overline{\varepsilon}} \boldsymbol{E} \tag{2-206}$$

其中，ε_r 和 μ_r 分别是各向同性介质中的相对介电常量和相对磁导率：

$$\overline{\overline{\varepsilon}} = \begin{bmatrix} a & 0 & 0 \\ 0 & a & 0 \\ 0 & 0 & b \end{bmatrix} \tag{2-207}$$

$$\overline{\overline{\mu}} = \begin{bmatrix} c & 0 & 0 \\ 0 & c & 0 \\ 0 & 0 & d \end{bmatrix} \tag{2-208}$$

假设各向异性介质是关于 z 轴旋转对称的，因此在上述两式中 $\varepsilon_{xx} = \varepsilon_{yy}$，$\mu_{xx} = \mu_{yy}$。

由上述耦合旋度方程可以导出波动方程：

$$\boldsymbol{\beta}^a \times \overline{\overline{\varepsilon}}^{-1} \boldsymbol{\beta}^a \times \boldsymbol{H} + k^2 \overline{\overline{\mu}} \boldsymbol{H} = 0 \tag{2-209}$$

其中，$k^2 = \omega^2 \mu_0 \mu_r \varepsilon_0 \varepsilon_r$。该波动方程可以表示为如下的矩阵形式：

$$\begin{bmatrix} k^2 c - a^{-1}\beta_z^{a^2} & 0 & \beta_x^i \beta_z^a a^{-1} \\ 0 & k^2 c - a^{-1}\beta_z^{a^2} - b^{-1}\beta_x^{i^2} & 0 \\ \beta_x^i \beta_z^a a^{-1} & 0 & k^2 d - a^{-1}\beta_x^{i^2} \end{bmatrix} \begin{bmatrix} H_x \\ H_y \\ H_z \end{bmatrix} = 0 \tag{2-210}$$

由上述方程的系数行列式为零可以得到该单轴介质的色散关系。解出 β_z^a，共有 4 个本征模解。它们可以去耦分解为前传和后传的 TE$_y$ 模和 TM$_y$ 模，分别满足下列色散关系：

$$\begin{cases} k^2 c - a^{-1}\beta_z^{a^2} - b^{-1}\beta_x^{i^2} = 0, \ \text{TE}_y \\ k^2 a - c^{-1}\beta_z^{a^2} - d^{-1}\beta_x^{i^2} = 0, \ \text{TM}_y \end{cases} \tag{2-211}$$

下面求解分界面的反射系数，先考察 TE$_y$ 模入射。上半部各向同性介质中的场可以表示成入射波和反射波的叠加：

$$\boldsymbol{H}_1 = \hat{y} H_0 \left(1 + \Gamma e^{j2\beta_z^i z}\right) e^{-j\beta_x^i x - j\beta_z^i z} \tag{2-212}$$

$$\boldsymbol{E}_1 = \left[\hat{x} \frac{\beta_z^i}{\omega \varepsilon} \left(1 - \Gamma e^{j2\beta_z^i z}\right) - \hat{z} \frac{\beta_x^i}{\omega \varepsilon} \left(1 + \Gamma e^{j2\beta_z^i z}\right) \right] H_0 e^{-j\beta_x^i x - j\beta_z^i z} \tag{2-213}$$

透射进入各向异性介质半空间的波也是 TE$_y$ 模，满足色散关系（2-211），可表示为

$$\boldsymbol{H}_2 = \hat{y} H_0 \tau e^{-j\beta_x^i x - j\beta_z^a z} \tag{2-214}$$

$$\boldsymbol{E}_2 = \left[\hat{x} \frac{\beta_z^a a^{-1}}{\omega \varepsilon} - \hat{z} \frac{\beta_x^i b^{-1}}{\omega \varepsilon} \right] H_0 \tau e^{-j\beta_x^i x - j\beta_z^a z} \tag{2-215}$$

其中，Γ 和 τ 分别为反射系数和透射系数。利用边界切向分量连续条件，可以求得

$$\Gamma = \frac{\beta_z^i - \beta_z^a a^{-1}}{\beta_z^i + \beta_z^a a^{-1}} \tag{2-216}$$

$$\tau = 1 + \Gamma = \frac{2\beta_z^i}{\beta_z^i + \beta_z^a a^{-1}} \tag{2-217}$$

为了寻找适当的介质参数使得对所有的入射角都有 $\Gamma = 0$，或者说在什么介质参数条件下 $\beta_z^i = \beta_z^a a^{-1}$。由色散关系（2-211），可将此关系进一步表示为

$$\beta_z^{i^2} = k^2 c a^{-1} - \beta_x^{i^2} b^{-1} a^{-1} \tag{2-218}$$

其中 $\beta_z^{i^2} = k^2 - \beta_x^{i^2}$。显然，当 $c = a$ 且 $b = a^{-1}$ 时，$\beta_z^i = \beta_z^a a^{-1}$ 成立。

对于 TM_y 模，可相似地推导出无反射条件为 $c = a$ 且 $d = a^{-1}$。

由此得出结论：当有一平面波入射向由式（2-207）和式（2-208）描述的单轴各向异性介质时，如果 $c = a = d^{-1} = b^{-1}$，则平面波将无反射地透射进入该单项各向异性介质。这一条件不随入射波的入射角、极化、频率而改变。并且，由色散关系（2-211）可知，此时，TE_y 模和 TM_y 模的传播特性变得相同。

如果这一介质为高损耗的，它在 FDTD 法应用中就非常有用，电磁波无反射地进入该介质并且迅速衰减，由于损耗巨大，即使在该介质的后方用理想导体，所产生的反射波也微乎其微。

为了使单轴介质有耗，可取 $a = 1 + \sigma_z / (\mathrm{j}\omega\varepsilon_0)$。注意，这里的 σ_z 已经对 ε_r 归一化。于是相对介电常量和相对磁导率张量为

$$\overline{\overline{\varepsilon}} = \overline{\overline{\mu}} = \begin{bmatrix} 1 + \dfrac{\sigma_z}{\mathrm{j}\omega\varepsilon_0} & 0 & 0 \\[3mm] 0 & 1 + \dfrac{\sigma_z}{\mathrm{j}\omega\varepsilon_0} & 0 \\[3mm] 0 & 0 & \dfrac{1}{1 + \dfrac{\sigma_z}{\mathrm{j}\omega\varepsilon_0}} \end{bmatrix} \tag{2-219}$$

当 σ_z 趋于零时，该介质退化为与上半空间相同的各向同性介质。

色散关系式可以表示为

$$k^2 = \frac{\beta_z^{a^2}}{\left(1 + \dfrac{\sigma_z}{\mathrm{j}\omega\varepsilon_0}\right)^2} + \beta^{i^2}_x \tag{2-220}$$

由此可以解出

$$\beta_z^a = \pm \left(1 + \frac{\sigma_z}{\mathrm{j}\omega\varepsilon_0}\right) \beta_z^i \tag{2-221}$$

单轴介质中 TE_y 模场表达式如下：

$$\boldsymbol{H}_2 = \hat{y}H_0 \mathrm{e}^{-\mathrm{j}\beta_x^i x - \mathrm{j}\beta_z^i z} \mathrm{e}^{-\alpha_z z} \tag{2-222}$$

$$\boldsymbol{E}_2 = \left[\hat{x}\frac{\beta_z^i}{\omega\varepsilon_0\varepsilon_\mathrm{r}} - \hat{z}\frac{\beta_x^i\left(1+\dfrac{\sigma_z}{\mathrm{j}\omega\varepsilon_0}\right)}{\omega\varepsilon_0\varepsilon_\mathrm{r}} \right] H_0 \mathrm{e}^{-\mathrm{j}\beta_x^i x - \mathrm{j}\beta_z^i z} \mathrm{e}^{-\alpha_z z} \tag{2-223}$$

其中，

$$\alpha_z = \frac{\sigma_z}{\mathrm{j}\omega\varepsilon_0}\beta_z^i = \sigma_z\eta_0\sqrt{\varepsilon_\mathrm{r}}\cos\theta^i \tag{2-224}$$

这里，θ^i 是相对于 z 轴的入射角。

可见，透射波的相速与入射波相速相同，沿 z 轴是衰减的，衰减常数不随频率变化，但与入射角及单轴介质的电导率有关。透射波的横向特征波阻抗与入射波相同，因此介质是完全匹配的。

如果上半部各向同性介质是有耗的，则相应的入射波是有衰减的平面波：

$$\boldsymbol{H}^{\mathrm{inc}} = \boldsymbol{H}_0 \mathrm{e}^{-\gamma_x^i x - \gamma_z^i z} \tag{2-225}$$

麦克斯韦旋度方程为

$$-\boldsymbol{\gamma}^a \times \boldsymbol{E} = -\mathrm{j}\omega\mu_0\mu_\mathrm{r}\bar{\bar{\mu}}\boldsymbol{H} \tag{2-226}$$

$$-\boldsymbol{\gamma}^a \times \boldsymbol{H} = \mathrm{j}\omega\varepsilon_0\hat{\varepsilon}_\mathrm{r}\bar{\bar{\varepsilon}}\boldsymbol{E} \tag{2-227}$$

其中，$\boldsymbol{\gamma}^a = \hat{x}\gamma_x^i + \hat{z}\gamma_z^a$；$\hat{\varepsilon}(\omega) = \varepsilon_\mathrm{r} + \sigma/(\mathrm{j}\omega\varepsilon_0)$ 是复相对介电常量，这里，σ 是各向同性介质中的电导率。这时，复波数 $k^2 = \omega^2\mu_0\mu_\mathrm{r}\varepsilon_0\hat{\varepsilon}_\mathrm{r}$。仍然假设单轴各向同性介质是关于 z 轴旋转对称的，可以导出单轴各向异性介质中的 TE_y 和 TM_y 模分别满足下列色散关系：

$$\begin{cases} k^2 c + a^{-1}\gamma_z^{a2} + b^{-1}\gamma_x^{i2} = 0, & \mathrm{TE}_y \\ k^2 a + c^{-1}\gamma_z^{a2} + d^{-1}\gamma_x^{i2} = 0, & \mathrm{TM}_y \end{cases} \tag{2-228}$$

与前面相似，可以导出 TE_y 模的反射系数为

$$\Gamma = \frac{H_y^{\mathrm{re}}}{H_y^{\mathrm{in}}} = \frac{\gamma_z^i - \gamma_z^a a^{-1}}{\gamma_z^i + \gamma_z^a a^{-1}} \tag{2-229}$$

由匹配条件 $\Gamma = 0$，要求

$$\gamma_z^i = \gamma_z^a a^{-1} \tag{2-230}$$

由色散关系有

$$(a^{-1}\gamma_z^a)^2 = -k^2 c a^{-1} - \gamma_x^{i2} b^{-1}a^{-1} \tag{2-231}$$

可见，当 $c = a$ 且 $b = a^{-1}$ 时，式（2-230）成立。

对于 TM_y 可以相似地推出无反射系数条件为 $c = a$ 且 $d = a^{-1}$。由此得出结论：当有一有耗平面入射向单轴各向异性介质时，如果满足 $c = a = d^{-1} = b^{-1}$，则平面波将无反射地透射进入该单项各向异性介质。这一条件不随入射波的入射角、极化、频率变化而改变。

如果仍旧取 $a = 1 + \sigma_z/(\mathrm{j}\omega\varepsilon_0)$，由 $\gamma_z^i = \alpha_z^i + \mathrm{j}\beta_z^i$ 和色散关系可以导出

$$\gamma_z^a = \left(\alpha_z^i + \beta_z^i \frac{\sigma_z}{\omega \varepsilon_0} \right) + j \left(\beta_z^i - \alpha_z^i \frac{\sigma_z}{\omega \varepsilon_0} \right) \tag{2-232}$$

当入射波主要特征是衰落模时，$\beta_z^i \dfrac{\sigma_z}{\omega \varepsilon_0} \ll \alpha_z^i$，由上式可见，单轴介质几乎不提供附加衰减，电磁波在其中以与入射波相同的速率衰减。为加速衰减，可以选取

$$a = \varsigma_z + \frac{\sigma_z}{j \omega \varepsilon_0} \tag{2-233}$$

其中，$\varsigma_z \gg 1$，由此可得

$$\gamma_z^a = \left(\varsigma_z \alpha_z^i + \beta_z^i \frac{\sigma_z}{\omega \varepsilon_0} \right) + j \left(\varsigma_z \beta_z^i - \alpha_z^i \frac{\sigma_z}{\omega \varepsilon_0} \right) \tag{2-234}$$

2）FDTD 法差分格式

如果电磁波入射区是无耗的各向同性介质，以相对于 z 轴旋转对称的完全匹配单轴各向异性介质为例，麦克斯韦旋度方程可写成如下矩阵形式：

$$\begin{bmatrix} \dfrac{\partial H_z}{\partial y} - \dfrac{\partial H_y}{\partial z} \\[2mm] \dfrac{\partial H_x}{\partial z} - \dfrac{\partial H_z}{\partial x} \\[2mm] \dfrac{\partial H_y}{\partial x} - \dfrac{\partial H_x}{\partial y} \end{bmatrix} = j \omega \varepsilon_0 \varepsilon_r \begin{bmatrix} 1 + \dfrac{\partial_z}{j \omega \varepsilon_0} & 0 & 0 \\[2mm] 0 & 1 + \dfrac{\partial_z}{j \omega \varepsilon_0} & 0 \\[2mm] 0 & 0 & \dfrac{1}{1 + \dfrac{\partial_z}{j \omega \varepsilon_0}} \end{bmatrix} \begin{bmatrix} E_x \\ E_y \\ E_z \end{bmatrix} \tag{2-235}$$

$$\begin{bmatrix} \dfrac{\partial E_z}{\partial y} - \dfrac{\partial E_y}{\partial z} \\[2mm] \dfrac{\partial E_x}{\partial z} - \dfrac{\partial E_z}{\partial x} \\[2mm] \dfrac{\partial E_y}{\partial x} - \dfrac{\partial E_x}{\partial y} \end{bmatrix} = -j \omega \mu_0 \mu_r \begin{bmatrix} 1 + \dfrac{\partial_z}{j \omega \varepsilon_0} & 0 & 0 \\[2mm] 0 & 1 + \dfrac{\partial_z}{j \omega \varepsilon_0} & 0 \\[2mm] 0 & 0 & \dfrac{1}{1 + \dfrac{\partial_z}{j \omega \varepsilon_0}} \end{bmatrix} \begin{bmatrix} H_x \\ H_y \\ H_z \end{bmatrix} \tag{2-236}$$

式（2-235）右端矩阵中第一、二两行与横向场分量 E_x 和 E_y 相关，表达式同各向同性有耗介质中的公式完全一样，因此可使用标准的 FDTD 法差分格式。

式（2-235）右端矩阵中第三行不是标准形式，必须单独处理。采用两步方式进行 FDTD 模拟。

定义

$$\overline{E}_z = \frac{1}{1 + \dfrac{\sigma_z}{j \omega \varepsilon}} E_z \tag{2-237}$$

于是，式（2-235）中第三式可以写成

$$\frac{\partial H_y}{\partial x} - \frac{\partial H_x}{\partial y} = \varepsilon \frac{\partial \overline{E_z}}{\partial t} \tag{2-238}$$

采用标准的 FDFD 方式刷新 $\overline{E}_z$:

$$\overline{E}_z^{n+1}\left(i,j,k+\frac{1}{2}\right) = \overline{E}_z^{n}\left(i,j,k+\frac{1}{2}\right)$$

$$+ \frac{\Delta t}{\varepsilon}\left[\frac{H_y^{n+\frac{1}{2}}\left(i+\frac{1}{2},j,k+\frac{1}{2}\right) - H_y^{n+\frac{1}{2}}\left(i-\frac{1}{2},j,k+\frac{1}{2}\right)}{\Delta x} \right. \tag{2-239}$$

$$\left. - \frac{H_x^{n+\frac{1}{2}}\left(i,j+\frac{1}{2},k+\frac{1}{2}\right) - H_x^{n+\frac{1}{2}}\left(i,j-\frac{1}{2},k+\frac{1}{2}\right)}{\Delta y} \right]$$

由式（2-237）有

$$\mathrm{j}\omega\overline{E}_z + \frac{\sigma_z}{\varepsilon_0}\overline{E}_z = \mathrm{j}\omega E_z \tag{2-240}$$

通过替换 $\mathrm{j}\omega \rightarrow \partial/\partial t$ ，得到其时域表达式为

$$\frac{\partial \overline{E}_z}{\partial t} + \frac{\sigma_z}{\varepsilon_0}\overline{E}_z = \frac{\partial E_z}{\partial t} \tag{2-241}$$

用中心差分可得到其差分格式如下：

$$E_z^{n+1} = E_z^{n} + \left(1 + \frac{\sigma_z \Delta t}{2\varepsilon_0}\right)\overline{E}_z^{n+1} - \left(1 - \frac{\sigma_z \Delta t}{2\varepsilon_0}\right)\overline{E}_z^{n} \tag{2-242}$$

于是，利用式（2-239）和式（2-242）可以通过两步方式刷新法向电场分量 E_z。

对于式（2-236），记等效磁阻率为 ρ_z，满足下列关系：

$$\frac{\rho_z}{\mu_0} = \frac{\sigma_z}{\varepsilon_0} \tag{2-243}$$

于是，式（2-236）可重写成

$$\begin{bmatrix} \dfrac{\partial E_z}{\partial y} - \dfrac{\partial E_y}{\partial z} \\[2mm] \dfrac{\partial E_x}{\partial z} - \dfrac{\partial E_z}{\partial x} \\[2mm] \dfrac{\partial E_y}{\partial x} - \dfrac{\partial E_x}{\partial y} \end{bmatrix} = -\mathrm{j}\omega\mu_0\mu_r \begin{bmatrix} 1 + \dfrac{\rho_z}{\mathrm{j}\omega\mu_0} & 0 & 0 \\[3mm] 0 & 1 + \dfrac{\rho_z}{\mathrm{j}\omega\mu_0} & 0 \\[3mm] 0 & 0 & \dfrac{1}{1 + \dfrac{\rho_z}{\mathrm{j}\omega\mu_0}} \end{bmatrix} \begin{bmatrix} H_x \\[2mm] H_y \\[2mm] H_z \end{bmatrix} \tag{2-244}$$

式（2-244）右端矩阵中第一、二两行与横向场分量 H_x 和 H_y 相关，表达式同各向同性有耗介质中的公式完全一样，因此可使用标准的 FDTD 法差分格式。

式（2-244）右端矩阵中第三行不是标准形式，必须单独处理。采用两步方式进行

FDTD 模拟。

定义

$$\overline{H}_z = \frac{1}{1+\dfrac{\rho_z}{j\omega\mu_0}} H_z \qquad (2\text{-}245)$$

于是，式（2-244）中第三式可以写成

$$\frac{\partial E_y}{\partial x} - \frac{\partial E_x}{\partial y} = -\mu \frac{\partial \overline{H}_z}{\partial t} \qquad (2\text{-}246)$$

采用标准的 FDTD 方式刷新 $\overline{H}_z$：

$$\overline{H}_z^{n+\frac{1}{2}}\left(i+\frac{1}{2},j+\frac{1}{2},k\right) = \overline{H}_z^{n-\frac{1}{2}}\left(i+\frac{1}{2}j+\frac{1}{2},k\right)$$
$$- \frac{\Delta t}{\mu}\left[\frac{E_y^n\left(i+1,j+\frac{1}{2},k\right) - E_y^n\left(i,j+\frac{1}{2},k\right)}{\Delta x} \right.$$
$$\left. - \frac{E_x^n\left(i+\frac{1}{2},j+1,k\right) - E_x^n\left(i+\frac{1}{2},j,k\right)}{\Delta y} \right] \qquad (2\text{-}247)$$

由式（2-244）有

$$j\omega\overline{H}_z + \frac{\rho_z}{\mu_0}\overline{H}_z = j\omega H_z \qquad (2\text{-}248)$$

通过替换 $j\omega \to \partial/\partial t$，得到其时域表达式为

$$\frac{\partial \overline{H}_z}{\partial t} + \frac{\rho_z}{\mu_0}\overline{H}_z = \frac{\partial H_z}{\partial t} \qquad (2\text{-}249)$$

用中心差分可得到其差分格式如下：

$$H_z^{n+\frac{1}{2}} = H_z^{n-\frac{1}{2}} + \left(1+\frac{\rho_z\Delta t}{2\mu_0}\right)\overline{H}_z^{n+\frac{1}{2}} - \left(1-\frac{\rho_z\Delta t}{2\mu_0}\right)\overline{H}_z^{n-\frac{1}{2}} \qquad (2\text{-}250)$$

于是，利用式（2-247）和式（2-250）可以通过两步方式刷新法向磁场分量 H_z。

如果电磁波入射区是有耗导电各向同性介质，相对介电常量为复数 $\hat{\varepsilon}_r(\omega)$，PML 介质中的麦克斯韦旋度方程可写成如下矩阵形式：

$$\begin{bmatrix} \dfrac{\partial H_z}{\partial y} - \dfrac{\partial H_y}{\partial z} \\ \dfrac{\partial H_x}{\partial z} - \dfrac{\partial H_z}{\partial x} \\ \dfrac{\partial H_y}{\partial x} - \dfrac{\partial H_x}{\partial y} \end{bmatrix} = j\omega\varepsilon_0\varepsilon_r(\omega) \begin{bmatrix} \zeta_z + \dfrac{\partial_z}{j\omega\varepsilon_0} & 0 & 0 \\ 0 & \zeta_z + \dfrac{\partial_z}{j\omega\varepsilon_0} & 0 \\ 0 & 0 & \dfrac{1}{\zeta_z + \dfrac{\partial_z}{j\omega\varepsilon_0}} \end{bmatrix} \begin{bmatrix} E_x \\ E_y \\ E_z \end{bmatrix} \qquad (2\text{-}251)$$

$$\begin{bmatrix} \dfrac{\partial E_z}{\partial y} - \dfrac{\partial E_y}{\partial z} \\[2mm] \dfrac{\partial E_x}{\partial z} - \dfrac{\partial E_z}{\partial x} \\[2mm] \dfrac{\partial E_y}{\partial x} - \dfrac{\partial E_x}{\partial y} \end{bmatrix} = -j\omega\mu_0\mu_r \begin{bmatrix} \zeta_z + \dfrac{\partial_z}{j\omega\varepsilon_0} & 0 & 0 \\[3mm] 0 & \zeta_z + \dfrac{\partial_z}{j\omega\varepsilon_0} & 0 \\[3mm] 0 & 0 & \dfrac{1}{\zeta_z + \dfrac{\partial_z}{j\omega\varepsilon_0}} \end{bmatrix} \begin{bmatrix} H_x \\ H_y \\ H_z \end{bmatrix} \qquad (2\text{-}252)$$

对于式（2-251），定义

$$\overline{E}_x = \hat{\varepsilon}_r(\omega)E_x \qquad (2\text{-}253)$$

$$\overline{E}_y = \hat{\varepsilon}_r(\omega)E_z \qquad (2\text{-}254)$$

$$\overline{E}_z = \hat{\varepsilon}_r(\omega)E_z \qquad (2\text{-}255)$$

于是，式（2-251）可以写成

$$\frac{\partial H_z}{\partial y} - \frac{\partial H_y}{\partial z} = j\omega\varepsilon_0\left(\zeta_z + \frac{\partial_z}{j\omega\varepsilon_0}\right)\overline{E}_x \qquad (2\text{-}255)$$

$$\frac{\partial H_x}{\partial z} - \frac{\partial H_z}{\partial x} = j\omega\varepsilon_0\left(\zeta_z + \frac{\partial_z}{j\omega\varepsilon_0}\right)\overline{E}_y \qquad (2\text{-}256)$$

转化到时域，有

$$\frac{\partial H_z}{\partial y} - \frac{\partial H_y}{\partial z} = \zeta_z\varepsilon_0\frac{\partial \overline{E}_x}{\partial t} + \sigma_z\overline{E}_x \qquad (2\text{-}257)$$

$$\frac{\partial H_x}{\partial z} - \frac{\partial H_z}{\partial x} = \zeta_z\varepsilon_0\frac{\partial \overline{E}_y}{\partial t} + \sigma_z\overline{E}_y \qquad (2\text{-}258)$$

$$\frac{\partial H_y}{\partial x} - \frac{\partial H_x}{\partial y} = \xi_z\varepsilon_0\frac{\partial \overline{E}_z}{\partial t} + \delta_z\overline{E}_z$$

上两式同各向同性有耗介质中的公式完全一样，因此可使用标准的 FDTD 差分格式得到 $\overline{E}_x$ 和 $\overline{E}_y$。

然后转入第二步，由辅助关系式（2-253）和式（2-254）刷新 $\overline{E}_x$ 和 $\overline{E}_y$。对于各向同性的介质，

$$\hat{\varepsilon}_r(\omega) = \varepsilon_r + \frac{\sigma}{j\omega\varepsilon_0} \qquad (2\text{-}259)$$

式（2-257）和式（2-258）的时域表达式可写成

$$\frac{\partial \overline{E}_x}{\partial t} = \varepsilon_r\frac{\partial E_x}{\partial t} + \frac{\sigma}{\varepsilon_0}E_x \qquad (2\text{-}260)$$

$$\frac{\partial \overline{E_y}}{\partial t} = \varepsilon_r \frac{\partial E_y}{\partial t} + \frac{\sigma}{\varepsilon_0} E_y \qquad (2\text{-}261)$$

由中心差分可得刷新 E_x 的公式为

$$E_x^{n+1} = \frac{1 - \dfrac{\sigma \Delta t}{2\varepsilon_r \varepsilon_0}}{1 + \dfrac{\sigma \Delta t}{2\varepsilon_r \varepsilon_0}} E_x^n + \frac{1}{1 + \dfrac{\sigma \Delta t}{2\varepsilon_r \varepsilon_0}} \frac{1}{\varepsilon_r} \left(\overline{E_x^{n+1}} - \overline{E_x^n} \right) \qquad (2\text{-}262)$$

刷新 E_y 的公式同上式相似。

对于式（2-251）右端矩阵中的第三行，定义

$$\overline{E_z} = \frac{1}{\zeta_z + \dfrac{\sigma_z}{j\omega\varepsilon_0}} E_z \qquad (2\text{-}263)$$

于是，式（2-251）右端矩阵中第三行可以写成

$$\frac{\partial H_y}{\partial x} - \frac{\partial H_x}{\partial y} = j\omega\varepsilon_0 \hat{\varepsilon}_r(\omega) \overline{E_z} \qquad (2\text{-}264)$$

对于各向同性的有耗介质，$\hat{\varepsilon}_r(\omega) = \varepsilon_r + \sigma/(j\omega\varepsilon_0)$，上式可按标准的 FDTD 公式刷新 $\overline{E_z}$：

$$\begin{aligned}
\overline{E_z}^{n+1}\left(i,j,k+\frac{1}{2}\right) = &\frac{1 - \dfrac{\sigma \Delta t}{2\varepsilon_0\varepsilon_r}}{1 + \dfrac{\sigma \Delta t}{2\varepsilon_0\varepsilon_r}} \overline{E_z}^n\left(i,j,k+\frac{1}{2}\right) \\
&+ \frac{\Delta t}{\varepsilon_0\varepsilon_r\left(1 + \dfrac{\sigma \Delta t}{2\varepsilon_0\varepsilon_r}\right)} \left[\frac{H_y^{n+\frac{1}{2}}\left(i+\frac{1}{2},j,k+\frac{1}{2}\right) - H_y^{n+\frac{1}{2}}\left(i-\frac{1}{2},j,k+\frac{1}{2}\right)}{\Delta x} \right. \\
&\left. - \frac{H_x^{n+\frac{1}{2}}\left(i,j+\frac{1}{2},k+\frac{1}{2}\right) - H_x^{n+\frac{1}{2}}\left(i,j-\frac{1}{2},k+\frac{1}{2}\right)}{\Delta y} \right]
\end{aligned} \qquad (2\text{-}265)$$

从解的稳定性考虑，对良导体，也可采用指数差分格式或 Luebbers 的差分格式。然后转入第二步，由辅助关系式（2-263）可以得到时域方程：

$$\frac{\partial H_y}{\partial x} - \frac{\partial H_x}{\partial y} = j\omega\varepsilon_0 \hat{\varepsilon}_r(\omega) \overline{E_z} \qquad (2\text{-}266)$$

用中心差分可得到其差分格式如下：

$$E_z^{n+1} = E_z^n + \left(\zeta_z + \frac{\sigma_z \Delta t}{2\varepsilon_0} \right) \overline{E}_z^{n+1} - \left(\zeta_z - \frac{\sigma_z \Delta t}{2\varepsilon_0} \right) \overline{E}_z^n \qquad (2\text{-}267)$$

于是，利用式（2-265）和式（2-266）可以通过两步方式刷新法向电场分量 E_z。

对于式（2-252），采用等效磁阻率 ρ_z 的定义式（2-243），可将式（2-252）重写成

$$\begin{bmatrix} \dfrac{\partial E_z}{\partial y} - \dfrac{\partial E_y}{\partial z} \\[2mm] \dfrac{\partial E_x}{\partial z} - \dfrac{\partial E_z}{\partial x} \\[2mm] \dfrac{\partial E_y}{\partial x} - \dfrac{\partial E_x}{\partial y} \end{bmatrix} = -j\omega\mu_0\mu_r \begin{bmatrix} \zeta_z + \dfrac{\rho_z}{j\omega\mu_0} & 0 & 0 \\[2mm] 0 & \zeta_z + \dfrac{\rho_z}{j\omega\mu_0} & 0 \\[2mm] 0 & 0 & \zeta_z + \dfrac{\rho_z}{j\omega\mu_0} \end{bmatrix} \begin{bmatrix} H_x \\ H_y \\ H_z \end{bmatrix} \qquad (2\text{-}268)$$

进一步，记

$$\overline{\mu}_r = \mu_r \zeta_z \qquad (2\text{-}269)$$

$$\overline{\rho}_z = \rho_z / \zeta_z \qquad (2\text{-}270)$$

则式（2-268）可进一步写成

$$\begin{bmatrix} \dfrac{\partial E_z}{\partial y} - \dfrac{\partial E_y}{\partial z} \\[2mm] \dfrac{\partial E_x}{\partial z} - \dfrac{\partial E_z}{\partial x} \\[2mm] \dfrac{\partial E_y}{\partial x} - \dfrac{\partial E_x}{\partial y} \end{bmatrix} = -j\omega\mu_0\overline{\mu}_r \begin{bmatrix} 1 + \dfrac{\overline{\rho}_z}{j\omega\mu_0} & 0 & 0 \\[2mm] 0 & 1 + \dfrac{\overline{\rho}_z}{j\omega\mu_0} & 0 \\[2mm] 0 & 0 & \dfrac{1}{\zeta_z^2 + \dfrac{\zeta_z \rho_z}{j\omega\mu_0}} \end{bmatrix} \begin{bmatrix} H_x \\ H_y \\ H_z \end{bmatrix} \qquad (2\text{-}271)$$

式（2-271）与式（2-244）形式相同，差分格式也应相同，只需替换一下相应的参数，这里不再列出。

对于以 $x = \text{const}$ 或 $y = \text{const}$ 平面为分界面的单轴各向异性 PML，其公式相似，这里也不再列出。

3）交角区域的差分格式

上面只讨论了单一平面边界的情况。对于一个实际的问题，其 FDTD 仿真区域必须在 6 个边界面上截断。在非交叠区域，可以沿用上述 FDTD 法差分格式。在交角区域，则需构造推广的介质本构关系。

设在交角区域，电磁场满足麦克斯韦旋度方程：

$$\nabla \times \boldsymbol{E} = -j\omega\mu_0\mu_r \overline{\overline{\mu}} \boldsymbol{H} \qquad (2\text{-}272)$$

$$\nabla \times \boldsymbol{H} = j\omega\varepsilon_0\varepsilon_r \overline{\overline{\varepsilon}} \boldsymbol{E} \qquad (2\text{-}273)$$

其中，

$$\overline{\overline{\varepsilon}} = \overline{\overline{\mu}} = \begin{bmatrix} \dfrac{s_y s_z}{s_x} & 0 & 0 \\ 0 & \dfrac{s_x s_z}{s_y} & 0 \\ 0 & 0 & \dfrac{s_x s_y}{s_z} \end{bmatrix} \tag{2-274}$$

这里，s_x、s_y 和 s_z 分别只与 x、y 和 z 方向的分界面相关，并且分别只沿 x、y 和 z 方向有变化：

$$s_x = 1 + \frac{\sigma_x}{\mathrm{j}\omega\varepsilon_0} \tag{2-275}$$

$$s_y = 1 + \frac{\sigma_y}{\mathrm{j}\omega\varepsilon_0} \tag{2-276}$$

$$s_z = 1 + \frac{\sigma_z}{\mathrm{j}\omega\varepsilon_0} \tag{2-277}$$

在交角区域之外，相应的 σ_i 为零，式（2-274）退化为单一平面边界的结果。

交角区域的差分格式可按相似的过程推导出。以式（2-277）为例，定义

$$\overline{E}_z = \frac{s_x}{s_z} E_z \tag{2-278}$$

于是，式（2-273）中展开的第三个方程可写成

$$\frac{\partial H_y}{\partial x} - \frac{\partial H_x}{\partial y} = \mathrm{j}\omega\varepsilon\overline{E}_z + \frac{\sigma_y}{\varepsilon_0}\varepsilon\overline{E}_z \tag{2-279}$$

将其转换到时域，可用标准的 FDTD 法差分格式刷新 $\overline{E}_z$。然后，由式（2-278）可得

$$\mathrm{j}\omega\overline{E}_z + \frac{\sigma_z}{\varepsilon_0}\overline{E}_z = \mathrm{j}\omega E_z + \frac{\sigma_x}{\varepsilon_0}E_z \tag{2-280}$$

将其转换到时域，采用中心差分格式，可以得到下列二阶精度的差分方程：

$$E_z^{n+1} = \frac{1 - \dfrac{\sigma_x \Delta t}{2\varepsilon_0}}{1 + \dfrac{\sigma_x \Delta t}{2\varepsilon_0}} E_z^n + \frac{\left(1 + \dfrac{\sigma_z \Delta t}{2\varepsilon_0}\right)\overline{E}_z^{n+1} - \left(1 - \dfrac{\sigma_z \Delta t}{2\varepsilon_0}\right)\overline{E}_z^n}{1 + \dfrac{\sigma_x \Delta t}{2\varepsilon_0}} \tag{2-281}$$

由式（2-279）的标准 FDTD 公式和式（2-281），按两步方式可以刷新交角区域的 E_z。其余分量的 FDTD 刷新公式可以相似地得到，这里不再叙述。

如果仿真区是有耗导电介质，这时，设在交角区域电磁场满足麦克斯韦旋度方程：

$$\nabla \times \boldsymbol{E} = -\mathrm{j}\omega\mu_0\mu_r\overline{\overline{\mu}}\boldsymbol{H} \tag{2-282}$$

$$\nabla \times \boldsymbol{H} = \mathrm{j}\omega\varepsilon_0\varepsilon_r\overline{\overline{\varepsilon}}\boldsymbol{E} \tag{2-283}$$

其中，$\hat{\varepsilon}_r(\omega) = \varepsilon_r + \dfrac{\sigma}{j\omega\varepsilon_0}$，$\overline{\overline{\varepsilon}}$ 和 $\overline{\overline{\mu}}$ 仍然按式（2-274）定义：

$$s_x = \zeta_x + \frac{\sigma_x}{j\omega\varepsilon_0} \tag{2-284}$$

$$s_y = \zeta_y + \frac{\sigma_y}{j\omega\varepsilon_0} \tag{2-285}$$

$$s_z = \zeta_z + \frac{\sigma_z}{j\omega\varepsilon_0} \tag{2-286}$$

差分格式的推导与前述相似，不再赘述。

4）PML 的参数选取

为了避免在 PML 表面引入反射，以 $z = z_0$ 的 PML 表面为例，$\zeta_z(z)$ 和 $\sigma_z(z)$ 应从表面起渐变增加，通常取下面的形式：

$$\zeta_z(z) = 1 + (\zeta_{z,\max} - 1)\frac{|z - z_0|^m}{d_z^m} \tag{2-287}$$

$$\sigma_z(z) = \sigma_{\max}\frac{|z - z_0|^m}{d_z^m} \tag{2-288}$$

其中，d_z 为 PML 介质厚度。根据 Gedney 的经验，一般取 $m = 4$，$d_z = (8 \sim 10)\Delta_z$，

$$\sigma_{\max} = \frac{m+1}{150\pi\Delta_z\sqrt{\varepsilon_r}} \tag{2-289}$$

PML 介质中的时间步长选取仍需满足 Courant 稳定条件。

2.5.6　初值条件和激励函数

1. 初值条件

在 FDTD 法数值模拟过程中，所求解的问题包含空间域和时间域两个方面。因而，除了需要研究介质的散射和吸收、计算空间的网格划分、吸收边界条件等问题以外，还需研究各个场量的初值条件。

无论是针对三维时域有限差分方程组式（2-54）～式（2-59），还是其简化形式的二维有限差分方程组式（2-64）～式（2-66），在求解场值问题时，通常假定各场量的初值条件为 0，即

$$E_i(x,y,z,t) = 0, \quad t \leqslant 0 \tag{2-290}$$

$$H_i(x,y,z,t) = 0, \quad t \leqslant 0 \tag{2-291}$$

其中，i 表示 x、y、z 三个分量中的任何一个。当 $t > 0$ 时，在源所在的位置赋予其初始场源值，随着时间步的增加，场源值将沿网格空间向外传播。因而，采用 FDTD 法对瞬态脉冲传输过程的数值模拟，就是计算空间中各场量的构建、传播、散射或吸收的物理过程，而且该物理过程需要相当长的时间才能达到稳定。然而，当场源不传播时，

离散网格各点上场的值为零。因此，场源的正确设置是 FDTD 法运算的必要条件之一。

　　2. 激励场源函数

　　在 FDTD 法数值模拟中，激励场源的设置和选择主要包括场源的方式和性质。然而，从激励场源的空间特征来看，主要分为面源、线源和点源，它们分别适合于不同问题的数值模拟。例如，研究一维问题时，多采用面源；研究二维问题时，多采用线源；而对三维问题来说，多采用点源。另外，从激励场源的时间或频谱特征来讲，场源可分为随时间呈周期性变化的时谐场源和关于时间呈瞬态脉冲函数形式的脉冲场源。最后，从激励场源的性质来讲，一般又可分为电性源和磁性源，即在激励源面上仅赋予电场或磁场中的一种。对钻孔雷达而言，一般常采用电性源。根据瞬态脉冲雷达成像测井系统的工作原理，激励源的辐射信号为瞬态脉冲的电信号，因此，本书采一阶高斯脉冲，模拟馈入发射天线的激励源，且一阶微分高斯脉冲的函数为

$$V(t) = -2\zeta \sqrt{\mathrm{e}^{1/(2\zeta)}} \mathrm{e}^{-\zeta(t-\chi)^2} (t - \chi) \tag{2-292}$$

其中，$\zeta = 2\pi^2 f^2$ 和 $\chi = 1/f$。

2.6　瞬态脉冲雷达成像测井样机系统 I 的成像实验仿真

　　为了分析瞬态脉冲雷达成像测井样机系统的实验结果，评估岩层中的裂缝对成像结果的影响，根据样机系统的性能参数、实验条件和实验方式，我们采用 FDTD 法建立了简单的二维仿真模型，进行数值模拟[22, 23]。

　　二维仿真模型在水平轴和垂直轴上的长度分别为 12m 和 15m，如图 2-10 所示，计算空间以 0.015m 的正方形网格进行离散，在仿真区域外侧，设置 PML 用于截断仿真区域，模拟无限的计算空间。计算空间内的介质为均匀的各向同性介质，且其电特性与频率无关。背景岩石为石灰岩（相对介电常量和电导率分别为 8.67 和 0.6×10⁻³S/m）；在直径为 110mm 的井眼中，充满空气（其电导率为 0S/m，相对介电常量为 1），且井眼轴线位于水平轴的 1.05m 处。崖壁和井眼的垂直距离为 10m，崖壁的右侧为空气层。采用无穷小的垂直电偶极子模拟发射天线和接收天线，其中白色圆圈代表发射天线，白色的菱形符号代表接收天线，且收发天线都位于井眼轴线上，收发天线间距为 4.3m。激励信号源均为一阶高斯脉冲，其幅度谱的中心频率为 130MHz。

　　本书采用离散裂隙网络（discrete fracture network，DFN）模型，构建岩层内部的裂缝。由于缺少关于确定性裂缝网络体系的直接信息，DFN 模型的构建是基于裂缝密度、方向、孔隙以及与邻井测试信息的统计分布，这种裂缝构建模型的可靠性在于裂缝分布的高度不确定性。据此，在仿真模型内部设置了许多垂直和水平的裂缝，裂缝宽度均为 0.015m，且其中充满空气。

　　首先，对瞬态脉冲雷达成像测井对崖壁的成像实验，进行数值模拟。在井眼的轴线方向上，发射天线的初始位置距井底 0.75m，然后以 0.3m 的步长沿井眼中心轴线

向上移动，对崖壁进行成像的仿真结果如图 2-11（a）所示。当收发天线移动到不同的位置时，每个雷达波形的响应都是不同的，其中，直达波和反射波的变化最为明显，同时，直达波的幅度能量最强而反射波的能量较弱。

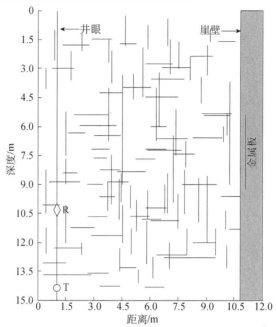

图 2-10　由 800×1000 个 "Yee" 网格构成的二维 FDTD 仿真模型

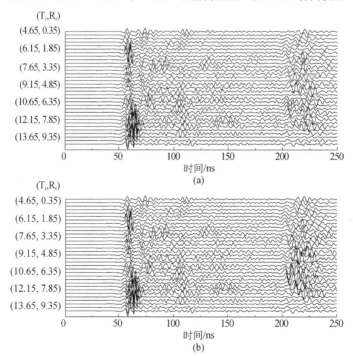

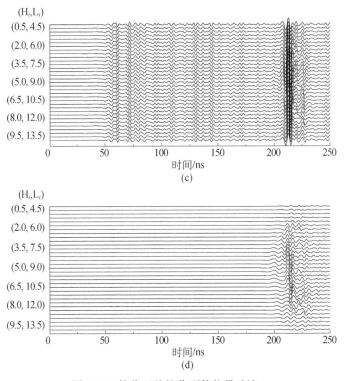

图 2-11　接收天线接收到的信号踪迹

　　其次，移动收发天线，模拟井下探测器对金属板的成像实验。一个长度为 4m 的金属板（其电导率为 1.0×10^9 S/m，相对介电常量为 8.67），平行于崖壁放置，且距离崖壁约 0.3m，同时，金属板的上边界和下边界到崖顶的距离分别为 5.65m 和 9.65m。发射天线的初始位置仍距井眼底部 0.75m，且收发天线仍以 0.3m 的步长沿井眼的中心轴线向上移动，仿真结果如图 2-11（b）所示。接收到的回波信号基本上与崖壁成像模拟的结果图 2-11（a）相同，但是，在 210ns 后的回波信号幅度明显增强。因为发射天线辐射的能量大部分被金属板反射，从而被接收天线接收。

　　为了避免裂缝对雷达回波信号的影响，我们将发射天线和接收天线固定在井眼中，其中发射天线和接收天线到井眼底部的距离分别为 5.55m 和 9.85m。而金属反射板下边界的初始位置距离崖底 0.5m，然后以 0.3m 的步长平行于崖壁向上移动。在图 2-11（c）中，我们可以清晰地看到直达波波前，出现在 55ns 附近；而在 210ns 处，反射波基本上是以相同的走时形成的一个波列。但是，波列中部的反射波幅度明显比两端强。基于这个仿真模型，保持收发天线的位置不变，当移去石灰岩内部的裂缝和崖壁上的金属反射板时，我们可以得到均匀石灰岩中崖壁的反射波波形。将图 2-11（c）中的各道雷达波形均减去均匀石灰岩中崖壁的反射波，可以得到金属板的反射波波形，如图 2-11（d）所示。图中清晰地显示，在单-"双曲线"波前之后，在 220ns 处出现一列幅度较强的回波信号。

图 2-12（a）和（b）中首先出现的波均为直达波，直达波沿着井眼内表面传播，而且幅度较强。随着收发天线移近土壤层，来自顶部交界面的反射波其双程走时减小，且反射波逐渐与直达波叠加。来自覆土层与空气交界面的反射波幅度比石灰岩与覆土层交界面的反射波幅度要强，因为前者交界面处的介电常量差异较大。在图 2-12 中，雷达回波信号面临着双程衰减，导致崖壁的反射波幅度要小于直达波幅度，但是崖壁的反射波仍能清晰地显示崖壁的形状。在距离崖顶 8～13m 处的崖壁反射波，基本出现在 170ns 处，它表明，在这个区域的崖壁基本上是平坦的。在数值模拟和成像实验中，直达波、崖壁反射波和土壤层的反射波都可以容易地识别出来，这说明二维 FDTD 的仿真结果与实验结果相吻合。在图 2-12（b）中，井眼和崖壁之间的一些反射波幅度非常强，它们可能是由石灰岩中的裂缝产生的反射波。由于瑞典玛拉雷达（MALÅ）钻孔雷达的井下探针内部采用光纤通信，系统各模块的性能得到不断优化和改善，所以能够勉强看到崖壁的反射波信号。

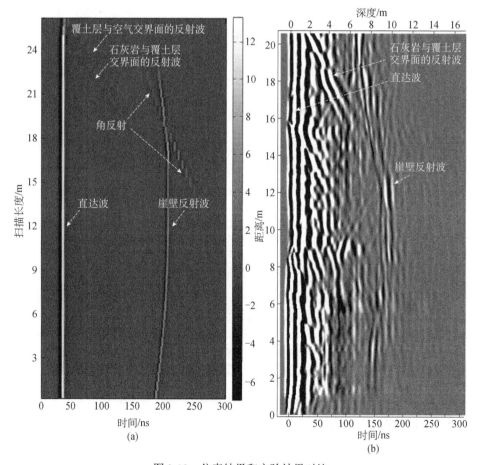

图 2-12　仿真结果和实验结果对比

（a）钻孔雷达二维数值模拟结果；（b）MALÅ 钻孔雷达成像实验剖面图

习　题

2.1　推导式（2-40）和式（2-41）。

2.2　证明式（2-45）。

2.3　详细地由式（2-46）～式（2-51）导出式（2-54）～式（2-59）。

2.4　证明：对于无磁损耗的介质，Yee 算法使磁通量守恒，即 $\oiint\limits_{S} B \cdot n\mathrm{d}S = 0$ 。

2.5　证明：式（2-54）～式（2-56）能保证 $\dfrac{\partial}{\partial t}\nabla \cdot D = -\nabla \cdot J$ 成立。

2.6　推导式（2-70）。

2.7　由式（2-84）推导出式（2-85）和式（2-86）。

2.8　推导出与式（2-86）相似的另外三个网格边界 $x = h$、$y = 0$ 和 $y = h$ 处的二阶近似解析吸收边界条件，并按 Mur 的差分格式，导出它们的 FDTD 吸收边界条件。

2.9　证明：式（2-108）和式（2-109）等效。

2.10　详细地推导出色散关系式（2-178）。

2.11　由麦克斯韦旋度方程（2-226）和式（2-227），导出色散关系式（2-228）。

2.12　由麦克斯韦旋度方程（2-226）和式（2-227），导出 TE_y 模式的反射系数式（2-229）。

参 考 文 献

[1] Stratton J A. Electromagnetic Theory[M]. New Jersey：IEEE Press，2007：1-15.

[2] Balanis C A. Advanced Engineering Electromagnetics[M]. New York：John Wiley & Sons，1989，1-28.

[3] Wait J R. Electromagnetic Wave Theory[M]. New York：Harper & Row Publishers，Inc.，1985.

[4] Annan A P. Ground-Penetrating Radar：Workshop Notes[M]. Misissauga Ontario：Sensors and Software，Inc.，1996，50-80.

[5] Chew W C. Waves and Fields in Inhomogeneous Media[M]. New York：Van Nostrand Reinhold，1990，49-51.

[6] 徐建华. 层状媒质中的电磁场与电磁波[M]. 北京：石油工业出版社，1997，14-17.

[7] 粟毅，黄春琳，雷文太. 探地雷达理论与应用[M]. 北京：科学出版社，2006，141-210.

[8] 谢处方，饶克谨. 电磁场与电磁波[M]. 4 版. 北京：高等教育出版社，2006，70-73.

[9] Telford W M，Geldart L P，Sheriff R E. Applied Geophysics[M]. Boston，MA：Cambridge Univ. Press，1990，67-74.

[10] Olhoeft G R. Low frequency electrical properties[J]. Geophysics，1985，50：2492-2503.

[11] Aleynikov S. Spatial Contact Problems in Geotechnics：Boundary-Element Method[M]. Berlin，

Heidelberg: Springer, 2010, 91-134.

[12] King R W P, Smith G S, Owens M, et al. Antennas in Matter. Fundamentals, Theory and Applications[M]. Boston, MA: MIT Press, 1981.

[13] Hipp J E. Soil electromagnetic parameters as functions of frequency, soil density, and soil moisture[J]. Proceedings of the IEEE, 1974, 62: 98-103.

[14] Debye P. Polar Molecules[M]. New York: The Chemical Catalog Company, Dover Publications edition, 1929.

[15] Yee K S. Numerical solution of initial boundary value problems involving Maxwell's equations in isotropic media[J]. IEEE Transactions on Antennas and Propagation, 1966, 14 (3): 302-307.

[16] Reddy J N. An Introduction to The Finite Element Method[M]. 3rd ed. New York: McGraw-Hill, 2005, 31-48.

[17] Kunz K S, Luebbers R J. The Finite Difference Time Domain Method for Electromagnetics[M]. Boca Raton, FL: CRC Press Inc., 1993, 1-52.

[18] 葛德彪, 闫玉波. 电磁波时域有限差分方法[M]. 北京: 北京大学出版社, 2001, 1-28.

[19] Pongpaibool P, Uno T, Sato H. Computational error in FDTD analysis of short dipole antenna and its reduction technique[J]. Electronics and Communications in Japan Part Ii-electronics, 2004, 87 (8): 32-40.

[20] Warnick K F. An intuitive error analysis for FDTD and comparison to MoM[J]. IEEE Antennas and Propagation Magazine, 2005, 47 (6): 111-115.

[21] Suzuki K, Kashiwa T. Reducing the numerical dispersion in the FDTD analysis by modifying the speed of light[J]. Electronics and Communications in Japan Part Ii-electronics, 2002, 85 (2): 61-69.

[22] Ma C G, Zhao Q, Ran L M, et al. Numerical study of borehole radar for cliff imaging[J]. Journal of Environmental and Engineering Geophysics, 2014, 19 (4): 269-276.

[23] Bourlier C, Pinel N, Kubickâe G. Method of Moments for 2D Scattering Problems: Basic Concepts and Applications[M]. London: ISTE Ltd.; Hoboken, NJ: John Wiley & Sons, Inc., 2013, 31-72.

第3章　井中雷达天线

3.1　天线基本原理

天线是雷达系统中最重要的组成部分之一。天线在雷达设备中主要有两方面的功能：第一个是能量转换功能，第二个是定向辐射（或接收）功能[1]。

能量转换功能是指导行波与自由空间波之间的相互转换，发射天线将馈线引导的电磁波（高频电流）转换为向空间辐射的电磁波传向远方，接收天线将空间中的电磁波转换为馈线引导的电磁波（高频电流）传送给接收机。因此天线可以被定义为导行波与自由空间波之间的转换器件或换能器，如图3-1所示[2]。

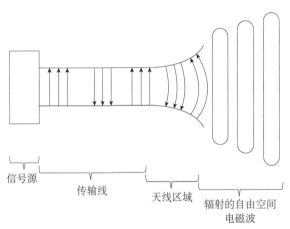

图 3-1　作为转换器件的天线

定向辐射（或接收）功能是指天线辐射（或接收）电磁波具有一定的方向性。根据系统的要求，发射天线可以把电磁波能量集中在一定方向辐射出去，接收天线可以只接收特定方向传来的电磁波。

天线的理论主要有辐射理论、阻抗理论与接收理论[3]。辐射理论研究天线的电流分布、辐射强度、辐射效率等；阻抗理论研究天线的输入阻抗，以及与馈电系统的匹配；接收理论研究天线接收外来电磁波的能力。通过这些理论可以确定某一天线发射和接收电磁波信号的特性。工程上我们采用一些特性参量来表征这些特性，主要包括辐射波瓣图及波束范围、定向性、增益、天线阻抗、有效口径（面积）和有效长度、极化、带宽等。在介绍井中雷达天线前，我们有必要先了解一下天线的场区及其基本特性参量。

3.1.1 天线的场区

天线的场区可以按离天线的距离不同划分为感应场区、辐射近场区以及辐射远场区，如图 3-2 所示。感应场区是指离天线很近的区域。在此区域中，电磁波的感应场分量远大于辐射场，感应场的电场和磁场之间有 $\pi/2$ 的时间相位差，坡印廷矢量为纯虚数，不向外辐射功率，电磁能量和磁场能量相互交替储存于天线附近的空间内。感应场随离开天线距离的增加而快速衰减，辐射场渐渐占据优势，场区也由感应场区过渡到辐射场区。

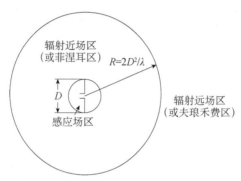

图 3-2   感应场区、辐射近场区和辐射远场区

辐射近场区可以看成感应场区与辐射远场区的过渡区域，也被称为菲涅耳（Fresnel）区。在此区域中，电磁场的角分布（即辐射波瓣图）与离开天线的距离有关，不同距离处天线的辐射波瓣图不同。在辐射近场区的内边界处（即感应场区的外边界处），天线波瓣图是一个主瓣和副瓣难以分辨的起伏包络；随着离开天线距离的增加，直到靠近天线辐射远场区时，天线波瓣图的主瓣和副瓣才明显形成。感应场区和辐射近场区共同组成了天线的近场区。

辐射远场区也被称为夫琅禾费（Fraunhofer）区。在此区域中，电磁场的大小与离开天线的距离成反比，电磁场的角分布（天线波瓣图）与离开天线的距离无关。通常情况下，取 $R = 2D^2 / \lambda$ 为菲涅耳区与夫琅禾费区的分界面。

传统天线理论更多关注天线辐射远场区，因为大多数的天线被用来向远场区传输能量，且在此区域天线有着稳定的波瓣图。辐射近场区的情况更为复杂，此区域的电磁场分布取决于天线口径面上特定的振幅分布。但对井中雷达而言，天线辐射近场区内的目标物也是勘探重点之一，本书未对其有深入介绍，有兴趣的读者可以自行学习研究。

3.1.2 辐射波瓣图

由于天线的定向辐射（或接收）作用，其辐射的电磁波能量在有些方向上大，有些方向上小。这种表示天线辐射功率空间分布的图称为天线的辐射波瓣。辐射功率

为空间的函数，因此在角坐标系 (θ,ϕ) 中可以写作

$$E = Af(\theta,\phi) \tag{3-1}$$

式中，A 为幅度常数；$f(\theta,\phi)$ 称为天线的方向性函数。

为了便于辐射波瓣图的绘制与比较，一般取方向性函数的最大值为 1，即得归一化的方向性函数：

$$F(\theta,\phi) = \frac{f(\theta,\phi)}{f_{\max}} \tag{3-2}$$

式中，$f_{\max}$ 是方向性函数 $f(\theta,\phi)$ 的最大值。

根据表示对象的不同，辐射波瓣图可以分为场强振幅波瓣图、功率波瓣图以及极化波瓣图等。天线波瓣图一般是三维空间中的立体图形，工程上为了方便，常采用两个正交的主平面剖面图（即分贝电平图）来表示天线的方向性，一般取通过天线最大辐射方向并平行于电场矢量的平面（E 面），以及通过天线最大辐射方向并垂直于电场矢量的平面（H 面），如图 3-3 所示。

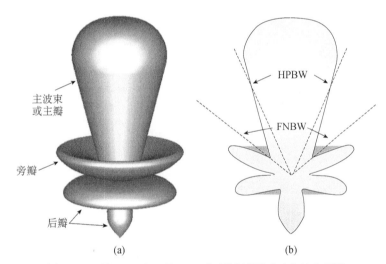

图 3-3 三维（a）和二维（b）辐射波瓣图以及分贝电平图

在主平面剖面图中，按半功率电平点夹角定义的波束宽度被称为半功率波束宽度（half-power beamwidth，HPBW）或 −3dB 波束宽度。按主瓣两侧第一个零点夹角定义的波束宽度被称为第一零点波束宽度（beamwidth between first nulls，FNBW），如图 3-3 所示。半功率波束宽度与第一零点波束宽度均表征天线辐射集中程度，宽度越小，辐射越集中。

副瓣电平是指波瓣图中副瓣最大值与主瓣最大值的比值，通常用分贝数表示为

$$副瓣电平 = 20\log\frac{副瓣最大值}{主瓣最大值} \text{ (dB)} \tag{3-3}$$

在天线设计过程中往往希望抑制副瓣，因此天线副瓣电平越低，说明天线在不需要方

向上辐射的能量越弱，或者在这些方向上对杂波的抑制力越强。

另一个表征天线波瓣图特定的指标为前后比，其定义为天线主瓣最大方向辐射的电平与其呈 $180°$ 反向方向辐射电平的比值，通常也用分贝数表示

$$天线前后比 = 20 \log \frac{主瓣辐射最大电平}{主瓣 180° 反向方向辐射最大电平} \ (\text{dB}) \tag{3-4}$$

3.1.3 波束范围

在球面的二维极坐标系中（图 3-4），微分面积 dA 是沿 θ 方向的弧长 rdθ 与沿 ϕ 方向的弧长 $r \sin \theta$dϕ 的乘积，即

$$\text{d}A = r\text{d}\theta(r \sin \theta\text{d}\phi) = r^2\text{d}\Omega \tag{3-5}$$

式中，dΩ 表示 dA 所张开的立体角，单位为立体弧度（sr）或平方度。

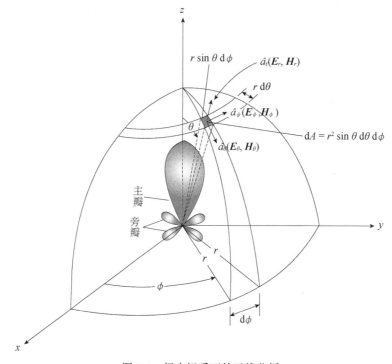

图 3-4 极坐标系下的天线分析

球面面积为微分面积 dA 在整个极坐标系的积分，即

$$球面面积 = \int_0^\pi \int_0^{2\pi} r^2 \sin \theta\text{d}\phi\text{d}\theta = 4\pi r^2 \tag{3-6}$$

因此 4π 即为一个完整球面所张开的立体角度。1 立体弧度等于 3282.8064 平方度，因此一个完整球面的立体角度为

$$完整球面立体角度 = 4\pi \times 1 立体弧度 = 41\,252.96 \approx 41\,252 平方度 \tag{3-7}$$

天线的波束范围（或波束立体角）Ω_A 表示天线的归一化功率方向性函数在整个球面的积分：

$$\Omega_A = \iint\limits_{4\pi} P_n(\theta,\phi)\mathrm{d}\Omega \tag{3-8}$$

式中，$P_n(\theta,\varphi)$ 为天线的归一化功率方向性函数，有

$$P_n(\theta,\phi) = \frac{S(\theta,\phi)}{S_{\max}(\theta,\phi)} \tag{3-9}$$

其中，$S(\theta,\phi) = \left[E_\theta^2(\theta,\phi) + E_\varphi^2(\theta,\phi) \right]/Z_0, \mathrm{W/m^2}$，表示坡印廷矢量的幅值。这里，$Z_0 = 376.7\Omega$，为自由空间的本征阻抗。

由于

$$\Omega_A = \iint\limits_{4\pi} \frac{P(\theta,\phi)}{P_{\max}(\theta,\phi)}\mathrm{d}\Omega \Rightarrow P_{\max}(\theta,\phi)\Omega_A = \iint\limits_{4\pi} P(\theta,\phi)\mathrm{d}\Omega \tag{3-10}$$

所以波束范围 Ω_A 可以表示为天线所有辐射功率等效地按 $P(\theta,\phi)$ 的最大值均匀辐射时的立体角，此时波束范围以外的辐射视为零。通常情况下，波束范围可以近似地表示为主平面内半功率波束宽度 θ_{HP} 与 ϕ_{HP} 的乘积，即

$$\Omega_A \approx \theta_{HP}\phi_{HP} \tag{3-11}$$

3.1.4　定向性 D 和增益 G

天线的定向性是在远场区的某一球面上最大辐射功率密度 $P_{\max}(\theta,\phi)$（$\mathrm{W/m^2}$）与整个球面辐射功率密度的平均值之比，是大于或等于 1 的无量纲比值，即

$$D = \frac{P_{\max}(\theta,\phi)}{P_{av}(\theta,\phi)} \tag{3-12}$$

其中，球面上的平均功率密度为

$$P_{av}(\theta,\phi) = \frac{1}{4\pi} \int_{\phi=0}^{\phi=2\pi} \int_{\theta=0}^{\theta=\pi} P(\theta,\phi)\sin\theta\mathrm{d}\theta\mathrm{d}\phi$$
$$= \frac{1}{4\pi} \iint\limits_{4\pi} P(\theta,\phi)\mathrm{d}\Omega \tag{3-13}$$

因此，定向性又可写成

$$D = \frac{P_{\max}(\theta,\phi)}{[1/(4\pi)]\iint\limits_{4\pi} P(\theta,\phi)\mathrm{d}\Omega} = \frac{1}{[1/(4\pi)]\iint\limits_{4\pi}[P(\theta,\phi)/P_{\max}(\theta,\phi)]\mathrm{d}\Omega} \tag{3-14}$$

将式（3-10）代入式（3-14），得

$$D = \frac{4\pi}{\iint\limits_{4\pi} P_n(\theta,\phi)\mathrm{d}\Omega} = \frac{4\pi}{\Omega_A} \tag{3-15}$$

此即定向性与波束范围的关系式，即定向性等于球面范围与天线的波束范围 Ω_A 之比。波束范围愈小，则定向性愈高。若一个天线仅对上半空间辐射，其波束范围 $\Omega_A = 2\pi\mathrm{sr}$，则其定向性为

$$D = \frac{4\pi}{2\pi} = 2 = 3.01\mathrm{dBi} \qquad (3\text{-}16)$$

式中，dBi 表示相对于各向同性的理想点源天线定向性（$D=1$）的分贝数。

理想化的各向同性天线具有最低可能的定向 $D=1$，而所有实际天线的定向性都大于 1（$D>1$）。

天线增益是一个实际（或现实）的参量，该参量因天线或天线罩（如被采用）的欧姆损耗而小于定向性。在发射状况下，天线增益还包括向天线馈送功率的损耗。这种损耗并不意味着辐射，而是意味着加热天线结构。天线馈线的失配也会减小增益。增益与定向性之比是天线效率因子。这种关系可表示为

$$G = kD \qquad (3\text{-}17)$$

这里，效率因子 $k(0 \leqslant k \leqslant 1)$ 表征天线效率，是无量纲的。

有很多设计良好的天线，其 k 值可以接近于 1，但实际上 G 总是小于 D 且以 D 为理想的最大值。

通过比较待测天线（AUT）和一个已知其增益的参考天线（如短偶极子）在相同输入功率下所辐射的最大功率密度，就能测出天线的增益，即

$$\mathrm{Gain} = G = \frac{P_{\max}(\mathrm{AUT})}{P_{\max}(\text{参考天线})} \times G(\text{参考天线}) \qquad (3\text{-}18)$$

3.1.5 有效口径

天线有效口径和有效长度是用来描述天线接收并转化自由空间电磁波能力的等效参数。

口径的概念从接收天线的观点引入，最为简便。假设一个接收天线是置于均匀平面电磁波中的矩形电磁喇叭，如图 3-5 所示，设平面波的功率密度（即坡印廷矢量的幅度）为 S（W/m^2），喇叭的物理口径（即面积）为 A_p（m^2）。如果喇叭以其整个物理口径从来波中摄取所有的功率，则喇叭吸收的总功率为

$$P = \frac{E^2}{Z} A_p = SA_p \qquad (3\text{-}19)$$

于是，可认为喇叭天线从自由空间电磁波中接收并转化能量的总功率正比于它的口径。

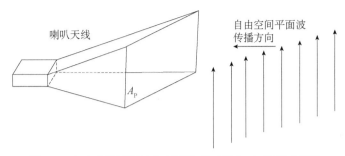

图 3-5　自由空间平面波入射到物理口径为 A_p 的喇叭天线

实际上，因为侧壁上的电场 E 必须等于零，喇叭天线对来波的响应并非均匀的口径场分布，所以实际的口径场为一个小于物理口径 A_p 的有效口径 A_e，并定义两者之比为口径效率 ε_{ap}，即

$$\varepsilon_{ap} = \frac{A_e}{A_p} \tag{3-20}$$

对喇叭和抛物面反射镜天线而言，口径效率普遍在 50%～80% 的范围内。而对在物理口径边缘也能维持均匀场的偶极子或贴片大型阵列来说，口径效率则可以接近100%。

假设有两个正对且距离为 R 的喇叭天线，如图 3-6 所示，两个天线的定向性分别为 D_t，D_r，有效口径分别为 A_t，A_r。

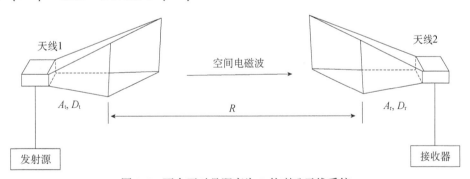

图 3-6　两个正对且距离为 R 的喇叭天线系统

设天线 1 作为发射天线，如果天线 1 是全向发射的天线，则在距离为 R 处其辐射的功率密度为

$$W_0 = \frac{P_t}{4\pi R^2} \tag{3-21}$$

其中，P_t 为辐射的总功率。如果考虑天线的定向性，则实际的功率密度应为

$$W_t = W_0 D_t = \frac{P_t D_t}{4\pi R^2} \tag{3-22}$$

天线 2 接收并且转化进入接收电路的能量为

$$P_r = W_t A_r = \frac{P_t D_t A_r}{4\pi R^2} \tag{3-23}$$

如果将天线 2 作为发射天线，天线 1 作为接收天线，并且假设它们之间的介质是线性、无源且各向同性的，那么天线 1 接收并转化进入电路的能量为

$$P_r = \frac{P_t D_r A_t}{4\pi R^2} \tag{3-24}$$

结合式（3-23）和式（3-24），则可得

$$\frac{D_t}{A_t} = \frac{D_r}{A_r} \tag{3-25}$$

由于天线定向性增加，其有效口径也会增加，所以当取天线最大定向性时，其有效口径也会最大，即

$$\frac{D_{tm}}{A_{tm}} = \frac{D_{rm}}{A_{rm}} \tag{3-26}$$

其中，D_{tm}、D_{rm}，A_{tm}、A_{rm} 分别为天线 1 和天线 2 的最大定向性及最大有效口径。

如果天线 1 为全向发射天线，则 $D_{tm} = 1$，那么式（3-26）可写为

$$A_{tm} = \frac{A_{rm}}{D_{rm}} \tag{3-27}$$

这说明全向发射天线的最大有效口径等于任意其他天线最大有效口径与最大定向性的比值。如短偶极子天线（假设其长度远远小于工作波长），其最大有效口径 $A_{rm} = 3\lambda^2 / 8\pi$，最大定向性 $D_{rm} = 1.5$，将其代入式（3-27），可得全向天线的最大有效口径为

$$A_{tm} = \frac{\lambda^2}{4\pi} \tag{3-28}$$

再将式（3-28）代入式（3-27），可得任意天线最大有效口径与其最大定向性的关系为

$$A_{em} = \frac{\lambda^2}{4\pi} D \tag{3-29}$$

式（3-12）、式（3-15）以及式（3-29）为天线定向性的三个最为常用的表达式。

3.1.6   有效长度

有效长度 h_e 是另一个描述天线接收并转化自由空间电磁波能力的等效参数。有效长度乘以与自由空间来波的入射电场 E（V/m），得到天线输入端感应电压 V，即

$$V = h_e E \tag{3-30}$$

据此，有效长度可定义为感应电压与入射电场之比：

$$h_e = \frac{V}{E} \tag{3-31}$$

例如，图 3-7 所示的长度为 $l = \lambda / 2$ 的垂直偶极子置于入射场中，令偶极子按电

场的最大响应取向。若电流呈均匀分布，其有效长度就应该是 l。然而，实际的电流分布近似于正弦函数，因此得出有效长度为 $h_e = 0.64l$。

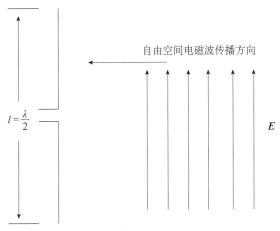

图 3-7 偶极子的有效长度

定义有效长度的另一种途径是考虑天线的发射状态，于是有效长度等于物理长度乘以（归一化）平均电流，即

$$h_e = \frac{1}{I_0}\int_0^l I(z)\mathrm{d}z = \frac{I_{av}}{I_0}l \tag{3-32}$$

其中，I_{av} 为平均电流；I_0 为最大电流。

对于一个辐射电阻为 R_r 的天线，当 R_r 与信号源内部电阻 R_s 相等时，注入天线的功率最大，被称为负载匹配，注入其负载的功率为

$$P = \frac{1}{4}\frac{V^2}{R_r} = \frac{h_e^2 E^2}{4R_r} \tag{3-33}$$

当采用有效口径表示时，有

$$P = SA_e = \frac{E^2 A_e}{Z_0} \tag{3-34}$$

其中，Z_0 为空间的本征阻抗，$Z_0 = 377\Omega$。

由式（3-33）和式（3-34），可得到

$$h_e = 2\sqrt{\frac{R_r A_e}{Z_0}} \quad 或 \quad A_e = \frac{h_e^2 Z_0}{4R_r} \tag{3-35}$$

因此，有效长度与有效口径的关系还取决于天线的辐射电阻和空间本征阻抗。

3.1.7 天线阻抗

天线输入端电压与输入端电流的比值定义为天线的输入阻抗，即

$$Z_L = \frac{V_i}{I_i} \tag{3-36}$$

当输入电压与输入电流同相时，输入阻抗呈纯阻性，一般情况下输入阻抗具有电阻与电抗两个部分，即

$$Z_L = R_L + jX_L \tag{3-37}$$

将天线所辐射的功率看成是被一个等效电阻所"吸收"的功率时，这个假想的等效电阻就称为天线的辐射电阻：

$$R_r = \frac{P_r}{I^2} \tag{3-38}$$

其中，P_r 为天线辐射的全部能量；I 为天线输入电流。

如果把天线系统中的损耗功率（包括导体中的热损耗、绝缘介质中的介质损耗、地电流损耗等）也看成是被一个等效电阻 R_l 所"吸收"的功率，则损耗电阻为

$$R_l = \frac{P_l}{I^2} \tag{3-39}$$

式中，P_l 为损耗功率。显然，天线的输入电阻、辐射电阻和损耗电阻有如下关系：

$$R_L = R_r + R_l \tag{3-40}$$

工程中一般采取测量天线驻波系数或反射损耗的方法来计算天线的输入阻抗，即

$$Z_L = Z_c \frac{1+\Gamma}{1-\Gamma} \tag{3-41}$$

式中，Z_c 为传输线的特性阻抗；Γ 为测量的反射系数，一般情况下 Γ 为一个复数。

电压驻波系数（VSWR）表征天线与传输线的匹配情况，它与反射系数模的关系为

$$VSWR = \frac{1+|\Gamma|}{1-|\Gamma|} \tag{3-42}$$

驻波系数或反射系数反映了天线与传输线的匹配程度，表 3-1 给出了驻波系数、反射系数与传输功率、反射功率之间的关系。

表 3-1 驻波系数、反射系数与传输功率、反射功率之间的关系

驻波系数	反射系数	传输功率	反射功率
1	0	100	0
1.05	0.025	99.94	0.06
1.1	0.045	99.77	0.23
1.15	0.07	99.51	0.49
1.2	0.09	99.18	0.82
1.5	0.2	96	4
2	0.34	89	11
2.5	0.43	81.5	18.5

续表

驻波系数	反射系数	传输功率	反射功率
3.0	0.5	75	25
4.0	0.6	64	36
5.0	0.67	56	44

3.1.8　线极化、椭圆极化和圆极化

对于图 3-8 中由页面向外（沿 z 向）行进的平面波，电场始终沿 y 方向，被称为是 y 方向线极化的。其电场作为时间和位置的函数，可写成

$$\boldsymbol{E} = \boldsymbol{e}_y E_y \sin(\omega t - \beta z) \tag{3-43}$$

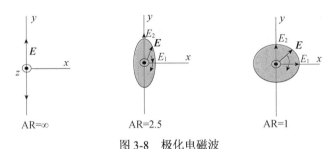

图 3-8　极化电磁波

一般而言，沿 z 向行波的电场同时有 y 分量和 x 分量。更一般的情况下，两个分量之间存在相位差，这种波被称为是椭圆极化的。在确定的 z 点处电场矢量 $\boldsymbol{E}$ 作为时间的函数而旋转，其矢尖所描出的椭圆被称为极化椭圆。该椭圆的长轴与短轴之比被称为轴比（axial ratio，AR）。对于圆极化波，其轴比等于 1，对于线极化波，其轴比无穷大。

对于极化椭圆，取任意方向的一般椭圆极化波，可用分别沿 x 方向和 y 方向的两项线极化分量来描述。因此，如果波沿正 z 轴方向（即垂直于纸面向外）行进，则 x 方向和 y 方向的电场分量分别为

$$E_x = E_1 \sin(\omega t - \beta z) \tag{3-44}$$

$$E_y = E_2 \sin(\omega t - \beta z + \delta) \tag{3-45}$$

其中，E_1 为沿 x 方向的线极化波幅度；E_2 为沿 y 方向的线极化波幅度；δ 为 E_y 滞后于 E_x 的时间-相位角。

将式（3-44）和式（3-45）合并，则总的电场矢量为

$$\boldsymbol{E} = \boldsymbol{e}_x E_1 \sin(\omega t - \beta z) + \boldsymbol{e}_y E_2 \sin(\omega t - \beta z + \delta) \tag{3-46}$$

在 $z = 0$ 处，有 $E_x = E_1 \sin(\omega t)$ 以及 $E_y = E_2 \sin(\omega t + \delta)$。展开 E_y 有

$$E_y = E_2 (\sin \omega t \cos \delta + \cos \omega t \sin \delta) \tag{3-47}$$

由 E_x 的关系式，有 $\sin \omega t = E_x / E_1$ 和 $\cos \omega \tau = \sqrt{1-(E_x/E_1)^2}$ 。将此代入式（3-47），再经整理得出

$$\frac{E_x^2}{E_1^2} - \frac{2E_x E_y \cos \delta}{E_1 E_2} + \frac{E_y^2}{E_2^2} = \sin^2 \delta \tag{3-48}$$

或

$$aE_x^2 - bE_x E_y + cE_y^2 = 1 \tag{3-49}$$

式中，$a = \dfrac{1}{E_1^2 \sin^2 \delta}$，$b = \dfrac{2\cos \delta}{E_1 E_2}$，$c = \dfrac{1}{E_2^2 \sin^2 \delta}$，此为椭圆极化波的一般表达式。

若 $E_1 = 0$，则波是沿 y 向线极化的；若 $E_2 = 0$，则波是沿 x 向线极化的。若 $\delta = 0$ 且 $E_1 = E_2$，则波为与 x 轴呈 45° 角的平面内线极化波。

若 $E_1 = E_2$ 而 $\delta = \pm 90°$，则波是圆极化的。当 $\delta = 90°$ 时，波是左旋圆极化的；当 $\delta = -90°$ 时，波是右旋圆极化的。在 $\delta = 90°$ 的情况下，当 $t = 0$ 时并且在 $z = 0$ 处，由式（3-46）可得出 $\boldsymbol{E} = \boldsymbol{e}_y E_2$。经四分之一周期后，可得出 $\boldsymbol{E} = \boldsymbol{e}_x E_2$。因此在固定点处（$z = 0$），电场矢量按顺时针方向旋转（按波朝外的传播观点）。按电气与电子工程师协会（IEEE）的定义，这种情况对应于左旋圆极化波，相反旋向（$\delta = -90°$）的情况对应于右旋圆极化波。

根据天线辐射的电磁波是线极化、圆极化或椭圆极化，称相应的天线为线极化天线、圆极化天线或椭圆极化天线。

在有地面存在的情况下，线极化又可分为垂直极化和水平极化。在最大辐射方向，电磁波的电场垂直于地面时被称为垂直极化，与地面平行时被称为水平极化。相应的天线被称为垂直极化天线或水平极化天线。

发射天线是左（右）旋圆极化天线时，接收天线也应采用左（右）旋圆极化天线。接收天线和发射天线极化不匹配将导致极化失配，会极大影响电磁波的接收效果。

3.2 时 域 天 线

现有的大多数井中雷达系统为冲击脉冲体制[4-10]。冲击脉冲体制井中雷达发射无载波的窄脉冲信号，具有探测距离远、分辨率高、抗干扰能力强等特点，在探测深层物质和地质结构等方面较连续波体制雷达有明显的优势。无载波脉冲信号有两个突出的特点。第一，它是短暂的单个脉冲，激励信号波形一般具有陡峭的上升沿。信号波前以有限速度（真空中为光速）传播，系统的各个部分依次受到信号的作用，因此信号和系统各部分的相互作用过程可直接在时间谱上追踪。第二，无载波脉冲信号包含很宽的频谱，即从直流分量到数千兆赫兹以上的全部频谱分量，使系统对单个脉冲

信号的响应包含了系统在整个信号频谱内的频域特性。正是由于以上两个特性，在冲击脉冲体制井中雷达中需要采用时域天线来发射和接收脉冲信号。

从理论上看，时域天线的指标与传统时谐场天线的指标不同。时域天线没有频宽的概念，也没有阻抗的概念。只是在应用变换法讨论时域天线时，所对应的每一频谱分量才有阻抗的概念。在实际工程中，时域天线的评价依然主要包括端口特性（驻波、阻抗）、辐射特性（辐射波瓣图、群延迟、辐射效率等），此外还有波形保真度、能量方向性系数等。

3.2.1　波形不畸变条件与波形保真系数

在冲击脉冲体制系统中，单个辐射脉冲持续时间过长，脉冲拖尾严重会使得目标信号湮没在回波中，因此在时域天线设计中需要限制辐射场的波形与天线激励波形之间的差别，通常使用波形保真系数来衡量天线辐射信号畸变程度。

对于任意线性系统，假设其在任意给定的脉冲击励 $e(t)$ 作用下的响应为 $i(t)$。设 $E(\omega)$ 是 $e(t)$ 的傅里叶变换。系统在正弦激励信号 $E(\omega)$ 作用下的响应记为 $I(\omega)$，则定义

$$G(\omega) = \frac{I(\omega)}{E(\omega)} \tag{3-50}$$

为系统的传递函数。式中，$G(\omega)$ 是单位幅度正弦激励下系统的频域响应，由系统的固有性质决定，是标志系统频率特性的物理量。

系统在脉冲 $e(t)$ 激励下的时域响应可以看成系统对脉冲 $e(t)$ 所包含的全部频谱分量频域响应的叠加。根据傅里叶展开式，脉冲 $e(t)$ 的任意频谱分量正弦信号可以写成 $\frac{1}{2\pi}E(\omega)\mathrm{d}\omega$，因此由式（3-50）可得系统对每个正弦信号的频域响应为

$$\frac{1}{2\pi}I(\omega)\mathrm{d}\omega = \frac{1}{2\pi}G(\omega)E(\omega)\mathrm{d}\omega \tag{3-51}$$

根据叠加原理，线性系统对 $e(t)$ 的响应是所有频谱响应的总和，即

$$i(\omega) = \frac{1}{2\pi}\int_{-\infty}^{+\infty}I(\omega)\mathrm{e}^{\mathrm{j}\omega t}\mathrm{d}\omega = \frac{1}{2\pi}\int_{-\infty}^{+\infty}G(\omega)E(\omega)\mathrm{e}^{\mathrm{j}\omega t}\mathrm{d}\omega \tag{3-52}$$

对时域天线而言，假设输入信号为 $x(t)$，输入信号的傅里叶变换为 $X(\omega)$，天线的传递函数为 $G(\omega)$，则辐射信号 $y(t)$ 为

$$y(t) = \frac{1}{2\pi}\int_{-\infty}^{+\infty}X(\omega)G(\omega)\mathrm{e}^{\mathrm{j}\omega t}\mathrm{d}\omega \tag{3-53}$$

将 $G(\omega)$ 用模和相位的形式表示，则

$$y(t) = \frac{1}{2\pi}\int_{-\infty}^{+\infty}X(\omega)\left|G(\omega)\right|\mathrm{e}^{-\mathrm{j}\psi(\omega)}\mathrm{e}^{\mathrm{j}\omega t}\mathrm{d}\omega \tag{3-54}$$

因此可以看出，要使 $y(t)$ 与 $x(t)$ 的波形保持一致，则系统传递函数的模必须是一个与

频率无关的常数，即 $|G(\omega)| = A$；此外，传递函数的相位 $\psi(\omega)$ 必须是 ω 的线性函数，即 $\psi(\omega) = a\omega + b$。满足上述两个条件时，辐射信号 $y(t)$ 可表示为

$$y(t) = Ae^{-jb}\frac{1}{2\pi}\int_{-\infty}^{+\infty}X(\omega)e^{j\omega(t-a)}d\omega = Ae^{-jb}x(t-a) \qquad (3\text{-}55)$$

与输入信号 $x(t)$ 的波形保持一致。因此对于时域天线，要求其在频带范围内有平坦的幅度响应以及线性的相位响应，此为辐射波形不畸变的充分必要条件。

对于给定的时域天线，波形保真系数是指辐射信号与输入信号的相关程度。两个信号 $y(t)$ 和 $x(t)$ 的自相关和互相关定义为

$$\rho_{11}(t) = \int_{-\infty}^{+\infty}y(t-\tau)y(\tau)d\tau$$

$$\rho_{22}(t) = \int_{-\infty}^{+\infty}x(t-\tau)x(\tau)d\tau \qquad (3\text{-}56)$$

$$\rho_{12}(t) = \int_{-\infty}^{+\infty}y(t-\tau)x(\tau)d\tau$$

天线的波形保真系数为最大的归一化互相关系数：

$$\rho = \max\left(\frac{|\rho_{12}(t)|}{\sqrt{\rho_{11}(0)\rho_{22}(0)}}\right) \qquad (3\text{-}57)$$

3.2.2　群延时

时域天线作为接收和发射具有超宽频谱成分脉冲信号的系统器件，其对脉冲波形的无失真传输能力也可以用群延时来表征。群延时是指信号在通过某一器件时其包含的不同频率分量在时间上产生的滞后。单一频率的信号不存在群延时概念。群延时可定义为

$$\tau_g(\omega) = -\frac{d\phi(\omega)}{d\omega} \qquad (3\text{-}58)$$

其中，$\phi(\omega)$ 为系统响应函数的相位；ω 为角频率。从式（3-58）上看，群延时表征的是系统响应函数相频特性曲线的斜率，反映的是器件对信号中每个频率成分相位的影响。由于脉冲信号包含多个频率分量，当群延时恒定时，各频率成分通过系统后延时相同，传输波形失真最小；反之，则各频率成分延时不同，脉冲信号形状发生变化，造成失真。

图 3-9 是相距 2m 的两个 Vivaldi 天线系统群延时的仿真结果，从图中可以看到，在 600MHz～2GHz 频带范围内，天线系统有着较为稳定的群延时，群延时变化小于 1ns，说明天线系统在此频段内有着良好的时域响应特性。

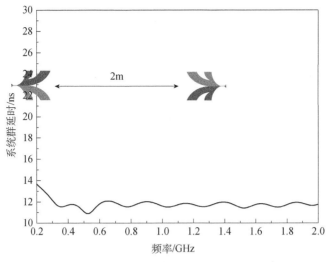

图 3-9 天线系统群延时

3.2.3 能量方向系数及时域增益

不同于传统时谐场天线在某一频点的功率方向系数（即定向性），时域天线采用能量方向系数来表征天线在空间集中电磁波的能力：

$$D(\theta,\varphi) = \frac{4\pi \int_{-\infty}^{+\infty} \left| E(\theta,\varphi,t) \right|^2 \mathrm{d}t}{\int_0^{2\pi} \int_0^{\pi} \int_{-\infty}^{+\infty} \left| E(\theta,\varphi,t) \right|^2 \sin\theta \mathrm{d}\theta \mathrm{d}\varphi \mathrm{d}t} \qquad (3\text{-}59)$$

式中，$D(\theta,\varphi)$ 为能量方向性系数；$E(\theta,\varphi,t)$ 为辐射场的电场强度；分子为整个时间内在某一方向天线辐射的能量；分母为天线向外辐射的总能量。

时域天线同样可以用波束立体角来表征空间集中电磁波的能力。在时谐天线中，波束立体角表示为天线所有辐射功率等效地按辐射功率最大值均匀辐射时的立体角，而在时域天线中表示为所有辐射能量等效地按辐射能量最大值均匀辐射时的立体角：

$$\Omega_A = \frac{\int_0^{2\pi} \int_0^{\pi} \int_{-\infty}^{+\infty} \left| E(\theta,\varphi,t) \right|^2 \sin\theta \mathrm{d}t \mathrm{d}\theta \mathrm{d}\varphi}{\int_{-\infty}^{+\infty} \left| E(\theta,\varphi,t) \right|_{\max}^2 \mathrm{d}t} \qquad (3\text{-}60)$$

与时谐天线类似，时域天线增益描述为在相同输入能量下，整个辐射时间内天线在某个方向辐射的能量与无定向性的点源天线在同一个方向辐射的能量的比值：

$$G(\theta,\varphi) = 4\pi r^2 \frac{\int_{-\infty}^{+\infty} \dfrac{\left| E(\theta,\varphi,t) \right|^2}{\eta_0} \mathrm{d}t}{\int_{-\infty}^{+\infty} V_{\mathrm{in}}(t) I_{\mathrm{in}}(t) \mathrm{d}t} \qquad (3\text{-}61)$$

能量方向系数、波束立体角与时域增益为常用的描述时域天线空间集中电磁波能力的特性参量，此外还可采用峰值功率波瓣图、波形上升时间（上升斜率）波瓣图等衡量时域天线的性能，视具体工程应用的需求而定。

3.2.4　时域天线设计

时域天线的设计，与传统频域天线不同，在进行时域天线设计时，不仅要考虑天线的频域性能，更重要的是要考察天线的时域性能。而由傅里叶变换可知，时域和频域是相关的，时域信号可通过傅里叶变换变到频域中，得到其频域表达式，进而分析其频谱特性。因此，在进行时域天线设计时，可以遵循以下方法。

（1）对信号进行傅里叶变换，通过对其频谱的分析，确定其主要能量的频率范围，此频率范围即天线所需满足的频带。

（2）根据频域宽带天线的设计方法，设计满足频带需要的宽带天线。

（3）对所设计天线的时域性能进行评估。

在冲击脉冲体制井中雷达中，主要采用具有超宽频谱成分的脉冲信号。脉冲的宽度越宽（即中心频率越低），电磁波穿透介质的能力越强、探测距离越远，但天线系统小型化的难度也越大，宽带匹配越难实现；脉冲的宽度越窄（即中心频率越高），雷达系统的分辨率越高，且小型化的实现越容易，但探测距离越短。

对于脉冲宽度为纳秒量级的高斯脉冲信号，频谱主要分布在 100MHz～1GHz，对物体穿透性较强，因此可以很好地应用于探地、穿墙、测井等应用领域。各阶高斯脉冲的时变函数表达式为

$$
\begin{aligned}
f_0(t) &= U_0 \exp(-\alpha_0 t^2) \\
f_1(t) &= -\sqrt{2\alpha_1} \mathrm{e}^{1/2} U_0 [t \cdot \exp(-\alpha_1 t^2)] \\
f_2(t) &= -(1 - 2\alpha_2 t^2) U_0 \exp(-\alpha_2 t^2) \\
f_3(t) &= \sqrt{\alpha_3 / (9 - 3\sqrt{6})} \cdot \exp[(3 - \sqrt{6})/2] U_0 \cdot t \cdot (3 - 2\alpha_3 t^2) \exp(-\alpha_3 t^2)
\end{aligned}
\tag{3-62}
$$

其中，

$$
\begin{aligned}
\alpha_0 &= 4\ln 2 / T_0^2 \\
\alpha_1 &= 2 / T_1^2 \\
\alpha_2 &= 6 / T_2^2 \\
\alpha_3 &= (6 - 2\sqrt{6}) / T_3^2
\end{aligned}
\tag{3-63}
$$

这里，T_0 为高斯脉冲的半峰值脉宽；T_1 为 $f_1(t)$ 的峰峰值脉宽；T_2 为 $f_2(t)$ 的峰峰值脉宽；T_3 为 $f_3(t)$ 最高两峰间的脉宽。

取 $T_0 = T_1 = T_2 = T_3 = 1\mathrm{ns}$，则各阶高斯脉冲的频谱分析图如图 3-10 所示。半峰值脉宽为 1ns 的高斯脉冲函数，其频谱主要分布在小于 300MHz 的低频；峰峰值脉宽为 1ns 的一阶高斯脉冲，其频谱主要分布在 80～700MHz；二阶、三阶高斯脉冲的波形较为复杂，频谱分布较窄。工程上一般选择一阶高斯脉冲作为井中雷达的发射信号。

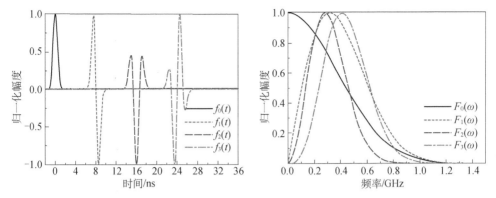

图 3-10　各阶高斯脉冲的频谱分析（彩图扫封底二维码）

需要说明的是，并非所有的频域宽带天线都可用于时域系统，例如，对数周期天线、平面螺旋天线，虽然具备很宽的工作带宽，但其各频点相位中心不一致，不满足时域系统波形不畸变条件，因此用于收发脉冲信号时会存在比较明显的脉冲波形失真。在时域天线的设计中，较常见的天线形式有加载行波偶极子天线、喇叭天线、Vivaldi 天线等。

3.2.5　常见时域天线

1. 加载行波偶极子天线

传统偶极子天线由于电流在天线两端存在反射，并不适合收发时域信号。但如果采用加载的方法，通过满足一定规律的加载方式，偶极子天线能在很宽频带内获得近似行波的电流特性，以此消除端点反射，提高天线的时域响应性能。

最早采用加载的偶极子天线是 1961 年提出来的。在离开偶极子末端四分之一波长处接入适当大小的电阻，使由馈电到负载之间的电流为行波，以此获得宽带特性。负载到天线末端虽为驻波，但因电流比较小，影响不大。目前采用较多的加载方式为以 Wu-King 加载为代表的连续阻抗加载方式。

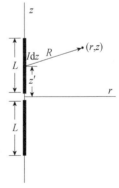

如图 3-11 所示的偶极子天线，沿 z 轴对称放置，半径为 a，总长度为 $2L$，在偶极子中心无限窄的间隙上通过外加电压源激励。

图 3-11　柱坐标系下的偶极子天线

假设电流集中在偶极子天线轴线上，电流分布为 $I(z)$，矢量位仅有 A_z 分量，则

$$A_z = \frac{\mu_0}{4\pi} \int_{-L}^{L} I(z') \frac{e^{-jkR}}{R} dz' \tag{3-64}$$

式中，R 为电流源 Idz 到场点的距离；z' 为坐标原点到电流源的距离。当场点取天线

外表面时，则 $R = \sqrt{(z-z')^2 + a^2}$，电场的切向分量为

$$E_z = \frac{1}{\mathrm{j}\omega\mu_0\varepsilon_0}\left(\frac{\partial^2}{\partial z^2} + k^2\right)A_z \tag{3-65}$$

由于天线外表面内外电场切向分量连续，因此

$$E_z = -V_0^{\mathrm{e}}\delta(z) + Z^{\mathrm{i}}(z)I(z) \tag{3-66}$$

其中，$Z^{\mathrm{i}}(z)$ 为天线单位长度的内阻抗；$V_0^{\mathrm{e}}\delta(z)$ 为激励电压源。

将式（3-65）代入式（3-66）得

$$\left(\frac{\partial^2}{\partial z^2} + k^2\right)A_z = \mathrm{j}\omega\mu_0\varepsilon_0\left[Z^{\mathrm{i}}(z)I(z) - V_0^{\mathrm{e}}\delta(z)\right] \tag{3-67}$$

由于天线表面矢量位和电流之比近似为常数，则设

$$\int_{-L}^{L} I(z')\frac{\mathrm{e}^{-\mathrm{j}kR}}{R}\mathrm{d}z' = I(z)\psi \tag{3-68}$$

将式（3-68）代入式（3-67）中，得到电流分布近似满足的微分方程：

$$\left(\frac{\partial^2}{\partial z^2} + k^2\right)I(z) = \frac{4\pi\mathrm{j}\omega\varepsilon_0}{\psi}\left[Z^{\mathrm{i}}(z)I(z) - V_0^{\mathrm{e}}\delta(z)\right] \tag{3-69}$$

除了在激励点 $z=0$ 处，$I(z)$ 近似满足齐次微分方程：

$$\left(\frac{\partial^2}{\partial z^2} + k^2 - \frac{4\pi\mathrm{j}\omega\varepsilon_0}{\psi}Z^{\mathrm{i}}(z)\right)I(z) = 0 \tag{3-70}$$

对于行波偶极子天线，$I(z)$ 应为在端点处为零的行波电流，因此设

$$I(z) = C_1\left(L - |z|\right)\mathrm{e}^{-\mathrm{j}k|z|} \tag{3-71}$$

式中，C_1 为待定常数。将上式代入式（3-70），得

$$Z^{\mathrm{i}}(z) = \frac{60\psi}{L - |z|} \tag{3-72}$$

此式即为 Wu 和 King 推导的无反射连续电阻加载公式，即著名的 Wu-King 加载理论。式（3-71）中的常数 C_1 由洛伦兹条件确定。假设在天线表面的标量位为 $\varphi(z)$，则

$$\frac{\partial A_z}{\partial z} = -\mathrm{j}\omega\mu_0\varepsilon_0\varphi(z) \tag{3-73}$$

将式（3-64）、式（3-71）代入式（3-73），取 $z = 0^+$，得

$$\varphi(0^+) = \frac{C_1\psi}{4\pi\mathrm{j}\omega\varepsilon_0}(1 + \mathrm{j}kL) \tag{3-74}$$

根据对称性，输入端电压 $V_0^{\mathrm{e}} = \varphi(0^+) - \varphi(0^-) = 2\varphi(0^+)$，因此可以得到 C_1 的表达式为

$$C_1 = \frac{2\pi\mathrm{j}\omega\varepsilon_0 V_0^{\mathrm{e}}}{\psi(1 + \mathrm{j}kL)} \tag{3-75}$$

将式（3-75）代入式（3-71），得到天线的表面行波电流分布：

$$I(z) = \frac{2\pi j \omega \varepsilon_0 V_0^{\mathrm{e}}}{\psi(1+jkL)} \left(L - |z|\right) \mathrm{e}^{-jk|z|} \tag{3-76}$$

对于常数 ψ，可以取 $z = 0$ 时进行计算，即

$$\psi = \frac{1}{I(z)} \int_{-L}^{L} I(z') \frac{\mathrm{e}^{-jkR}}{R} \mathrm{d}z', \quad z = 0 \tag{3-77}$$

上式的结果为

$$\psi = 2\left[\arcsin \frac{L}{a} - C(2ka, 2kL) - jS(2ka, 2kL) \right] + \frac{j}{kL}(1 - \mathrm{e}^{-j2kL}) \tag{3-78}$$

其中，$C(\alpha, x)$ 和 $S(\alpha, x)$ 分别为广义余弦和正弦积分，其定义为

$$\begin{cases} C(\alpha, x) = \int_0^x \dfrac{-\cos \sqrt{u^2 + \alpha^2}}{\sqrt{u^2 + \alpha^2}} \, \mathrm{d}u \\[3mm] S(\alpha, x) = \int_0^x \dfrac{\sin \sqrt{u^2 + \alpha^2}}{\sqrt{u^2 + \alpha^2}} \, \mathrm{d}u \end{cases} \tag{3-79}$$

由于输入阻抗 $Z_{\mathrm{in}} = \dfrac{V_0^{\mathrm{e}}}{I(0)}$，得到行波偶极子天线的输入阻抗为

$$Z_{\mathrm{in}} = \frac{V_0^{\mathrm{e}}}{I(0)} = \frac{\psi(1+jkL)}{2\pi j \omega \varepsilon_0 L} = 60\psi \left(1 - \frac{j}{kL}\right) \tag{3-80}$$

需要指出的是，Wu-King 加载电流分布只是在某种理想条件下满足波动方程的一个行波解，并不一定是天线加载的最优解。其他包括等距离加载、指数加载等加载方式也可以作为改善偶极子天线带宽的加载方式。另外，加载电阻会消耗能量，因此加载后天线的辐射效率将大大降低。

2. 喇叭天线

喇叭天线可以视为张开的波导。其原理是通过逐渐增大波导开口面产生均匀的相位波前，从而获得远高于波导辐射器的定向辐射能力。波导面开口的逐渐扩大也可以改善其与自由空间的匹配，当波导开口面逐渐扩张成喇叭后，波导内的波长变得接近自由空间波长，从而使天线辐射的反射系数变小。

喇叭天线的基本形式是把矩形波导和圆波导的开口面逐渐扩展后形成的。如果矩形波导的壁只在一个平面内扩展，就形成扇形喇叭。根据波导在 E 平面或者 H 平面内扩展，相应地就得到 E 平面扇形喇叭天线或者 H 平面扇形喇叭天线；如果同时在两个平面内扩张，就得到角锥喇叭；将圆波导开口面扩张后得到圆锥喇叭天线。

如果忽略边缘效应，则喇叭天线的辐射波瓣图由口径尺寸和已知的口径场分布确定。对于给定的口径，均匀场分布能使定向性达到最大值，口径场幅度或相位的任何变动都会减小定向性。

另一种喇叭天线称为 TEM 喇叭天线（transverse electromagnetic horn antenna）。TEM 喇叭天线最早由 Wohlers 提出原型，与其他喇叭天线是由波导开口面逐渐扩张得到的有所不同，TEM 喇叭天线可以视为微带传输线开口面的逐渐扩张。其目的同样为通过改变开口面的大小，改善微带传输线与自由空间的阻抗匹配，因此 TEM 喇叭天线也可以看成微带传输线与自由空间之间的阻抗匹配器。通常情况下，TEM 喇叭天线的形状可以是指数渐变、切比雪夫渐变或椭圆渐变等。

图 3-12 为一个同轴传输线馈电的 TEM 喇叭天线，天线主要由两块成一定张角的金属板构成，与传统 TEM 喇叭天线不同的是，该天线采用非统一的指数渐变包络来构建天线开口，以抑制传统 TEM 喇叭天线在高频段的波束分裂。TEM 喇叭天线属于平衡对称结构天线，而对其馈电的同轴线属于非对称结构，因此在天线设计时需要在馈电结构的末端增加巴伦（balun）结构来实现非平衡到平衡的转换。此 TEM 喇叭天线在 1.4～11GHz 的超宽频带范围内有良好的回波损耗及定向性。

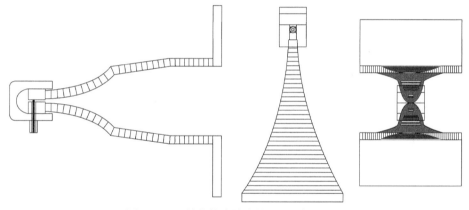

图 3-12   同轴传输线馈电的 TEM 喇叭天线

虽然 TEM 喇叭天线带宽很大，但它同时也具有很强的侧向辐射，因此易受周围环境的影响，尤其是在构成天线阵列时，各阵元间互耦很强，严重影响系统性能。针对这一特点，研究人员提出了加脊喇叭天线。

加脊喇叭天线是在喇叭的波导部分及喇叭的开口部分加入脊型结构，利用脊型结构对电磁波的引导作用，增强天线的定向性并拓展天线带宽。波导由于脊型结构边缘电容效应的作用，其主模 TE_{10} 模的截止频率比矩形波导 TE_{10} 模的截止频率低，而其 TE_{20} 模的截止频率比矩形波导 TE_{20} 模的截止频率高，所以脊波导单模工作带宽很宽，可达数个倍频程。

常见的脊波导结构主要包括单脊波导、双脊波导、圆形脊波导等，如图 3-13 所示。

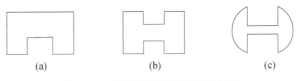

图 3-13 各类脊波导横截面示意图

（a）单脊波导；（b）双脊波导；（c）圆形脊波导

3. Vivaldi 天线

Vivaldi 天线最早由 Gibson 于 1979 年提出，是渐变槽线天线的一种。天线由窄槽线经指数规律渐变至宽槽线，形成大张角的喇叭口向外辐射或向内接收电磁波。其不同部分发射或接收不同频率的电磁波信号，且各个辐射部分对不同频率信号的电长度不变，因此理论上 Vivaldi 天线可以获得很宽的工作频带。此外，Vivaldi 天线还具有很好的时域特性，工作频带内的群延时很小，接收到的电磁信号具有非色散特性。由于 Vivaldi 天线具有宽频带、高增益、线极化以及良好时域性能等特点，其在探地雷达领域有着极为广泛的应用。

Vivaldi 天线目前主要分为三种结构：由 Gibson 提出的传统 Vivaldi 天线[11]；由 Gazit 提出的对踵 Vivaldi 天线[12]；由 Langley 等提出的平衡 Vivaldi 天线[13]。传统 Vivaldi 天线主要采用微带耦合馈电的形式，介质基板的一面为带指数渐变槽线的金属片，另一面为微带线。此外，为了增加天线带宽，微带线的末端一般引入扇形或圆形支节，使得馈电口的阻抗与传输线匹配。在探地雷达、超宽带成像或大功率电磁脉冲辐射等应用中，为了使天线具有更好的时域保真性能，一般不采用微带耦合馈电的方式，而采用同轴线直接馈电。

为了解决传统 Vivaldi 天线由馈电结构导致的反射较大问题，对踵 Vivaldi 天线结构被提出。对踵 Vivaldi 天线为双面结构，天线的辐射片分别在介质基板的两侧并向外延伸，形成以指数规律渐变的槽结构。与传统 Vivaldi 天线相比，对踵 Vivaldi 天线的输入阻抗较低，易与特征阻抗为 50Ω 的馈电匹配。此外，天线的带宽不受槽线最小宽度的限制，具有很宽的工作带宽，甚至可达十几个倍频程[14, 15]。对踵 Vivaldi 天线最大的缺陷在于，其交叉极化高于传统 Vivaldi 天线。这主要是由于，辐射电磁波的电场方向是由介质基板一侧的导体指向另一侧的导体，介质基板存在一定的厚度，所以此电场与天线平面之间存在一个倾斜角。在低频时，电磁波由天线末端辐射，此时基片厚度相对两侧导体间的距离可以忽略不计，因此倾斜角极小，辐射电磁波的电场近似平行于天线平面，天线交叉极化性能尚可。当天线工作频率升高时，天线辐射区向槽线内部移动，两侧导体间距离减小，基片厚度影响不可忽略，此时电场的倾斜也不可忽略，因此天线交叉极化性能随频率升高逐渐恶化[16-19]。工程上，当介质基板的有效厚度 h_{eff} 满足 $0.005\lambda < h_{\text{eff}} < 0.03\lambda$ 时，对踵 Vivaldi 天线的交叉极化性能可以满足正常工作需求。

针对传统 Vivaldi 天线及对踵 Vivaldi 天线所存在的种种缺陷，Langley 于 1993

年提出了平衡 Vivaldi 天线结构。平衡 Vivaldi 天线在对踵 Vivaldi 天线基础上，在介质基片中心加入一片与两侧金属覆层对踵的薄金属片，以此来平衡天线内部的电场方向。与对踵 Vivaldi 天线相比，介质基片两侧的金属覆层接地，电磁波由基片中心的薄金属片馈入，辐射电磁波的电场由中心指向两侧接地板。两侧接地板相对于中心金属薄片为对称结构，因此指向两侧接地板的电场的垂直分量相互抵消，总电场方向始终平行于天线平面。平衡 Vivaldi 天线有效克服了对踵 Vivaldi 天线交叉极化性能差的缺陷，但其三层的天线结构也加大了实际加工的难度和成本。

图 3-14 为对踵 Vivaldi 天线的设计实例。天线基板采用 Rogers 4350 作为基板材料，厚度为 1.5mm，相对介电常量为 3.48。基板两侧覆盖从中心向外延伸的金属天线片，构成指数渐变槽线。指数渐变槽线形状决定于

$$x_1 = w_0 - 0.5 \times w_0 \times \exp(a_1 \times y_1) \tag{3-81}$$

其中，$a_1 = 0.0087$；w_0 为馈电线宽度。

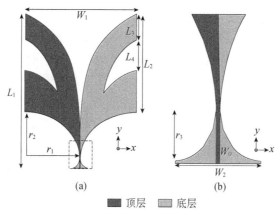

图 3-14　对踵 Vivaldi 天线

（a）正面视图；（b）背面视图

根据 Vivaldi 天线理论，对踵 Vivaldi 天线的最低工作频率与其槽线开口距离成正比，即 $\lambda_{\text{low}} \propto 2W_1$。为了拓展天线低频带宽，在天线外边缘增加三角形的凹槽，使得天线整体电长度得以增加。同时，天线在馈电端口采用巴伦结构来降低回波损耗，使得天线与馈线更加匹配。具体天线参数如表 3-2 所示。

表 3-2　天线设计尺寸

参数	w_0	W_1	W_2	r_1	r_2	r_3	L_1	L_2	L_3	L_4
值/mm	3.3	450	66	219.7	175.8	38	600	384	100	120

从图 3-15 可知，天线在 270MHz～2GHz 范围内有小于-10dB 的回波损耗，且有大于 4dBi 的增益。同时，三角形凹槽的加入可以使最低工作频率从 350MHz 降至 270MHz，效果十分明显。

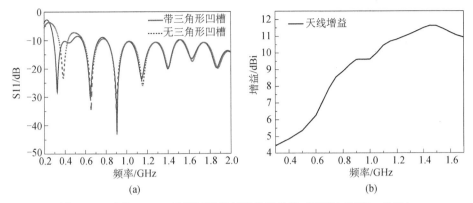

图 3-15　对踵 Vivaldi 天线回波损耗及增益曲线（彩图扫封底二维码）

（a）回波损耗曲线；（b）增益曲线

3.3　典型井中雷达天线

天线系统是井中雷达最重要的部件之一。由于复杂的探测区域以及特殊的探地方式，与常规地面探地雷达相比，井中雷达天线系统的设计要求更为苛刻。主要体现在以下几个方面。

（1）时域特性。

目前大部分的井中雷达系统采用无载波的高斯脉冲作为探测信号，因此井中雷达天线系统需要有良好的时域特性。具体体现在要求天线具有极宽的工作带宽，天线最高工作频率与最低工作频率之比一般在 3 以上。此外，天线收发信号有较高的保真性，信号的拖尾幅度应远小于辐射主脉冲信号幅度且拖尾信号持续时间尽可能短。

（2）阻抗匹配。

井中雷达天线阻抗匹配主要解决两个方面的问题：第一，天线自身的阻抗随频率变化小，特征阻抗沿天线结构连续变化，在天线末端电流被消耗完全，没有电流反射回馈电端，天线具有良好的行波特性；第二，在频带范围内，天线馈电端的输入阻抗与脉冲信号源的输出端达到阻抗匹配。

（3）功率容量。

井中雷达天线系统辐射或接收的是脉宽极窄的瞬态脉冲，瞬间功率很大，因此要求所设计的天线具有大的功率容量。

（4）高温高压及井中和井周的复杂介质环境。

井中雷达一般工作在数千米深度的地下，在如此深的地下，周围环境温度高于100℃且压力极大，因此井中雷达天线必须能够适应高温高压以及与自由空间完全不同的复杂介质的工作环境。

（5）尺寸特性。

井中雷达天线频率一般选取在 10～1000MHz，而天线尺寸主要根据钻孔大小来设计。根据文献报道，国际上目前小井眼有 2.25in、2.375in、2.5in、2.625in、2.875in（英寸制式，1in=2.54cm），即井眼直径在 57~73mm；大井眼有 12in、12.375in，即井眼直径为 305mm 和 314.3mm。国内油、气、水井常见井眼直径规格有 5.5in、5in、4.5in、4in、3.5in，即 139.7mm、127mm、114.3mm、101.6mm 以及 89mm。在天线设计过程中，天线尺寸必须限制在井眼直径范围内，这给低频天线的设计带来了极大的挑战，需要采用有效的天线小型化手段，尤其是井下定向天线的设计。

3.3.1 典型全向发射井中雷达天线

1. 全向发射偶极子天线

全向发射偶极子天线主要作为井中雷达系统的发射天线，在跨孔测量时也经常作为接收天线。图 3-16 为典型的跨孔测量（cross-hole）实验原理图，测量时将收发天线分别放置在两个钻孔中，发射天线发射的电磁波经过两个钻孔中间介质层被接收机所接收，通过分别改变收发天线的下放深度，测量多组数据，再由反演法或者层析成像等数据处理方法，可以获得所探测介质的相关信息[20, 21]。跨孔测量的优势在于，用直达波进行探测，受钻孔周围环境影响较小，可以较为准确地获得目标介质的相关信息；不足之处是，要用两个钻孔同时测量，相较于单孔测试成本较高，且受地面环境条件限制较大[22]。

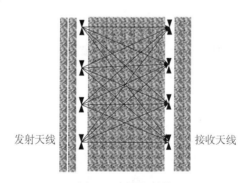

发射天线   接收天线

图 3-16　跨孔测量

图 3-17 为用于跨孔测量的全向发射偶极子天线的设计图及实物图。与常见的细长偶极子天线不同，该天线的天线臂更加短粗，并且在馈电端引入了圆锥半角为 θ 的锥形结构作为过渡，使得偶极子天线拥有更宽的工作频带。整个天线可以看成传统半波长偶极子天线与双锥天线的结合。天线由特征阻抗为 50Ω 的同轴传输线为其馈电，馈电点位于天线中心。由于偶极子天线属于对称结构天线，其两天线臂上馈入的电流需要相等，但同轴传输线作为非对称结构馈电线无法提供相等的馈入电流。为了解决这个问题，在天线馈电端引入一个巴伦结构将电流信号从不平衡的同轴传输线过渡到平衡的天线两臂。

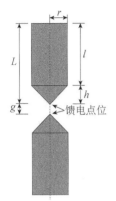
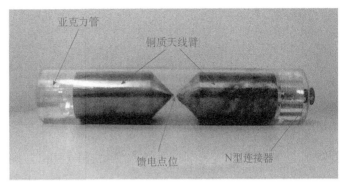

图 3-17　全向发射偶极子天线的设计图及实物图（彩图扫封底二维码）

　　在天线加工过程中，为了减小天线质量，对铜质天线臂采取了掏空处理，同轴传输线从天线臂中间穿过并与天线馈电处的巴伦连接。天线外侧则是用亚克力管保护和固定天线结构。天线外壳的长度为 280mm，直径为 58mm。图 3-18 为全向发射偶极子天线的测试结果图。图 3-18（a）为天线回波损耗随频率变化的情况，图 3-18（b）为天线电压驻波比（VWSR）随频率变化的情况，从图 3-18（a）中可以得知，天线在 0.5～1.5GHz 频带范围内有小于−10dB 的良好回波损耗。图 3-18（c）为天线相位响应随频率变化的情况，在 0.5～1.5GHz 范围内，天线相位响应是频率的线性函数，结合 3.2.1 节中推导出的波形不畸变条件，天线在 0.5～1.5GHz 工作频带范围内有良好的时域特性。

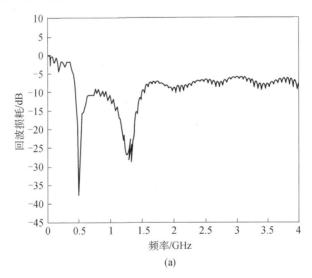

(a)

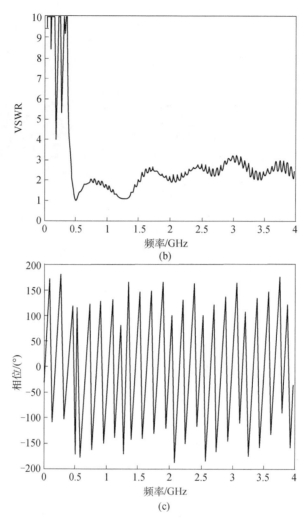

图 3-18　全向发射偶极子天线的测试结果

（a）回波损耗；（b）VWSR；（c）相位

2. 电阻加载全向发射偶极子天线

另一种常见的井中雷达全向发射天线为电阻加载的偶极子天线。3.1 节中我们提到，传统偶极子天线由于电流在天线两端存在反射，并不适合收发时域信号。但如果通过加载的方法使偶极子天线在很宽频带内获得近似行波的电流特性，以此消除端点反射，则加载后的偶极子天线能够用于时域井中雷达系统。典型偶极子天线加载方法有均匀加载、线性加载、Wu-King 加载、正切加载以及指数加载等。

图 3-19 为电阻加载偶极子天线的设计原理图。天线采用电阻指数增大的等间距加载方式，电阻值增大按照式（3-82）有

$$R_i = R_0 \cdot \exp \frac{k(z_i - z_0)}{l} \tag{3-82}$$

其中, R_0、z_0 分别为最靠近馈电点的加载电阻值及加载位置; R_i、z_i 分别为每个天线臂上第 i 个加载电阻的电阻值及加载位置; l 为天线单边臂长; k 为指数系数。

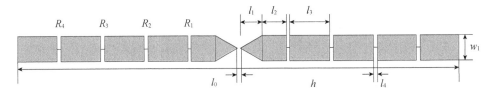

图 3-19 电阻加载偶极子天线的设计原理图

天线总长 $h = 2l$, 偶极子两极的间距为 l_0, 锥形馈电段的长度为 l_1, 紧邻锥形馈电点的金属圆柱长度为 l_2, 其余部分每段长度为 l_3, 每段金属圆柱之间由加载电阻相连, 加载电阻的空隙长度为 l_4, 天线的直径为 w_1。

在设计加载偶极子天线的过程中, 可以遵循以下步骤:

（1）根据设计要求及井眼标准选择适宜的天线直径;

（2）根据系统所采用的时域信号频谱选择适当的天线工作频带 f, 并根据所选择的频带初步设定天线长度;

（3）选择一种加载方式, 并计算出相应的加载位置及加载值;

（4）利用计算机仿真辅助软件建立天线仿真模型, 并对其中重要的结构参数进行优化, 一般的优化先后顺序为天线金属臂长度、初始加载值、初始加载位置、天线直径等;

（5）将优化后的天线结构进行加工, 对比实物与仿真模型的性能差异, 验证设计的正确性。

在实际的设计中, 为了使天线更好地与岩石介质匹配, 天线外一般会包裹玻璃钢等介质材料, 如图 3-20 所示。

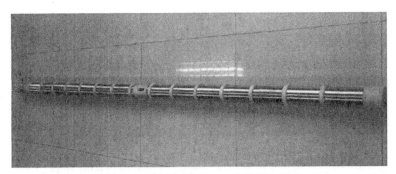

图 3-20 电阻加载全向发射偶极子天线

3.3.2 井中雷达定向接收天线

跨孔测量可以获得地下环境的方位信息, 但其缺点是需要打 2 口及以上的钻井,测量成本高。单孔测量成本低，但如果采用全向发射天线则无法获得地下方位信息。为了弥补单孔测量中的方位模糊性，在单孔测量时可以采用全向发射-定向接收的天线系统（图 3-21（a）），即发射天线设计为全向发射，接收天线为一组定向接收天线。当收发天线系统在钻井中旋转时，连斜系统记录收发天线旋转的角度，并记录各定向接收天线单元收到目标信号时的方位，以此获得地下目标的方位信息。

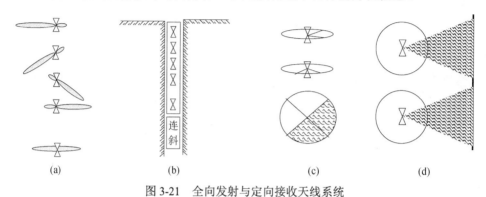

图 3-21　全向发射与定向接收天线系统

（a）全向发射、定向接收；（b）系统定向性原理；（c）φ 向 H 面波束；（d）θ 向 E 面波束

定向天线与全向天线最大的不同在于，其波瓣图不再是辐射平面内均匀分布的圆形，而是在某个方向有明显的主波束。表征井中雷达定向天线定向性的参数包括波束前后比（主波束与副瓣波束的功率比）、天线时域波束分布、天线时域波束内的波形保真系数等。通过比较不同位置的接收天线接收到目标信号的幅度差，可以确定目标信号的方位，因此，定向天线前后比越大，目标方位确定就越准确。

实际设计中，一般设置通过 n 个定向接收天线来确定目标物方位（图 3-21（b））。各接收天线主波束间的 φ 向夹角为 $2\pi/n$，因此，定向天线 φ 向时域波瓣图应控制在 $2\pi/n$ 范围内，且在该方向时域波瓣图有"陡峭"的上升、下降沿。类似地，发射、接收天线 θ 向时域波瓣图决定收发天线间以及接收天线间的空间距离。雷达系统在钻孔井中升降时，天线系统处于旋转状态，因此同一目标物的反射信号会在不同时刻被不同接收天线接收，目标物位置的最终确定需要综合 n 个定向接收天线所接收的信息。因此，为了获得足够精确的目标物方位信息，一方面要优化系统成像及反演算法，另一方面则应该尽可能保证每个定向天线在有效时域波瓣图中的波形保真系数以及各接收天线之间的一致性。

1. 铁氧体定向天线

铁氧体定向天线通过在全向天线某一方向加载金属背腔并在背腔内加载铁磁性材料来实现天线的定向性。铁氧体材料电阻率高，故电损耗很小，是良好的绝缘体，并且其相对介电常量较大，一般为 10～20，作为天线加载介质时可以使得天线的电尺寸减小，实现系统紧凑。另一方面，铁氧体属于磁损耗型吸波材料，由于铁磁共振吸收作用，对一定频率范围内的电磁波具有衰减作用。

铁氧体材料对电磁波的衰减作用可以表达为

$$\tan \delta = \tan \delta_\mathrm{E} + \tan \delta_\mathrm{M} = \frac{\varepsilon''}{\varepsilon'} + \frac{\mu''}{\mu'} \qquad (3\text{-}83)$$

其中，$\varepsilon' - i\varepsilon''$ 和 $\mu' - i\mu''$ 分别表示复介电常量和复磁导率。

一般情况下，铁氧体材料的介电损耗远小于磁损耗，图 3-22 为 RH2100 型铁氧体材料的复磁导率和反射系数随频率变化的曲线，由曲线可以看出，当频率为 200MHz 时，此铁氧体材料对电磁波的吸收作用最为明显。

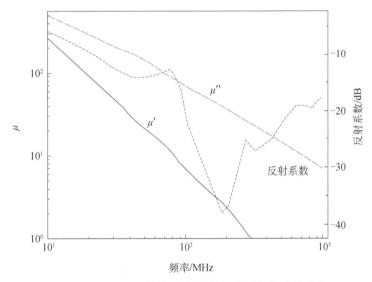

图 3-22　RH2100 型铁氧体材料的复磁导率和反射系数
随频率变化曲线（彩图扫封底二维码）

铁氧体天线的设计图如图 3-23 所示。天线一般为全向发射天线，此处为电阻加载的偶极子全向天线，采用 Wu-King 分布式电阻加载方式，沿天线纵向的锥形截面电阻（tapered profile resistive-loaded）逐次增加，以此来衰减向天线末端传输的电流，减小天线末端反射，达到频带拓展和减小波形失真的目的。天线外为金属背腔，金属背腔内为铁氧体材料。铁氧体天线的尺寸主要由馈电脉冲的中心频率、加载介质的介电常量以及磁导率决定，在设计时还要考虑钻孔直径的制约。

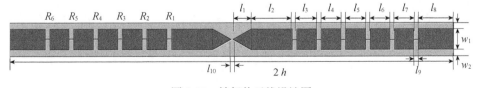

图 3-23　铁氧体天线设计图

根据 3.2.5 节 1.的推导，沿天线纵向加载的电阻值为

$$R_i(z) = \frac{R_0}{1 - z_i / h} \tag{3-84}$$

式中，$R_i(z)$ 和 z_i 分别代表第 i 个加载电阻的电阻值及加载位置；h 为天线单臂的长度；R_0 可由下式计算：

$$R_0 = \frac{\eta_0}{\pi h}\left[\ln\left(\frac{2h}{r}\right) - 1\right] \tag{3-85}$$

式中，$\eta_0 = 377\Omega$，为自由空间波阻抗；r 为偶极子天线的半径。按照上述加载公式对天线进行加载，对各电阻值进行优化，综合带宽与拖尾信号的时间以及幅度，获得最佳的阻值。

图 3-24 为铁氧体天线在频率分别为 70MHz、120MHz、150MHz 以及 200MHz 时的频域波瓣图。频域波瓣图虽然不能准确地反映时域天线的定向性能，但可以反映天线在单一频点的定向情况。从图中可以得知，随着频率的增加，天线的定向性得到提升，天线在 70MHz 时，仅有 3dB 的前后比，在 200MHz 频点有 10dB 的前后比，这与铁氧体吸收电磁波能力曲线的变化规律一致。需要指出的是，铁氧体对电磁波吸收的频带较窄，因此铁氧体天线的定向频带也较窄。

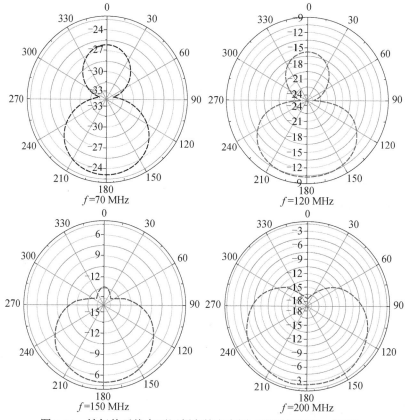

图 3-24　铁氧体天线在不同频率的方向图（彩图扫封底二维码）

图 3-25 为铁氧体天线的机械结构图，为了减轻天线的质量，偶极子天线采用中间掏空的方式，并用聚氯乙烯（PVC）套管作为支撑。加工参数的取值如表 3-3 所示。

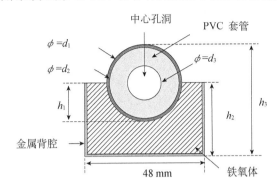

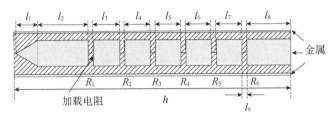

图 3-25　铁氧体天线的机械结构图

表 3-3　铁氧体定向天线加工参数

参数	l_1	l_2	l_3	l_4	l_5	l_6	l_7	l_8
值/mm	19	33.5	11.8	9.7	18.1	9.7	9.7	63.5
参数	l_9	h	h_1	h_2	h_3	d_1	d_2	d_3
值/mm	5	220	9	41	54	22	18	10
参数	R_1	R_2	R_3	R_4	R_5	R_6		
值/Ω	2.1	2.3	2.8	3.8	4.7	5.7		

天线的实物测试结果如图 3-26 所示，图 3-26（a）为天线回波损耗曲线，从测试结果看，天线有着较宽的工作带宽，回波损耗低于−4dB 的带宽为 70～300MHz。图 3-26（b）为天线在空气中的接收波形曲线，测试时使用两个定向天线相向放置，天线间距离 2m，距离地面 3m。实测波形与仿真波形类似，但其主信号后有拖尾震荡，这主要来自于地面的多径反射。

2. 椭圆单极子定向天线

椭圆单极子天线由单极子宽带天线演变而来，为了最大化利用钻井尺寸，采用了圆柱形的介质外壳，实现与整个雷达系统的共形。椭圆单极子天线主要由扇形辐射极

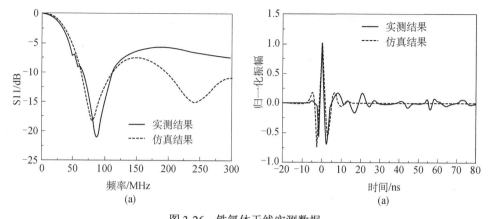

图 3-26　铁氧体天线实测数据

（a）回波损耗实测数据；（b）时域接收波形实测数据

子、圆弧形反射板、圆形底板以及加载介质四部分组成。如图 3-27 所示，扇形的半径为 r_0，张角为 θ_0，为了减小末端反射，将扇形边缘倒角为 r_1，底板直径为 d，50Ω 的 SMA（SubMiniature version A）接头与地板相接，用来连接同轴馈线。整个天线采用玻璃钢（fiber-reinforced plastic，FRP）材料填充，一方面可以使整个天线系统结构坚固，以适应数千米地下的高温高压工作环境；另一方面，由于玻璃钢材料相对较高的介电常量，可以有效缩小天线的尺寸；玻璃钢介质加载的同时还可以改善天线系统与钻孔周围高介电常量岩石的阻抗匹配，减少由阻抗不匹配引起的反射对整体雷达系统的干扰。同时，为了拓展天线带宽、减小拖尾信号、改善天线阻抗匹配，在天线片顶端采用加入电容 C 和电阻 R 串联的加载方式。

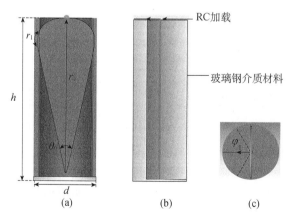

图 3-27　椭圆单极子定向天线仿真模型（彩图扫封底二维码）

（a）正视图；（b）有 RC 加载及玻璃钢侧面视图；（c）顶视图

图 3-28 为椭圆单极子定向天线加工实物图，天线的扇形辐射极子和后面的圆柱形反射板材料为铜，底板材料为钢，填充介质为相对介电常量为 4 的玻璃钢材料。图

3-28（a）为组装完成的外观图，可以看出，天线整体结构坚固，外形与石油钻孔共形，可以最大限度地利用钻孔的空间。图 3-28（b）为天线局部细节图，将填充介质拆分开，可以看到，辐射极子嵌入介质中，天线内部无空隙结构，可以增加天线抗压抗高温的能力，以适应深井环境。

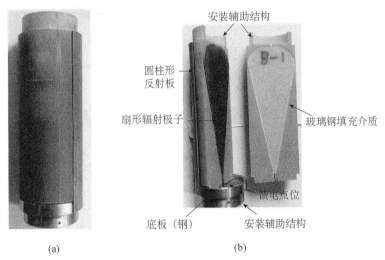

（a）　　　　　　　　　　（b）

图 3-28　椭圆单极子定向天线加工实物图（彩图扫封底二维码）

（a）天线组装完成图；（b）天线局部细节图

加工参数的取值如表 3-4 所示。

表 3-4　单极子定向天线加工参数

参数	h	r_0	r_1	d	θ_0	φ_1	R	C
值	185mm	180mm	27mm	68mm	23°	120°	100Ω	25pF

图 3-29（a）和 3-29（b）分别为天线回波损耗和端口阻抗的测试结果，从图中可以看出，回波损耗小于 −6dB 的频带范围为 100～220MHz，天线仿真数据与实测数据吻合良好。在工作频带内，天线阻抗在 30～50Ω 范围内变化，与 50Ω 的同轴线匹配良好。图 3-29（c）为天线在空气中测试的归一化时域波瓣图，天线在空中大约有 2.5∶1 的前后比。将各个方向的接收波形幅度归一化后分别与馈电脉冲的一阶微分做互相关计算，即可求得时域波形的保真系数。图 3-29（d）给出了椭圆单极子定向天线 H 面和 E 面的波形保真系数，由图可知，时域波形在 H 面 ±90° 的范围内，保真系数都在 0.6 以上，时域波形在 E 面 ±90° 的范围内，保真系数都在 0.7 以上，说明椭圆单极子定向天线在 ±90° 的范围内，波形色散较小，应用在雷达系统中，可以较为准确地接收探测方位内的回波信号。

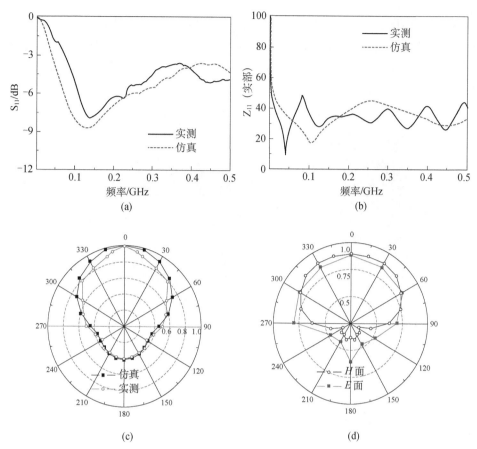

图 3-29　椭圆单极子定向天线实测结果（彩图扫封底二维码）

（a）天线回波损耗；（b）天线阻抗实部；（c）时域波瓣图；（d）波形保真系数

3.4　井中雷达定向阵列天线

　　井中雷达定向天线阵列的定向方式主要分为两种：①竖直阵列排布，将一组定向接收天线竖直地排布于全向发射天线上方；②水平阵列排布，将一组定向（或非定向）接收天线水平地排布于全向发射天线上方。当井中雷达在钻井中移动时，井周围异常目标体的回波信号将会被阵列中不同的接收天线所接收，通过对阵列中所有天线接收到的回波信号进行综合处理，最终确定井周围目标体的方位信息。

　　典型的竖直阵列排布如图 3-30 所示，1、2、3、4 号定向天线的最大辐射方向分别对应 0°、90°、180° 和 270°，通过接收各个方向上目标体的回波信号，从而实现对井周围目标体的全覆盖。

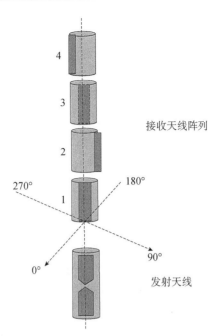

图 3-30　竖直阵列排布的天线配置模式

典型的水平阵列排布如图 3-31 所示，在阵列的中心放置圆柱导体，圆柱的四周环形排布偶极子天线阵元，通过处理阵元天线，接收来波信号的时间差与相位差，以此确定目标体的方位信息。假设钻井直径为 $2a_1$，绝缘体介质的相对介电常量为 ε_r，则阵元接收的最大时间差可以简单地通过下式计算：

$$t_{\max} = 2a_1 \sqrt{\varepsilon_r} / c \tag{3-86}$$

其中，$c = 3 \times 10^8\,\mathrm{m/s}$，为真空中的光速。

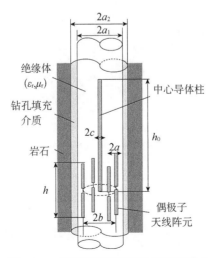

图 3-31　水平阵列排布的天线配置模式

此种阵列方式可以获得较高的方位分辨率，但不足在于，由于钻井空间狭小，天线阵元间距离有限，各阵元间耦合及散射严重，对定位及成像算法提出了很高的要求。

对水平阵列排布的井中天线而言，如何在有限的空间中尽可能地减小天线单元间的互耦，是一个非常棘手的问题。一种可行的处理方式是，在天线单元周围填充高介电常量或高磁导率的介质，再将天线单元用金属反射板隔开，如图 3-32 所示。相较于图 3-31，此种天线阵列的天线单元间隔离度更高，对接收机系统以及成像算法的要求则相对减低。

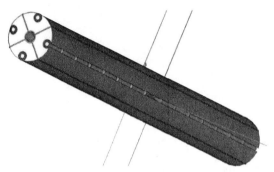

图 3-32　采用介质填充技术的水平排布天线阵列模型

图 3-33 是去掉加载介质后的天线阵仿真模型。天线单元采用 3.3.1 节 2.中的电阻加载偶极子天线。从馈电点到天线末端的加载电阻值分别为 1Ω、4Ω、12Ω、36Ω、100Ω 以及 800Ω。整个天线阵列的外直径为 66mm，封装后直径为 86mm，可以工作在 3.5in 的钻孔中。

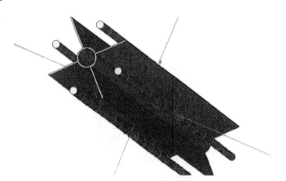

图 3-33　去掉加载介质后的水平排布天线阵列模型

习　　题

3.1 某天线的场波瓣图为 $E_n = \dfrac{\sin\theta}{\theta}\dfrac{\sin\phi}{\phi}$，其中 θ 为天顶角，ϕ 为方位角。（a）画出在 ϕ 一定下，天线随 θ 变化的归一化功率波瓣图；（b）求该天线的半功率波束宽度。

3.2 某天线具有场波瓣图 $E(\theta) = \cos^2\theta$ ，$0° \leqslant \theta \leqslant 90°$。（a）求半功率波束宽度；（b）求波束范围。

3.3 已知某天线的归一化波瓣图 $E_n(\theta, \phi) = \sin\theta\sin\phi$ （$0 \leqslant \theta \leqslant \pi$, $0 \leqslant \phi \leqslant \pi$），$E_n(\theta, \phi)$ 在其余方向皆为零。求天线的定向性。

3.4 某工作频率为 1～4GHz 的微波天线，其定向性为 10，求其最大有效口径。

3.5 设穿出纸面（指向读者）的行波有两项线极化分量：

$$E_x = 2\cos\omega t$$

$$E_y = 3\cos\left(\omega t + \frac{\pi}{2}\right)$$

（a）求该合成波的轴比；（b）求该电磁波的极化类型。

3.6 设穿出纸面（指向读者）的行波是两个椭圆极化波的合成，这两个极化波的电场分别为

$$E'_y = 2\cos\omega t$$

$$E'_x = 6\cos\left(\omega t + \frac{\pi}{2}\right)$$

$$E''_y = \cos\omega t$$

$$E''_x = 3\cos\left(\omega t - \frac{\pi}{2}\right)$$

（a）求该合成波的轴比。（b）求该电磁波的极化类型。

参 考 文 献

[1] Kraus J D，Marhefka R J. 天线[M]. 章文勋，译. 北京：电子工业出版社，2011.

[2] 聂在平. 天线工程手册[M]. 成都：电子科技大学出版社，2014.

[3] Constantine A. Balanis. Antenna Theory：Analysis and Design. Third Edition[M]. New York：John Wiley & Sons，2005.

[4] Fruehauf F，Heilig A，Schneebeli M，et al. Experiments and algorithms to detect snow avalanche victims using airborne ground-penetrating radar[J]. IEEE Trans. on Geosci. and Remote Sens.，2009，47（7）：2240-2251.

[5] Crocco L，Ferrara V. A review on ground penetrating radar technology for the detection of buried or trapped victims[C]. Proc. 2014 Int. Conf. on Collaboration Tech. and Systems，2014，535-540.

[6] Cameron R M，Stryker T，Mitchel D L，et al. Development and application of airborne gound penetrating radar for environmental disciplines[J]. Underground and Obscured Object Imaging and Detection，1993，1942（1）：21-33.

[7] Krellmann Y，Lentz H，Triltzsch G. Stepped-frequency radar system in gating mode：an experiment as a new helicopter-borne GPR system for geological applications[J]. IEEE Geosci. Remote Sens. Symp.，2008，1：153-156.

[8] Gundelach V，Blindow N，Buschmann U，et al. Exploration of geological structures with GPR from helicopter and on the ground in the Letzlinger Heide（Germany）[C]. Proc. 12th Int. Conf. Ground Penetrating Radar（GPR），2010：1-6.

[9] Blindow N，Salat C，Gundelach V，et al. Performance and calibration of the helicopter GPR system BGR-P30[C]. Proc. 6th int. Workshop Adv. Ground Penetrating Radar（IWAGPR），2011：1-5.

[10] Fu L，Liu S，Liu L，et al. Development of an airborne ground penetrating radar system：antenna design，laboratory experiment，and numerical simulation [J]. IEEE Journal of Selected Topics in Applied Earth Observations and Remote Sens.，2014，7（3）：761-766.

[11] Gibson P. The Vivaldi aerial[C]. Proc. 9th European Microw. Conf.，1979：101-105.

[12] Gazit E. Improved design of the Vivaldi antenna[J]. Proc. Inst. Elect. Eng.-Microw. Antennas Prop.，1988，135（2）：89-92.

[13] Langley J D S，Hall P S，Newham P. Novel ultrawide-bandwidth Vivaldi antenna with low crosspolarisation[J]. Electronics Lett.，1993，29（23）：2004-2005.

[14] Bai J，Shi S，Prather D W. Modified compact antipodal Vivaldi antenna for 4-50 GHz UWB application[J]. IEEE Trans. on Microw. Theory and Tech.，2011，59（4）：1051-1057.

[15] Natarajan R，George J V，Kanagasabai M，et al. A compact antipodal Vivaldi antenna for UWB applications[J]. IEEE Antenna and Wireless Prop. Lett.，2015，14：1557-1560.

[16] Lei J，Fu G，Yang L，et al. A modified balanced antipodal Vivaldi antenna with improved radation characteristics[J]. Microw. and Optical Tech. Lett.，2013，55（6）：1321-1325.

[17] Fei P，Jiao Y，Hu W，et al. A miniaturized antipodal Vivaldi antenna with improved radiation characteristics[J]. IEEE Antenna and Wireless Prop. Lett.，2011，10：127-130.

[18] Sonkki M，Escuderos D S，Hovinen V.，et al. Wideband dual-polarized cross-shaped Vivaldi antenna[J]. IEEE Trans. on Antennas and Prop.，2015，63（6）：2813-2819.

[19] Wang Z，Yin Y，Wu J，et al. A miniaturized CPW-Fed antipodal Vivaldi antenna with enhanced radiation performance for wideband applications[J]. IEEE Antenna and Wireless Prop. Lett.，2016，15：16-19.

[20] 梁洪艳. 石油钻孔收发天线设计及其电磁波传输特性研究[D]. 成都：电子科技大学，2013.

[21] 唐剑明. 关于钻孔雷达天线的研究[D]. 成都：电子科技大学，2012.

[22] 曾昭发，刘四新，冯恒. 探地雷达原理与应用[M]. 北京：电子工业出版社，2010.

第 4 章　井中雷达的瞬态脉冲源

　　超宽带（UWB）信号因其具有超宽频带的特点，有着非常广泛的应用，根据应用领域的不同有着多种表达方式：冲击脉冲、无载波脉冲、基带脉冲、时域脉冲以及较大相对带宽无线电与雷达信号等[1]。20 世纪 60 年代后期，国外研究人员解决了超宽带射频信号的产生问题，被认为是超宽带领域的开创性成果。美、俄（包括苏联）等国家非常重视超宽带技术，对超宽带电磁辐射的研究投入了大量的人力和资金支持，并以两国的研究水平最高。美国注重应用研究，俄罗斯侧重机制探索。俄罗斯主要研究 Tesla 变压器技术和火花隙开关，美国则注重火花隙开关与光导开关阵列的研究工作。美国空军研究实验室（AFRL）对超宽带电磁脉冲开展了一系列的研究工作，主要涉及气体开关超宽带脉冲源、光导开关超宽带脉冲源和冲击脉冲辐射天线，对它们进行理论模拟和实验研究。俄罗斯圣彼得堡的 Ioffe 物理技术研究所在半导体断路开关（SOS）和雪崩脉冲形成电路（SAS）的研发方面一直处于领先地位。

　　随着研究的不断深入，以及高速各种开关器件工艺的发展，超宽带技术逐渐在空间无线通信、雷达、成像等领域发挥其独特的优势，并且在跟踪、定位等方面具有广阔的应用前景。具有代表性的几个发展成果有：1974 年，莫雷设计了能穿透地面的雷达系统，地球测量系统公司（GSSI）将这个系统实现了商业化；随后，其他专用于探测地下物体的超宽带雷达相继出现；1977 年，van Etten 进行的超宽带雷达系统概念实验促进了系统设计和天线概念的进一步发展。

　　在中小功率器件的研究方面，1979 年由苏联科学家 Grekhov 和他的同事在试验中发现了某些硅二极管的高速开关特性，通过对硅二极管外加高压脉冲可输出高压皮秒信号，与之前的脉冲源相比，极大地缩短了脉冲宽度，且脉冲重复频率高，系统体积非常小。此后一些中小功率的半导体元器件相继出现，如雪崩晶体管开关、隧道二极管、阶跃恢复二极管等，这些器件构成的脉冲源电路结构简单，调试方便，带动了超宽带脉冲技术在民用范围的迅速发展。1994 年，McEwan 发明微功率冲击脉冲雷达（MIR），这种雷达首次以超低功率超宽带运行，并且体积非常小，造价低廉。这是第一个以蓄电池微瓦功率运行的超宽带雷达，其接收系统的创新设计将信号检测的灵敏度提高了一大步。与国外先进的超宽带脉冲发生技术相比，我国在此方面起步较晚，但是从发展初始便受到国家的关注与大力支持，在国家高技术研究发展计划"863 计划"的资助下，国内众多研究机构与高校进行了很多富有特色的研究与实现，依靠自主研发和与国外相关单位的合作，取得了一系列成果。总结起来，主要在两方面进行研究。一是在电真空器件方面，如放电间隙开关、晶闸管以及二次电子发射管等，研究提高此类器件的开关速度，提高脉冲重复率和输出功率，较小触发晃动。"十五"期间，西北核技术研究所利用火花隙开关放电的办法制作了双极性脉冲源，输出脉冲幅度达到千伏以上，具有亚纳秒级的上升时间，缺点是火花隙开关放电本身触发晃动大，脉冲重复率并不高。此外，西安交通大学、绵阳的九院（中国工程物理研究院）等在高功率的脉冲研制领域都取得了瞩目成果。二是固体半导体开关器件方面，如常用的雪崩晶体三极管以及高压场效应管，研究利用固体半导体器件组成串并联电路，输出高速高压超宽带脉冲信号。中国科学院西安光学精密机械研究所[2]、中国原子能科学研究院、东南大学、国防科技大学、电子科技大学等多家单位，利用雪崩晶体管的串并联组合输出了大幅度纳秒脉冲信号，在 GPR 中已经得到成功应用。

总体而言，目前国内研究大多集中在单极性脉冲源，其频谱中具有相当比例的低频分量，不利于天线辐射。在 GPR 的应用中，考虑到发射天线属于平衡类的对称天线，双极性脉冲更适用于天线辐射，且其低频分量比单极性脉冲少，有利于提高辐射效率[3]。

瞬态脉冲源作为井中雷达的一个关键组件，其性能指标对整个雷达系统有着重要的影响。如何设计高幅度、低抖动、拖尾小的纳秒级瞬态脉冲源，是井中雷达系统中的一个关键问题。在现在的井中雷达测井领域主要使用以雪崩管为储能开关而产生的瞬态脉冲源。

4.1 瞬态脉冲信号的基本特性

井中雷达常工作于石油煤矿井、冰山冰川、石岩洞穴等多种特殊环境中，探测目标复杂多样，因此在考虑井中雷达的发射信号时，应考虑尽可能多地获取探测目标的波形信息[4]。

4.1.1 瞬态脉冲信号分析

冲击脉冲信号又称为无载波脉冲信号，脉冲宽度仅为纳秒、亚纳秒量级，具有极宽的频带，可有效提高目标的分辨能力。冲击脉冲信号常为钟形，与高斯函数近似，因此理论上可以理解为高斯脉冲波形。

1. 高斯脉冲时域分析

在实际电路中，高斯脉冲函数比较容易实现，所以高斯脉冲函数及其各阶导数函数脉冲最早被提出并应用于超宽带系统中。在探地雷达对目标的实际探测过程中，常根据探测目标的构造、材料等特征，通过发射天线发射不同的信号波形，以获得不同特征的目标冲击响应回波信号，进而获取目标的各种信息。

由数学分析可知，高斯脉冲信号的功率谱密度受高斯函数导数的阶数以及脉冲成形因子 α 的共同影响，同时，脉冲信号频谱中的直流分量所占比例，也会影响脉冲能量的辐射效率。

高斯脉冲的时域表达式为

$$f(t) = \frac{1}{\sqrt{2\pi\sigma^2}} \exp\left(-\frac{t^2}{2\sigma^2}\right) \tag{4-1}$$

令 $\sigma^2 = \alpha^2 / 4\pi$ 可得

$$f(t) = \pm\frac{\sqrt{2}}{\alpha} \exp\left(-\frac{2\pi t^2}{\alpha^2}\right) = \pm A_P \exp\left(-\frac{2\pi t^2}{\alpha^2}\right) \tag{4-2}$$

式中，α 增大时，脉冲幅度减小，宽度增加，同时对脉冲幅度与宽度产生影响，所以 α 称为高斯脉冲的成形因子；A_P 影响脉冲的幅度，直接反映每个脉冲携带的能量。

图 4-1 为成形因子 α 分别为 0.3ns、0.5ns、0.7ns、0.9ns、1.1ns 时，高斯脉冲的时域波形，其中脉冲幅度已经归一化。

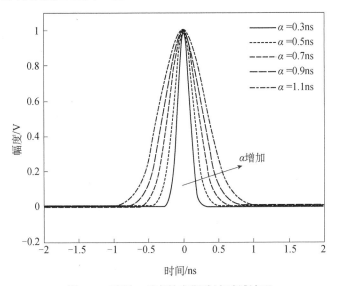

图 4-1　不同 α 对应的高斯脉冲时域波形

下面对 $f(t)$ 求一阶至三阶微分，讨论其微分特性。

一阶导数：

$$f'(t) = A_P\left(-\frac{4\pi}{\alpha^2}\right)e^{-\frac{2\pi t^2}{\alpha^2}} \tag{4-3}$$

二阶导数：

$$f''(t) = A_P\frac{4\pi}{\alpha^4}e^{-\frac{2\pi t^2}{\alpha^2}}(-\alpha^2 + 4\pi t^2) \tag{4-4}$$

三阶导数：

$$f'''(t) = A_P \frac{(4\pi)^2}{\alpha^6} t e^{-\frac{2\pi t^2}{\alpha^2}} (3\alpha^2 - 4\pi t^2) \tag{4-5}$$

依此类推。图 4-2 为 α 取值 0.5ns，导数阶数 k 取 0～15 时，高斯脉冲的时域波形。从时域波形来看，通过脉冲成形因子 α 的调整，可以得到纳秒量级的窄脉冲。高斯脉冲导数的阶数 k 越高，出现的脉冲峰值越多，导致主峰不明显，对信号的检测和捕获产生不利影响，增加了系统的误码率。从电路制作的角度，多次微分后脉冲波形较复杂，增加了硬件电路设计的难度。因此从时域角度来说，导数的阶数越小，其波形越好，有利于系统的实现。

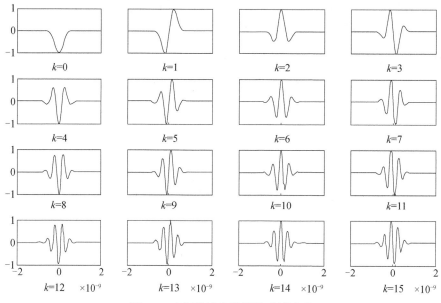

图 4-2 高斯脉冲各阶导数时域波形

2. 高斯脉冲频域分析

根据傅里叶变换性质

$$F[f^{(k)}(t)] = (j\omega)^k F[f(t)] \tag{4-6}$$

对高斯脉冲 $f(t)$ 求 k 阶微分，对其进行傅里叶变换得

$$F(\omega) = A_P \frac{\alpha}{\sqrt{2}} k\omega^{k-1} \exp\left(\frac{-\alpha^2\omega^2}{8\pi}\right) - A_P \frac{\alpha}{\sqrt{2}} \frac{2\alpha^2\omega}{8\pi} \omega^k \exp\left(\frac{-\alpha^2\omega^2}{8\pi}\right) \tag{4-7}$$

令 $F(w) = 0$，对应频谱的峰值频率 f_0 为

$$f_0 = \frac{\omega}{2\pi} = \frac{\sqrt{k}}{\alpha\sqrt{\pi}} \tag{4-8}$$

由公式（4-8）可见，成形因子 α 与导数阶数 k 共同决定了频谱的峰值频率 f_0。

图 4-3 为 $k=0$ 时，频谱函数随 α 变化的曲线图。图 4-4 为 $\alpha=0.5$ns 时，高斯脉冲函数各阶导数的频谱分布曲线。从频域分布来看，当脉冲成形因子 α 一定时，随着导数阶数 k 的增加，脉冲频谱的峰值频率 f_0 向高频方向移动，低频分量变少。为了保证脉冲信号能有效辐射，希望直流分量尽量少，结合时域波形的讨论，本书选择一阶高斯脉冲函数作为脉冲信号源，它具有正负双重极性，波形较好，有利于信号的检测以及电路的设计。另外，考虑到介质对电磁波的吸收和反射，应制作高幅值的脉冲源，从而有效地提高探测距离。

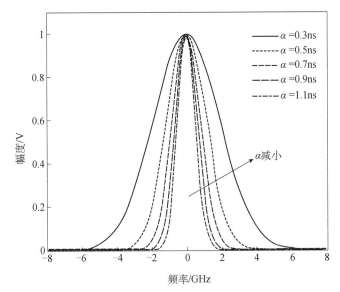

图 4-3　不同成形因子下高斯脉冲函数的频谱分布

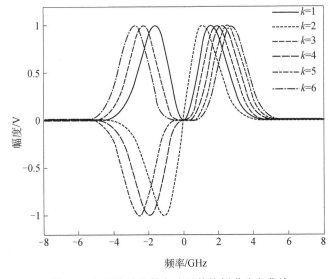

图 4-4　高斯脉冲函数各阶导数的频谱分布曲线

4.1.2 瞬态脉冲常用技术参数

1. 波形参数

（1）脉冲持续时间：脉冲主瓣内，电压超过峰值电压 V_{peak} 的 10%前后时刻 t_0、t_1 之间的时间跨度，即 $t_w = t_1 - t_0$。当为单脉冲时，也称为脉冲宽度。

（2）脉内周期数：脉冲主瓣内，电压振幅超过 50%峰值电压的波形振荡次数。

（3）上升沿陡峭度：脉冲主瓣前沿，电压超过 10%峰值电压与 90%峰值电压之间的时间跨度，记为 t_{rise}。

（4）脉冲重复频率：对于周期重复脉冲信号，两个相邻脉冲间的时间跨度，称为脉冲重复周期，记为 T_p；对应的 $F_p = \dfrac{1}{T_p}$，称为脉冲重复频率。

（5）预冲与拖尾：非理想的脉冲信号，一般存在不同程度的拖尾。预冲时间定义为，脉冲主瓣前，电压超过 10%峰值电压的最早时刻与脉冲主瓣起始时刻 t_0 之间的时间跨度，记为 t_{pioneer}；预冲峰值电压定义为，预冲波形内最高电压，记为 $V_{\text{peak\_pioneer}}$；拖尾时间定义为，脉冲主瓣后电压超过 10%峰值电压的最晚时刻与脉冲主瓣终止时刻 t_1 之间的时间跨度，记为 t_{tail}；拖尾峰值电压定义为，拖尾波形内最高电压，记为 $V_{\text{peak\_tail}}$。

图 4-5 为瞬态脉冲波形图。

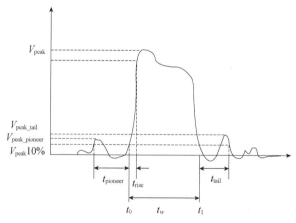

图 4-5　瞬态脉冲波形图

2. 功率参数

（1）峰值功率：脉冲峰值电压平方 V_{peak}^2 与负载阻抗 R_{load} 之比，即 $V_{\text{peak}}^2 / R_{\text{load}}$。

（2）脉内平均功率：脉冲主瓣内平均电压平方 V_{average}^2 与负载阻抗 R_{load} 之比，即 $V_{\text{average}}^2 / R_{\text{load}}$。

（3）脉间平均功率：相邻脉冲间隔内波形电压平方 $V(t)^2$ 与负载阻抗 R_{load} 之比的

平均值，$\int_0^{T_p} V(t)^2 \mathrm{d}t / (R_{\mathrm{load}} \times T_p)$。

　　3．稳定度参数

　　（1）波形稳定度：脉冲源多次输出波形之间存在一定的差异，多次输出脉冲的相似度即为波形稳定度，主要有峰值稳定度、脉宽稳定度两个指标，分别由归一化峰值电压抖动统计方差 $\sigma^2(V_{\mathrm{peak}})$、归一化脉宽抖动统计方差 $\sigma^2(t_w)$ 进行刻画。

　　（2）时基稳定度：触发信号到达时刻与脉冲源脉冲输出时刻之间存在一定的延时量，该延时量的稳定性即为脉冲源的时基稳定度。当触发信号为频率稳定的周期信号时，时基稳定度也称为重频稳定度，可以由时基抖动统计方差 $\sigma^2(t_0)$ 进行刻画，更详细地划分为短时抖动 $\sigma^2(t_0)|_{T \leqslant MT_p}$ 和长时漂移 $\sigma^2(t_0)|_{T \geqslant MT_p}$ 两个指标，其中 M 为系统测速所需的连续观测脉冲数。

4.2　常用瞬态脉冲信号的产生

　　发射信号的频谱分量受脉冲信号宽度影响，而频谱范围决定井中雷达的穿透性，因此脉冲信号的宽度对雷达性能有决定性的作用。此外，脉冲信号的峰值与井中雷达能够探测的最远距离密切相关，峰值越大，探测距离越远，因此希望发射机尽可能地提高输出脉冲幅值。但是，受脉冲产生器件的制约，发射脉冲的幅值与脉冲宽度相互矛盾，因此在设计脉冲源的过程中，要综合考虑多方面的因素。

　　脉冲源主要由储能、开关、负载三个部分构成。核心部分为开关，开关技术在整个系统中具有至关重要的地位。它决定了脉冲源输出脉冲的特性，不同的开关器件构成不同性能的脉冲产生电路。在井中雷达系统中，为了探测远距离目标，脉冲源输出的脉冲峰值功率要很高。因此，开关器件要能承受大功率，具有很低的电感和低的损耗电阻，时基抖动也要在纳秒甚至皮秒的范围[5]。以前，脉冲源会用油开关、气体开关、水开关等。随着脉冲技术的不断提高，微电子等技术领域的创新，许多新型开关被应用在脉冲发生器中，如等离子体开关、多通道开关、磁开关、半导体开关、光导开关等，脉冲源输出的脉冲性能也得到了很大的提高。

　　直接从直流电源中得到所需要波形的大功率脉冲是很难实现的。一般情况下，电源对储能器件进行一个较长的时间（对放电而言）充电，随后储能器件对负载瞬间放电，从而获得了大功率高幅值的窄脉冲信号。根据脉冲功率的储能方式，可将开关器件分为两类。

　　（1）短路开关，主要应用于电容储能的电路，如图 4-6（a）所示。直流电源通过电阻对电容器 C 进行充电。当短路开关闭合时，负载瞬间接通，电容器将存储的能量传递给负载，形成高压脉冲波形，如图 4-7（a）所示。

　　（2）开路开关，主要应用于电感储能电路，如图 4-6（b）所示。开始时，开关处于导通状态，电流源对储能电感进行充电，当开关断开时，由于电感内存有能量，电流流过负载，产生高幅值窄脉冲，如图4-7（b）所示。

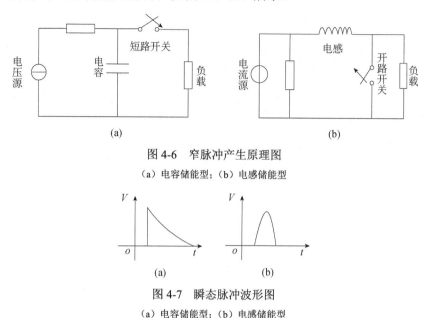

图 4-6　窄脉冲产生原理图

（a）电容储能型；（b）电感储能型

图 4-7　瞬态脉冲波形图

（a）电容储能型；（b）电感储能型

用作开路开关的有：非线性电阻固态开关、炸药爆炸丝开关、等离子体熔蚀开关、机械旋转开关、交叉场管开关、火花隙开关等。目前，应用比较多的是基于固态开关器件的脉冲源。电路的实现比较简单，一般情况下，用几个电子元器件就可以组成一个超宽带的冲击脉冲产生电路。但是在设计电路的过程中，不能用普通常规电路原理来设计脉冲源电路。设计电路要考虑到元器件的性能、材质、尺寸和形状，电路板的材质和布板结构、机械结构。

4.2.1　高速电子开关器件

高速电子开关器件主要包括中小功率的半导体开关[6]，如雪崩三极管、隧道二极管、漂移阶跃恢复二极管和俘越二极管等。利用这些高速开关器件的不同原理，产生的脉冲信号各具特点，因而在不同的场合发挥作用。其中，隧道二极管是利用多数载流子导电，产生隧道电流，因而其开关特性比较好，工作速度非常高，缺点是热稳定性比较差。利用隧道二极管产生的脉冲幅度为几百毫伏、宽度仅为几十皮秒。俘越二极管，全称为雪崩触发俘获等离子渡越时间二极管，它是利用漂移区被击穿形成等离子体区，雪崩区向前推进，形成高功率脉冲信号，其幅度最高可达上百伏，具有几百皮秒的窄脉冲宽度。漂移阶跃恢复二极管的工作原理是利用反向偏压快速恢复的物理过程来产生尖锐的脉冲信号，峰值幅度可达几百伏至上千伏，脉冲宽度仅为几百皮秒[7, 8]。由于此类器件发展时间不长，在市场上并不常见。雪崩三极管由于具有延迟抖动小、波形稳定、寿命长、电路结构简单、便于调试等特点，广泛应用在小型化全固态脉冲源中。利用雪崩三极管的雪崩倍增效应，可以产生微秒级脉冲前沿，脉冲宽度几纳秒，峰值幅度上百伏。由于单管电路的输出电压较低，功率受限，常应用在级联的形式下。同时可以利用雪崩三极管设计前级触发电路，驱动输出皮秒量级的窄脉冲。

1. 隧道二极管

1）隧道二极管简介

隧道二极管，又称"江崎二极管"，内部由锗或砷化镓构成，二者的掺杂浓度较高。它与普通二极管有很大不同，伏安特性曲线如图 4-8 所示。当它加上正电压时，二极管内电流一开始随电压的升高而迅速变大，当电压上升到一定数值 U_p 时，出现峰值电流 I_p，若继续升高电压，电流值开始急剧下降，直至电压达到 U_v 时，电流降到极小值 I_v，此后电流值会随着电压的升高又开始上升。电压 $U_p<U<U_v$ 的这段区间内，出现"负阻特性"，可以用量子力学中的"隧道效应"来解释说明，此时流过二极管内的电流主要是隧道电流。$U>U_v$ 区间内，二极管内的电流主要是扩散电流。另一种情况，当所加电压反向时，电流值会随着电压从零略微升高而迅速变大。这种二极管的负阻特性，以及在极短时间内发生的隧道效应，常用于某些开关电路、高频振荡电路的设计中。

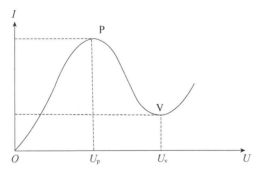

图 4-8　隧道二极管的伏安特性

2）隧道二极管的工作机制

隧道二极管具有独特的负阻效应，与它的内部材料构成及分布关系密切。相对于普通晶体管，隧道二极管 PN 结两侧的杂质浓度高得多，且耗尽层比较薄，很陡的梯度变化决定了它是一个突变结。这种 PN 结结构保证了 N 区内大量自由电子的集聚，当外加电场时，PN 结内部势垒被自由电子迅速冲破，由隧道效应作用产生了隧道电流，此电流与势垒厚度关系紧密，并且随着结势垒厚度变化呈指数下降的变化趋势。这时，在 P 型区内的电子会产生齐纳电流，它的方向与隧道电流相反，这两种电流相互交替出现，这也是隧道二极管很重要的特性。隧道二极管具有两个正阻区域，以及一个负阻区域，具有低噪声的优点，常应用在逻辑电路中，同时它的功耗比较小，所以适用于卫星微波设备。虽然隧道二极管具备上述独特的优点，但是从实际应用角度，考虑到它的低阻抗以及较低的输出电压（通常为毫伏级），且有两个终端，这些都不利于电路设计与应用。利用隧道二极管可以产生瞬时窄脉冲，其上升沿可达几十至上百皮秒，不失为一种理想的开关器件，有待于进一步的开发与利用。

2. 漂移阶跃恢复二极管

1）漂移阶跃恢复二极管的简介

漂移阶跃恢复二极管（drift step recovery diode，DSRD），是在 20 世纪 90 年代，俄罗斯等国的研究机构开发的一种新型半导体开关，其 PN 结的超快速载流子区可收缩扩展，具备独特的高电压超快速恢复物理现象。DSRD 由独特的 P^+PNN^+ 结组成，其本征部分的掺杂水平较普通二极管低得多，因此具备了独特的漂移快恢复物理特征。相对于阶跃恢复二极管（step recovery diode，SRD）产生窄脉冲的原理，两者有着相似之处：二极管被注入一定量电荷后，少子电荷被抽取，从而导致反向电流的产生，当少子电荷被抽取完毕后，二极管即刻关闭，从而在电路负载上形成瞬时脉冲。两者不同之处在于：DSRD 中电荷的存储依靠一个短的正向电流脉冲，此脉冲的宽度很窄，远小于载流子在二极管中的生命周期，因此在 PN 结附近聚集着电荷，其阶跃恢复过程的脉宽将更窄。一般情况下，反向电流的注入时间是正向电流的 1/10，或更小。与普通二极管相比，这种器件结构内部不会长期出现载流子，即"电流停驻"效应，因此有利于其高功率脉冲的输出。此外，理想的 DSRD 器件还具有长寿命（可连续产生 10^{11} 次脉冲）、高效率、高稳定性、宽频带等优点。

2）漂移阶跃恢复二极管的工作机制

图 4-9 为典型 DSRD 的内部结构图，它的工作机制如下所述。工作初期，一个百纳秒级正向电流作用在 DSRD 的 PN 结上，内部的等离子体泵浦过程开始，载流子经过扩散分布在 P^+N 结附近 $10^{18}cm^{-3}$ 范围内，且密度较高，在远离 P^+N 结的其他区域内的等离子体密度则小两个数量级。当外加电压极性反向时，开始了等离子体抽取过程。反向电流带动等离子体内部电子空穴的反向运动，两者在 PN 结中剧烈碰撞时，会产生电流中断，大概会持续纳秒级时间。碰撞导致了电子空穴对的消失，则在 PN 结附近形成了空间电荷区（SCR），且 SCR 边界不断向右扩张，直至等离子体层被耗尽，DSRD 实现快速短路，其两端电压快速上升，电流下降直至中断，这便是 DSRD 在反向高压下的等离子体离化波理论。DSRD 内部具有复杂的多层 PN 结结构，这种结构本身就会对其间的开关特性有较大的影响，另外，结构内部材料的掺杂浓度也会对结构产生影响。基于此，这种新型器件并不容易获得，因此并未得到普及。随着生产工艺的提升，DSRD 仍然具备很大的发展空间，利用 DSRD 制作的脉冲源峰值功率可达上百兆，开启时间为皮秒量级，并且对外加电压和电流并不依赖。

图 4-9　典型 DSRD 的内容结构示意图

3. 雪崩晶体管

1）雪崩晶体管简介

20 世纪 40 年代末，晶体三极管发明于美国的贝尔实验室，它的出现带来了一场"固态革命"，推动了全世界电子产业的蓬勃发展。晶体管常用于放大、振荡或者开关等电路，它具有三种工作状态：截止状态、放大状态和饱和状态。另外，还有一种雪崩状态，则是除上述三种常规工作状态外的一种极其特殊的现象。所谓雪崩效应，主要是指雪崩晶体管内部的一种载流子的"倍增效应"。当晶体管的集射极（C-E）间外加较高的电压时，导致集电结内部的空间电荷区场强增大，由此产生了新的电子空穴对，它们与原有的载流子一样向相反方向运动并获得能量，高速的载流子又会发生剧烈碰撞，从而产生新的电子空穴对。如果继续增加外部电压，一旦集电结两端的反向电压达到某一数值时，载流子就会成倍地增加，像发生雪崩一样在短时间内快速增长，反向电流增大，整个集电结被击穿。载流子的倍增效应依赖于一定强度的反偏电压，因此雪崩晶体管在低电压下雪崩现象不明显，电流很小，一旦电压升高到某一数值时，内部反向电流会突然增大，出现尖峰脉冲输出。由于 NPN 型晶体管具有比 PNP 型晶体管强得多的雪崩效应，所以实际应用中常利用 NPN 型晶体管作为超宽带系统中的半导体脉冲发生器件。

图 4-10 是 NPN 型晶体管的输出特性曲线，包含了四种工作区域。

（1）线性区域中，基极注入电流 $I_C > 0$，发射结正向偏置，集电结反向偏置，集电极反向电流 I_C 与 I_B 呈线性比例变化关系；

（2）饱和区域中，I_C 增大到一定程度后，不随 I_B 有显著的变化，发射结正向偏置，集电结也正向偏置，此时发射极与集电极之间相当于短路，常对应开关电路中的闭合状态使用；

（3）截止区域中，发射结未导通处于反向偏置状态，集电结也反向偏置，对应图中 $I_B = 0$ 特性曲线以下的区域；

（4）雪崩区域中，基极注入电流 $I_B < 0$，基射结反向偏置，集电极电流 I_C 随 I_B 与集电极上的电压 U_{CE} 变化而呈现急剧变化。

2）雪崩晶体管的击穿机制

对于雪崩晶体管的击穿机制，有两方面的理论分析：一种是与上述雪崩击穿相对应的晶体管内载流子纵向碰撞电离雪崩击穿；另一种是由于晶体管横向电流的局部集中，从而引发的晶体管击穿。图 4-11 为晶体管内集电结电场分布及其伏安特性曲线图。

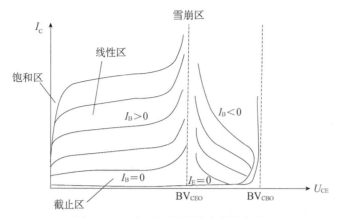

图 4-10　NPN 型晶体管输出特性曲线

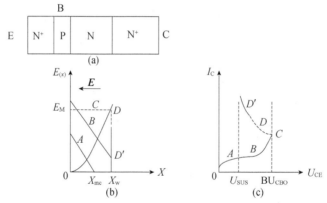

图 4-11　集电结电场分布及 I_C-U_{CE} 曲线图

　　首先，借助 N^+PNN^+ 晶体管一维简单模型对碰撞电离雪崩击穿机制做详细分析。当基极开路（$I_B=0$），集电结反向偏压 U_{CE} 比较小时，如图 4-11（b）中的曲线 A 所示，N 型层内的电场在基极与集电极的交界面 $X=0$ 处最大，空间电荷区的宽度 X_{mc} 较小。X_{mc} 随集电结反向偏压 U_{CE} 的增大而增大，$X=0$ 处的电场强度也同样增大。当集电结（CB）反向偏压 U_{CE} 增大到一定值时，$X=0$ 处的场强最先超越雪崩击穿场强的临界值 E_M，N 型层内的电场分布由图 4-11（b）曲线 B 所示，此时一次雪崩击穿开始，在 $X=0$ 附近场强超越 E_M 区域内将产生新的电子空穴对。由于符合雪崩临界的区域很小，不足以发生大规模的载流子加速、碰撞，所以由此而形成的雪崩电流很小。如果 U_{CE} 继续增大，则 N 型层内场强也整体增大，越来越多的区域内电场强度达到了雪崩临界值 E_M，相继发生雪崩击穿，其内部净的空间电荷逐渐消失，导致空间电荷区面积减小，左边界向右迁移。击穿电流仍受到空间电荷区的阻挡，没有明显的增加。当 N 型区域内的场强全部达到 E_M 时，空间电荷区消失，电场分布均匀，如图 4-11（c）中的曲线所示，晶体管此时会处于一种不稳定的临界状态。如果集电结反向偏压

U_{CE} 在此基础上持续增加，PN 结内将会发生非常强烈的载流子倍增效应，雪崩击穿电流急剧上升，雪崩管发生"二次击穿"。由于强大的雪崩电流作用，集电结内的场强分布被迅速改变，集电极电流不会因为 U_{CE} 的下降而受到影响，仍保持上升趋势。如图 4-11（c）中 DD' 曲线所示，此时晶体管呈现负阻抗特性，在很小的偏压下就能维持很大的集电极雪崩电流 I_C。值得注意的是，由于负阻特性的存在，器件内部发生强烈的正反馈，释放大量的能量，正是利用雪崩管的这种特性，设计输出高功率超快速的脉冲源。

另一种所谓的"晶体管横向电流的局部集中"理论，即晶体管的二次击穿的发生主要是由于，在大功率晶体管内部，电流因局部集中而使得该处功耗较高，以致达到诱发边带功率 P_{SB} 的数量值，从而局部温度过高发生热击穿，最后造成晶体管的熔毁。有理论认为，发生二次击穿时，超大的雪崩击穿电流将会使发射极出现"电流集边效应"及"夹紧效应"，这是导致电流局部集中的关键性因素，此外，材料、扩散工艺的不均匀性也是不可或缺的因素之一。晶体管开通时发射结将会发生集边效应：发射结处于正向偏置时，基极区域内具有薄层的电阻，基极电流在上面产生了压降，使得发射结在边缘部位的偏压相对于中心要大，当中心的电压降小于发射结的扩散电势时，其内部电流很小，只有发射结边缘电流密度的三分之一，边缘较高的电流密度促使该区域温度上升，且不易散发，若电流继续增加，温度较高点处将会发生热击穿，表现为电流集中型二次击穿。所谓的发射极电流夹紧效应，就是当晶体管被关断时，发射结两端电压反偏，基极电流从基区流出，发射结的边缘部位最先关断，根据电场在基区中的分布，电流夹紧在发射结的中心部位，并随着集电极电压的增大而增大，从而导致中心区域内温度过高而被烧熔。

3）雪崩晶体管的工作点移动

利用雪崩晶体管产生脉冲信号的波形等信息与其工作点的移动密切相关，电路设计中参数的设定应参照雪崩晶体管的特性曲线中各工作点的工作条件。图 4-12 为雪崩晶体管的特性曲线，下面对其工作点的移动情况做详细说明。雪崩晶体管一开始处于反偏状态，反向基极注入电流为 $-I_{B1}$，图中静态负载线为 PP'，它的斜率由集电极上的电阻 R_C 决定，PP' 与 $-I_{B1}$ 特性曲线相交于静态工作点 P，P 点在 $-I_{B1}$ 特性曲线中的位置具有正的阻值，因此相对稳定。此时尽管集电极上的电压比较高，但是由于 I_{B1} 中反向注入的特点，集电极电流 I_C 很小，发射结近似截止。此时，如果雪崩晶体管加入正触发脉冲，基极电流转为正向注入，由于需要经历一个转换的过程，雪崩晶体管不会立即发生雪崩。特性曲线由开始的 $-I_{B1}$ 转移到 $-I_{B2}$，静态工作点 P 沿着负载曲线转移到 Q 点，PP' 与特性曲线 $-I_{B2}$ 相交于点 Q，它处于 $-I_{B2}$ 的负阻区，这导致了 Q 点的不稳定，接下来将发生雪崩过程。P 点至 Q 点的移动时间称为雪崩延迟时间。

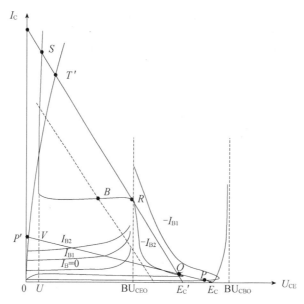

图 4-12　雪崩晶体管的特性曲线

雪崩过程开始后，动态负载线由 PP' 变为 $E_{C'}Q$，其斜率由动态负载 R_{L} 决定，近似为 $1/R_{L}$，雪崩倍增效应使得工作点由 Q 点移动到 R 点，R 为 $E_{C'}Q$ 与特性曲线 $-I_{B2}$ 的交点。雪崩过程至此有两种可能的工作状态。第一种情况，如果触发信号比较小，且触发时间较短，工作点在 R 处不再抬高，由于电路中能量的消耗，所以动态负载线向左平移，R 沿着动态曲线下降，集电极电流的下降使得雪崩状态不能维持，工作点下降至 I_{B1} 特性曲线的 U 点，接着基极偏置电压使工作点移到最初的 P 点。第二种情况，若触发信号幅度足够大，持续时间足够长，基极注入将工作点从 R 点向上推至二次击穿区域，此区域具有显著的负阻特性，因此将不断推动雪崩过程的进行，工作点最终达到 S 点。此时，雪崩过程即将结束。由于 PN 结上仍有一定数量的存储电荷，即使触发信号不再存在，晶体管仍会保持导通一段时间，但是集电极电流不会维持较大的数值，工作点将会从 S 点下降至 T 点。当耗尽 PN 结内部的存储电荷时，工作点回至 I_{B1} 特性曲线的 U 点，通过电源充电移到最初的 P 点。

4）雪崩击穿电压与雪崩击穿区宽度

为了进一步定量地了解雪崩过程中的数量关系，下面讨论雪崩击穿时电压与雪崩区域宽度之间的关系。雪崩发生时，晶体管集电极电流 i_{C} 与发射极电流 i_{E} 间的关系是

$$i_{C} = \alpha^{*} i_{E} = \alpha M i_{E} \qquad (4\text{-}9)$$

式中，α 为电流在共基低压区的放大系数；α^{*} 为电流在共基雪崩区的放大系数；M 为倍增系数，它的大小表示在雪崩区内电流倍增的程度。式（4-9）表明，在雪崩区域内集电极电流 i_{C} 随发射极电流 i_{E} 的变化比较剧烈。

M 可由下式表示为

$$M = \frac{1}{1 - \left(\dfrac{U_{CE}}{BU_{CBO}}\right)^m} \tag{4-10}$$

式中，幂指数 m 与材料有关。

图 4-13 为倍增系数 M 随 U_{CE}/BU_{CBO} 变化曲线。

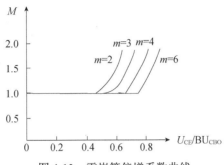

图 4-13 雪崩管倍增系数曲线

共射极形式下，集电极电流 i_C 为

$$i_C = \frac{M}{1 - \alpha M}(\alpha i_B + I_{CBO}) \tag{4-11}$$

在常态下，晶体管的共基极电流放大系数 α 与共射极电流放大系数 β 二者之间的关系为

$$\beta = \frac{\alpha}{1 - \alpha}, \quad \alpha = \frac{\beta}{1 + \beta} \tag{4-12}$$

在雪崩状态下，晶体管的共基极电流放大系数 α 与共射极电流放大系数 β 二者之间的关系为

$$\beta^* = \frac{\alpha^*}{1 - \alpha^*}, \quad \alpha^* = \frac{\beta^*}{1 + \beta^*} \tag{4-13}$$

式中，

$$\alpha^* = M\alpha \tag{4-14}$$

由式（4-13）、式（4-14）得

$$\beta^* = \frac{M\alpha}{1 - M\alpha} \tag{4-15}$$

由上式可以得到，仅当 $M\alpha = 1$ 时，β^* 才能取到无穷大，这说明只有当集电极电压 U_{CE} 达到此条件时，晶体管才能击穿。此时，可导出各击穿电压之间的关系。

$$M = \frac{1}{1 - \left(\dfrac{U_{CE}}{BU_{CBO}}\right)^m} = \frac{1}{\alpha} \tag{4-16}$$

可得

$$U_{CE} = BU_{CEO} \sqrt[m]{1-\alpha} \qquad (4\text{-}17)$$

在基极开路条件下，集电极的击穿电压约为

$$BU_{CEO} \approx BU_{CBO} \sqrt[m]{1-\alpha} \qquad (4\text{-}18)$$

当基极接入电阻时，雪崩状态下的基极电路满足

$$MI_{CBO}R_B = U_d \qquad (4\text{-}19)$$

式中，I_{CBO} 为集电极的漏电流；R_B 为基极的串联电阻；U_d 为基极的拐点电压。

由式（4-16）～式（4-19）可得

$$BU_{CEO} = BU_{CBO} \sqrt[m]{1 - \frac{I_{CBO}R_B}{U_d}} \qquad (4\text{-}20)$$

除了要考虑基极的串联电阻 R_B 之外，基极内阻 r_B 在反向偏置为 V_B 时，基极电路满足如下关系：

$$MI_{CBO}(R_b + r_{be}) = U_d + V_{be} \qquad (4\text{-}21)$$

则

$$BU_{CEO} = BU_{CBO} \sqrt[m]{1 - \frac{I_{CBO}(R_B + r_{be})}{U_d + V_{BE}}} \qquad (4\text{-}22)$$

假设基极串联电阻 $R_B = 0$，可得

$$BU_{CEO} = BU_{CBO} \sqrt[m]{1 - \frac{I_{CBO}r_{be}}{U_d + V_{BE}}} \qquad (4\text{-}23)$$

由上述雪崩管的特性曲线可知，雪崩区位于 BU_{CEO} 与 BU_{CBO} 之间，两者之差为雪崩区的宽度。由式（4-9）和式（4-11）可以看出，当 $M\alpha = 1$ 时，极小的基极电流 i_B，将对应无穷大的发射极电流 i_E。所以，$M\alpha = 1$ 对应晶体管的击穿状态。

由式（4-17）得

$$\frac{1}{\alpha} = \frac{1}{1 - \left(\dfrac{U_{CE}}{BU_{CBO}}\right)^m} \qquad (4\text{-}24)$$

由式（4-24）得

$$U_{CE} = BU_{CBO} \sqrt[m]{\frac{1}{1+\beta}} \qquad (4\text{-}25)$$

当 $M\alpha = 1$ 成立时，基极电流 $i_B = 0$，所以该电压即为基极开路时晶体管的击穿电压 BU_{CEO}。在 BU_{CBO} 一定的情况下，β 越大，BU_{CEO} 越小，晶体管的雪崩区域就越宽。

5）雪崩晶体管的触发方式

根据雪崩晶体管的原理特性，主要存在着三种导通方式：第一种为雪崩触发导通；第二种为雪崩过压击穿导通；第三种为雪崩晶体管集射极间电压的高速上升率所

引起的导通。这几种导通方式对应着不同的电路形式，对于各自电路系统性能的表现也存在着影响。下面对三种导通方式做简单介绍。

（1）雪崩触发导通。此种方法有两种触发信号方式。一种是光触发导通，主要是利用光脉冲照射在裸露的雪崩晶体管芯片上时，产生光生载流子，与半导体内部晶格发生散射碰撞，从而产生新的电子空穴对，促进雪崩导通过程的发生。另一种是电触发导通，主要是在雪崩晶体管的基射极间外加电触发信号的方式，雪崩晶体管初始状态对应基极电流 $I_B = 0$，此时雪崩晶体管处于临界状态，逐渐增加发射结的电压，导致基极电流增加，当 $I_B > 0$ 时，雪崩晶体管处于导通状态。

（2）雪崩过压击穿导通。此种方法主要是改变电源电压 V_{CC} 的方式，V_{CC} 外加至雪崩晶体管的集射极间，不断增加 V_{CC}，当集射极间电压 V_{CE} 高于雪崩击穿电压 BU_{CEO} 时，雪崩晶体管将处于导通击穿状态。由于集电极电阻具有限流的作用，集电极电流无法在瞬间内达到雪崩电流要求值，所以短时间内雪崩晶体管不会完全导通，使得输出波形的前沿不是理想的线性增加过程。

（3）雪崩晶体管集射极间电压的高速上升率所引起的导通。此种方法与过压击穿不同的是，主要依靠集射间电压随时间的快速变化率，使得雪崩管导通，而极间偏压本身不要求一定大于雪崩击穿电压 BU_{CEO}。要求输入的阶跃波斜率尽可能大，这样才可以在不高的幅度下使雪崩晶体管导通。然而，当降低阶跃波斜率时，会对雪崩晶体管的输出波形有较大影响，一是其波形的延迟时间增加，二是雪崩晶体管导通后，输出波形没有很好的线性特征。

超快速上升沿阶跃波本身并不易得，因此通常情况下，电路设计常采用前两种导通方式，将触发信号加在基射极间带动雪崩晶体管的导通。

4.2.2　数字逻辑器件

在数字电路方法中一般采用异或门和与门作为主要的逻辑器件电路来产生窄脉冲[9]。图 4-14 是一个方波脉冲信号和经过延时处理的同一方波信号，两路信号通过同一个异或门进行异或处理。根据逻辑电路的原理，输入的两个信号是相同的逻辑电平时，异或门输出的逻辑电平为高电平；输入的两路信号是不同的逻辑电平时，异或门输出的逻辑电平为低电平。所以，如果将同一方波信号经延迟异或后，在原始方波信号的上升沿和经过延迟处理的方波信号的上升沿之间的时间段里，以及在原始方波信号的上升沿和经过延迟处理的方波信号的下降沿这一时间段里，异或门的输出逻辑电平为高电平，除此之外的其他时间段里逻辑输出为低电平。根据这一逻辑关系，可以调整异或门两个输入信号的相位差，通过控制延时处理就可以在异或门的输出端得到脉冲宽度可控的窄脉冲。通过对时间上的延迟可以得到极窄的脉冲，之后再将脉冲经过脉冲整形电路进行脉冲整形，就能够制作出脉冲形状合适的窄脉冲信号。

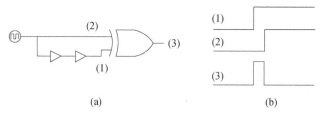

图 4-14 用异或门产生数字脉冲

（a）异或门；（b）数字脉冲

对与门逻辑而言（图 4-15），当且仅当两个输入信号都是高电平的逻辑时，与门器件的输出逻辑电平才是高电平，如果将一个逻辑反相器加在与门的一个输入端前，然后把方波信号输入反相器，并且门的另一个输入端输入同样的方波信号，由于反相器电路本身的传输延迟，将在两路方波信号上升沿之间的时间段输出逻辑电平为高，而其余时间里输出逻辑电平为低，采用此种逻辑方法同样可以产生一个窄脉冲，其宽度主要由反相器的传输延迟时间决定。

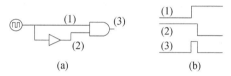

图 4-15 用与门产生数字脉冲

（a）与门；（b）数字脉冲

从以上的逻辑原理分析可以看出，运用数字电路的方法实现窄脉冲信号的难点在于对高速逻辑器件进行准确的时间延迟控制。用于实现数字逻辑电路的元器件目前在市场上都可以方便地买到，在实际的电路设计过程中，注意选取上升沿尽量短的方波信号作为原始的激励源，而且还要确保对相位延迟的精确控制，同时必须考虑芯片之间的阻抗匹配问题，防止信号传输误差的产生。

4.3 井中雷达脉冲源的设计与仿真

4.3.1 雪崩晶体管脉冲产生基本电路

图 4-16 为雪崩晶体管的单管脉冲电路图，此电路通过一个他激式触发信号来形成脉冲输出。在触发脉冲加入之前，电源电压 V_{CC} 通过集电极限流电阻 R_C 以及负载电阻 R_L 向电容 C 充电，完成充电后电容 C 两端的电压为 V_{CC}。设置电源偏压 V_{CC} 接近临界雪崩击穿电压 BU_{CBO}，使晶体管处于临界雪崩状态，考虑到实际电路中能量的损耗情况，V_{CC} 应稍大于 BU_{CBO}。如果 V_{CC} 过大，则触发脉冲的前沿尚未到来时，雪崩晶体管就已经发生雪崩，之后触发脉冲前沿到来时加剧了晶体管内部载流子与晶

格原子的碰撞，以至于产生雪崩振荡现象，多个输出脉冲发生重叠，使得最终输出的脉冲信号出现高频振动现象。更严重的是，如果载流子的剧烈碰撞使得雪崩倍增效应过强，将会引起反向电流的剧增，晶体管会因热击穿而发生不可逆性损坏。因此，电源幅值的选择要适中。触发脉冲的前沿还未进行触发时，雪崩晶体管的集电结反偏，很小的反向注入电流 I_B 穿透集电结进入基极区域，其中一部分电流由基极通过 R_b 流出到地，另外一部分电流通过发射结流出到地。此时，晶体管的基极电流 $I_B = 0$，发射极电流 $I_E = 0$，晶体管的状态稳定，近似于截止状态。在触发脉冲前沿到来时，基极电流 I_B 减小，由之前的负向转换为正向电流，由晶体管的工作特性曲线，此时工作点向上移动以至于达到某个临界点，雪崩状态开始，流过集电极的电流 I_C 快速增大，集电结击穿。储能电容 C 快速放电，放电电流瞬间内流过负载电阻 R_L，方向是从下至上，形成陡峭的脉冲前沿；当电容 C 内积累电荷消耗完毕时，开关断开，晶体管进入截止状态，形成了脉冲后沿。电容 C 再一次充电，进入下一个脉冲触发过程。

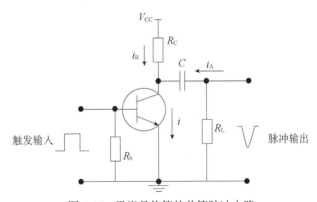

图 4-16 雪崩晶体管的单管脉冲电路

上述雪崩管电路可由以下方程表示

$$i = i_R + i_A \tag{4-26}$$

$$U_{CE} = E_C - i_R R_C \tag{4-27}$$

$$U_{CE} = U_C(0) - \frac{1}{C}\int_0^{t_A} i_A dt - i_A R_L \tag{4-28}$$

式中，i 表示流过雪崩晶体管的总电流；i_R 表示流过集电极限流电阻 R_C 的静态电流；i_A 表示雪崩击穿电流；R_L 表示负载电阻；$U_C(0)$ 表示电容 C 上的初始储能；t_A 表示发生雪崩的时间。

导出雪崩动态负载线方程为

$$U_{CE} = U_C(0) - \frac{1}{C}\int_0^{t_A}\left(i + \frac{U_{CE} - E_C}{R_C}\right)dt - \left(i + \frac{U_{CE} - E_C}{R_C}\right)R_L \tag{4-29}$$

实际电路中可化简为

$$U_{CE} = U_C(0) - \frac{1}{C}\int_0^{t_A} i\mathrm{d}t - iR_L \qquad (4\text{-}30)$$

雪崩过程是在瞬间完成的，因此雪崩时间 t_A 很小，可以忽略，式（4-30）可写为

$$U_{CE} = U_C(0) - iR_L \qquad (4\text{-}31)$$

最终得到的负载电流为

$$i = \frac{1}{R_L}[U_C(0) - U_{CE}] \qquad (4\text{-}32)$$

由式（4-32）可见，雪崩状态下电流的动态负载线是可变的。

另外，为了使电路输出的脉冲最大，要求两次雪崩中间，电容 C 的充放电要完全，即两次触发信号的时间间隔不能太短，至少大于电容 C 一次充电的时间，一般要求满足以下条件：

$$(3\sim5)(R_L + R_C)C < T_R \qquad (4\text{-}33)$$

式中，T_R 表示触发脉冲的重复周期，由 $R_L \ll R_C$，式（4-33）可化简为

$$(3\sim5)R_C C < T_R \qquad (4\text{-}34)$$

由上述电路分析可知，输出脉冲波形的前沿主要由晶体管雪崩开关导通的速度所决定，而脉冲后沿主要由电容放电的速度所决定，这两个因素共同影响输出脉冲波形的形状与宽度。下面通过电容充放电等效回路方程，定量地分析决定输出脉冲波形前后沿的参量之间的关系。

首先讨论直流电源对电容器充电的等效电路，如图 4-17 所示。

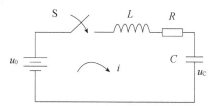

图 4-17   电容器直流充电等效电路

电路微分方程为

$$L\frac{\mathrm{d}i}{\mathrm{d}t} + Ri + \frac{1}{C}\int i\mathrm{d}t = u_0 \qquad (4\text{-}35)$$

初始条件当 $t = 0$ 时

$$i(0) = 0 \qquad (4\text{-}36)$$

$$u_C(0) = 0 \qquad (4\text{-}37)$$

对式（4-35）微分，得到二阶常系数微分方程为

$$L\frac{\mathrm{d}^2 i}{\mathrm{d}t^2} + R\frac{\mathrm{d}i}{\mathrm{d}t} + \frac{i}{C} = 0 \qquad (4\text{-}38)$$

接下来讨论电容器自由放电过程，等效电路如图 4-18 所示。

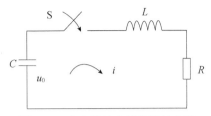

图 4-18　电容器放电过程等效电路

此时电容器上的电压等于直流电源电压 u_0，电路的微分方程为

$$L\frac{\mathrm{d}i}{\mathrm{d}t} + Ri = u_0 - \frac{\int i\mathrm{d}t}{C} \tag{4-39}$$

初始条件当 $t = 0$ 时

$$i(0) = 0 \tag{4-40}$$

$$u_C(0) = u_0 \tag{4-41}$$

对方程微分，得到二阶常系数微分方程为

$$L\frac{\mathrm{d}^2 i}{\mathrm{d}t^2} + Ri + \frac{i}{C} = 0 \tag{4-42}$$

求解上式，回路电流表示为

$$i = -\frac{u_0}{\omega L}\exp\left(-\frac{R}{2L}t\right)\sin \omega t \tag{4-43}$$

式中，$\omega = \sqrt{\dfrac{1}{LC} - \dfrac{R^2}{4L^2}} = \omega_0\sqrt{1 - \gamma^2}$，表示回路的频率，这里，参数 $\gamma = \dfrac{1}{2}R\sqrt{L/C}$。电流 i 的表达式中的负号表示电容器处于放电过程。

综上，得到输出脉冲前沿的上升沿时间 t_r 为

$$t_r \approx \left(\frac{1}{2\pi f_T} + 1.7R_C C_C\right)\frac{I_{CM}}{I_b - \frac{I_{CM}}{2\beta}} \tag{4-44}$$

输出脉冲的后沿下降时间 t_f 为

$$t_f = 2.3(R_L + R_{CN})C \tag{4-45}$$

式中，R_{CN} 表示雪崩状态时晶体管的导通电阻；f_T 表示上升时间特征频率的平均值；I_{CM} 表示集电极电流峰值。由此，我们通过改变电容 C 与电路中的阻抗，就可以控制脉冲前后沿的时间，从而改变波形。

4.3.2　雪崩晶体管常用组合块方式

雪崩晶体管其单管功率较低，不能满足大功率驱动的场合，实际井中雷达中需要采用多管联合，即并联、串联、串并联以及 Marx 块的方式来提高功率。

1. 并联连接块

并行连接方式是将雪崩晶体管进行并联，这种方式由于各级雪崩晶体管是同时触发，能够保证各级雪崩晶体管的同步性，对雪崩晶体管性能参数一致性要求较低，但是其在电路设计，尤其是印刷电路板（PCB）布局布线方面比较麻烦，而且没有雪崩倍增效应，对输出幅度提高有限，在井中雷达方面一般应用较少。

2. 串联连接块

雪崩晶体管串联运用可以增加输出电压，从而增大输出功率，雪崩晶体管串联时的关键是解决多管同时触发问题，由于脉冲很窄，这一点就尤为突出。倘若不能很好地同时触发，则不仅不能有效地增大幅度，反而会降低幅度，加大输出脉宽。图 4-19 是一个四管串联应用的例子。该电路采用四管串联工作，而仅对 T_1 管加外触发（理论上讲，可以对串联组合中的任一晶体管加外触发）。电路的触发过程如下：T_1 管受触发而雪崩后，其管压降迅速下降，使得其他晶体管的射电压迅速增大，其他晶体管基射极间无外加触发脉冲，因此，它们的特性曲线仍对应于固定的一根。由于集射支路电压突然加大，相当于供电电源电压突然加大，负载线迅速右移而与特性曲线相切，从而满足触发雪崩条件而产生雪崩。实际上这种触发雪崩可以看成是由在其他晶体管集电极上加了一个正触发脉冲所造成的。由于各管参数不尽相同，这些晶体管不会同时被触发而雪崩，所以只能使其中最易于被触发的晶体管受到触发而发生雪崩，形成一个正触发脉冲，从而引起下一个较易于被触发的晶体管达到雪崩，直到所有晶体管达到雪崩为止。由于雪崩过程极为迅速，这种依次雪崩的过程还是相当快的。从宏观上可以认为是"同时"触发，因此能在负载上得到前沿较陡的大幅度脉冲。

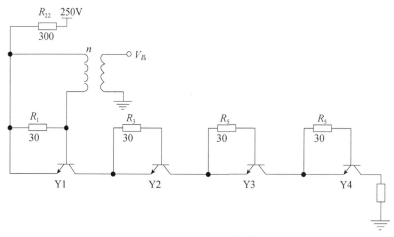

图 4-19　雪崩晶体四管串联单管触发电路

3. Marx 发生器

马克斯发生器（Marx 发生器）是 Erwin Otto Marx 于 1924 年首先描述的电路，其目的是从低压直流电源产生高压脉冲。Marx 发生器用于高能物理实验，以及模拟闪电对电力线齿轮和航空设备的影响。美国桑迪亚国家实验室使用 36 台 Marx 发生器在其 Z 机器中产生 X 射线。

　　由于雪崩晶体管的单管电路输出功率有限，无法满足井中雷达中上千伏脉冲电压的要求，通常采用 Marx 级联电路的形式来解决，它的优点就是在输入较小的电源电压情况下，能够得到较大的输出脉冲。图 4-20 是雪崩晶体管五级 Marx 级联电路。

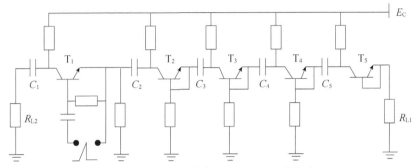

图 4-20　雪崩晶体管五级 Marx 级联电路

　　在脉冲触发加入之前，各级雪崩晶体管截止，电容 $C_1 \sim C_5$ 充电至电源电压 E_C，将 E_C 设置为雪崩晶体管的临界击穿电压，集电结内通过很小的反向击穿电流。一旦触发脉冲开始加入电路，第一级雪崩晶体管 T_1 最先发生雪崩击穿，集电结与发射结导通，电阻率很低，相当于短路，所以电容器 C_2 左端的电势近似等于 C_1 右端的电势，即为电源电压 E_C，表示为

$$U_{C_2\text{-left}} = U_{C_1\text{-right}} \cong E_C \tag{4-46}$$

根据电容两端电势不会瞬间突变的特点，C_2 右端的电势瞬间升为 $2E_C$：

$$U_{C_2\text{-right}} = U_{C_2\text{-left}} + E_C \cong E_C + E_C = 2E_C \tag{4-47}$$

此时，T_2 管承受着电容 C_2 上 $2E_C$ 的瞬间电势，超过 T_2 管的雪崩电压，将引发 T_2 管的雪崩击穿，以此类推，电压顺势叠加，$T_3 \sim T_5$ 管将相继发生雪崩。最终，在第五级充电电容 C_5 的右端，得到的瞬间电势约为 $5E_C$。因此，Marx 级联电路的原理就是对电容器进行并联充电（图 4-21），经脉冲触发后，各级电容器串联向负载放电（图 4-22）。

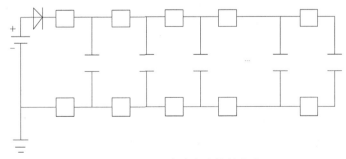

图 4-21　Marx 电路充电等效电路

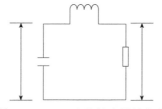

图 4-22   Marx 电路放电等效电路

4.3.3   雪崩晶体管双极性信号的产生

1. 微分电路法

微分电路法采用的是在雪崩晶体管脉冲形成电路输出负载两端并联上电感量合适的电感 L，如图 4-23 所示。雪崩晶体管脉冲形成电路的工作原理在前面已经介绍，该种方法晶体主要是在脉冲电路放电回路中起作用，放电回路如图 4-24 所示。在雪崩晶体管发生雪崩效应时，集射极间呈现负阻特性，迅速由高压截止转入低压导通状态，储能电容 C 通过 Q 向 L 和 R_L 放电，C 的放电电流由零增加到最大值，当 C 的存储电荷减少时，放电电流就会开始减小，这时电感 L 放电，使得 R_L 两端的电压极性迅速发生反转，随后雪崩晶体管截止，R_L 两端形成近似一阶高斯脉冲的瞬态脉冲。

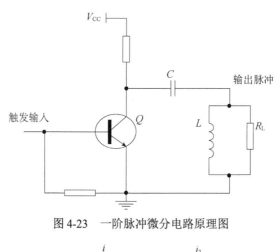

图 4-23   一阶脉冲微分电路原理图

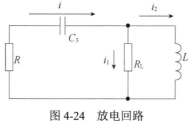

图 4-24   放电回路

图 4-24 中的 R 为雪崩晶体管导通时的等效电阻，所以，由元件特性可列出微分方程如下：

$$a\frac{\mathrm{d}^2 i}{\mathrm{d}t^2} + b\frac{\mathrm{d}i}{\mathrm{d}t} + ci = 0 \qquad (4\text{-}48)$$

其中，$a = L\left(\dfrac{R}{R_L} - 1\right)$；$b = \left(R + \dfrac{L}{R_L C}\right)$；$c = \dfrac{1}{C}$。当且仅当电路中参数满足 $(b^2 - 4ac) < 0$
时，整个电路的放电回路才如上所述，电路才能输出类似一阶高斯脉冲的瞬态脉冲波形。

2. 反射线法

通过脉冲波形的频域分析，我们得知双极性脉冲比单极性脉冲的低频分量少、辐射效率更高，所以实际应用中 GPR 常选用双极性脉冲作为探测信号。利用 Marx 级联电路输出具有一定幅值的负极性单脉冲，采用传输线延迟耦合技术生成双极性脉冲。图 4-25 为传输线双极性脉冲形成网络示意图，其中单极性脉冲沿传输线传输过程中，遇到短路支节后，一路信号沿传输线直接到输出端，另一路信号沿短路支节传输，并在终端发生反射，反射信号经反转并延迟 Δt 后到达输出端，当延迟时间 Δt 等于输入脉冲的宽度 τ 时，在输出端两路信号恰好耦合，形成双极性脉冲信号，其形状近似于一阶微分高斯脉冲波形。为了使两种信号恰好耦合，短路支节长度 l 与脉冲宽度 τ 须满足以下关系：

$$\Delta t = \tau = 2l / v_g \qquad (4\text{-}49)$$

式中，v_g 为脉冲在传输线中的传播速度。

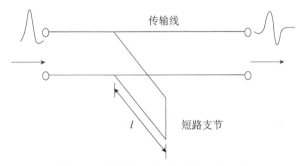

图 4-25　传输线双极性脉冲形成网络

通过控制传输线短路支节的长度，可以得到幅度和脉宽一致的双极性脉冲。若传输线短路支节的长度不同，传输线的延时会不同，脉冲耦合后的形状也不同，如图 4-26 所示，单极性脉冲的宽度为 $t/2$，如果传输线的延时 T_0 较小，两种极性的脉冲将会发生重叠；如果传输线的延时 T_0 等于 $t/2$，两种极性的脉冲将刚好耦合在一起，得到理想的双极性脉冲；如果传输线的延时 T_0 较大，两种极性的脉冲将会发生分离。

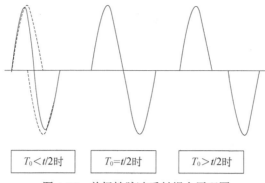

$$\boxed{T_0 < t/2时} \qquad \boxed{T_0 = t/2时} \qquad \boxed{T_0 > t/2时}$$

图 4-26 单极性脉冲反射耦合原理图

4.3.4 雪崩晶体管 Marx 电路的理论计算

1. 级数的确定

由前面分析可知,脉冲发生器在放电时,储能电容器由 n 个容量为 C,电压为 $0.9V_0$ 的电容器串联,由此可知放电的峰值电压 $V_P = 0.9V_0 \times n$,而双极性脉冲的峰峰值为 $2V_P$,所以

$$n = \frac{V_P}{0.9V_0} \tag{4-50}$$

V_0 由雪崩晶体管的特性决定,一般情况下要考虑余量,级数 n 的取值要比理论值大得多。

2. 储能电容器的确定

储能电容器电荷量主要由下述两个方面决定。

(1) 单级储能略大于一级雪崩晶体管雪崩放电时所需能量。

已知发生雪崩时,回路峰值电流为 $I_m = V_P / R_L$,假设雪崩晶体管雪崩上升时间(近似等于脉冲上升时间)为 t_r(一般为几个纳秒),则单级储能电容器电荷量可近似表示为

$$C = \frac{I_m \times t_r}{V_0} \tag{4-51}$$

(2) 总的储能必须大于单脉冲能量。

双极性脉冲的能量可近似表示为

$$E_n = \frac{V_P^2}{R_L} \times t_0 \tag{4-52}$$

则有

$$\frac{1}{2} C_m V_P^2 \geqslant E_n \tag{4-53}$$

式中,$C_m = C/n$,$V_P = nV_0$。则

$$C \geqslant 2nE_n / V_P^2 \tag{4-54}$$

结合式（4-51）和（4-54）可以大致确定储能电容器电容值，具体数值要结合调试做调整。

3. 隔离电阻 R 和 R_g 的确定

隔离电阻 R 和 R_g 主要由如下因素决定。

（1）集电极电阻 R 应保证雪崩电路能够在截止期能恢复完毕，即满足

$$5(R + R_C) \leqslant T_S \tag{4-55}$$

式中，T_S 为触发脉冲重复周期。

（2）保证静态时，流过晶体管集射结的电流小于额定电流，即

$$\frac{V_0}{R + R_g} < I_{CES} \tag{4-56}$$

式中，I_{CES} 为集射结的电流小于额定电流。

（3）$R \gg R_L$，$R_g \gg R_L$，以确保在放电过程中起到隔离作用。

4.3.5　雪崩晶体管脉冲电路的仿真

1. Pspice 模型和仿真环境简介

Spice 软件的发展历史可追溯至 1972 年，是美国加州大学 Berkeley 分校最先开发的模拟算法，由该校的计算机辅助设计小组最初利用 Fortran 语言编写而成，设计此软件的目的是用于大规模集成电路的计算机辅助设计。此后，于 1975 年正式推出了 Spice 软件的正式版本——Spice 2G，但是该程序的运行环境限定了它的推广使用范围，即要求至少为小型机。1985 年，加州大学 Berkeley 分校采用另一种较简洁的编程语言——C 语言对 Spice 软件进行了重新编写。该软件具有非常实用的集成电路仿真功能，大大减少了科研人员的工作量，降低了设计成本，提高了产品的设计更新速度，因此使用范围越来越广。1988 年，Spice 软件正式被定为美国国家工业标准。随后，以 Spice 软件为核心的各种商用模拟电路仿真软件陆续出现，它们在原来的基础上做了许多改进工作，使得 Spice 软件更加实用化。直至现在，Spice 软件已经成为电子设计工程师必备的一款最为流行的电子电路仿真软件。比较常见的 Spice 仿真软件有 Hspice、Pspice、Spectre、Tspice 等，虽然核心算法相似，但它们的仿真速度、精度以及收敛性都各具特色，其中 Pspice 是最适用于个人用户的一款软件，它可以被称作一个多功能的电路模拟试验平台，主要应用于印刷电路板和系统级的电路设计。

Pspice 软件设计功能强大，主要包括电路图的绘制、电路的模拟仿真、元器件符号的制作以及图形的后处理等功能，电路设计中以图形的方式输入，可对电路自动进行检查，模拟和计算电路，生成相关图表。Pspice 软件的分析功能主要包括①直流分

析；②交流小信号分析；③瞬态分析；④蒙特卡罗（Monte Carlo）分析和最坏情况（worst case）分析。其中，瞬态分析又称时域分析，主要是分析电路对不同信号的瞬态响应，经过快速傅里叶变换（FFT）可将时域波形转化为对应的频域波形。对数字电路做瞬态分析，还可以得到其时序波形。此外，利用 Pspice 软件可对电路的输出波形进行傅里叶分析，得到时域响应的傅里叶分量（如直流分量、各次谐波分量、非线性谐波失真系数等）。Pspice 用途广泛，不但可以用于电路设计中的分析与优化，如果与印刷电路板设计软件相配合使用，还可实现电子设计的自动化，另外也常被用作电子信息类专业的计算机辅助教学软件。Pspice 以其独特的优势而被公认为是最优秀的通用电路模拟程序软件，发展前景十分广阔。

2. 雪崩晶体管脉冲电路的仿真模型

Pspice 元件库中的三极管模型不包含雪崩参数器件，然而软件中普通三极管模型的雪崩效应不明显，因此需要自建雪崩晶体管的仿真模型，要求模型的建立以雪崩晶体管的物理原理为基础，相应的模型参数与物理特性紧密相关。本书选用的雪崩晶体管型号是 Zetex 公司的 FMMT415 雪崩晶体管，该公司网站上有编写好的等效模型参数，该参数与 FMMT415 的物理特性吻合，有利于仿真的准确性。下载后导入 Pspice，在其元件库中建立 FMMT415 的仿真模型。

图 4-27 为利用 FMMT415 雪崩晶体管等效模型参数建立的元件仿真模型，图中端口 0 对应雪崩晶体管的集电极，端口 1 对应雪崩晶体管的基极，端口 2 对应雪崩晶体管的发射极。此外，本书利用传输线反射延迟耦合原理制作双极性脉冲源，在 Pspice 软件中可采用同轴传输线 RG58 作为传输线，其终端短路，作为单极性波形的反射线，RG58 模型如图 4-28 所示。

图 4-27　FMMT415 的仿真模型

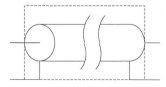

图 4-28　RG58 传输线在 Pspice 中的模型

采用上述两种仿真器件模型，加上电阻、电容等常用的电子元件，最终建立的双极脉冲 Marx 级联电路仿真模型如图 4-29 所示，其中电路的级数显示为五级。

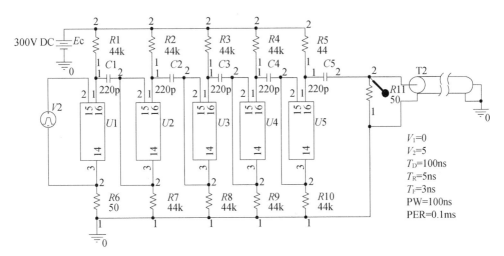

图 4-29   五级 Marx 级联电路仿真模型

3. 参数优化

1）级数选择

由上文分析知，理论上 Marx 电路中最后一级的输出电压近似为直流偏压 V_{CC} 的整数倍，脉冲源级数表示为 N，由于电路两端加入了相同的负载，输出的峰值电压 V_{peak} 在叠加电压基础上减半，三者关系可以表示为

$$N = \frac{2V_{peak}}{V_{CC}} \tag{4-57}$$

考虑到实际电路中各级电压的转移效率不可能为 100%，电路本身也会有能量的损耗，所以级数选择时要取得大一些，为后续的设计留有余量。但是级数 N 也不可取值过大，因为输出电压的大小取决于各级电容的储能，考虑到输出脉冲后沿的宽度主要与放电时间参数 R_C 有关，在限流电阻 R 一定时，如果储能电容 C 取值较大，会造成脉冲宽度的增加，影响输出脉冲的形状。因此，随着电压的叠加，后级储能电容容量一定的情况下，级数 N 的增加会造成后面储能电容的饱和，输出电压幅值不会随着 N 的增加而增加。另外，级数过多导致电路面积的增加，引入额外的分布参数，同时电路环流的面积增大也会加强电路的辐射。由此，级数 N 的取值应当多方面考虑，在不致储能电容饱和的情况下适当增加级数，从而使得输出幅值有效增加。

2）电阻、电容参数的选择

如上文所述，电阻、电容参数取值要综合考虑要求的脉冲宽度、脉冲幅度、脉冲重复频率等因素，满足关系：

$$(3 \sim 5)R_C C < T_R \tag{4-58}$$

式中，T_R 表示脉冲重复频率；R_C 表示限流电阻。雪崩储能电容 C 不能太大或太小，若 C 太大，会导致输出脉宽增加、电路的恢复时间增长；若 C 太小，储能减少，输出脉冲峰值电压受到限制，同时电路中的分布电容开始对电路产生影响。限流电阻

R_C 的选择也要适中，若 R_C 太大，无法保证雪崩电路在静止期内恢复完毕；若 R_C 太小，则雪崩击穿电流会过大，由此引发的热效应会造成雪崩晶体管的烧毁。接下来对五级 Marx 电路中的参数进行考察，通过改变参数值来比对输出脉冲形状的变化。

首先，在直流偏压 300V 时，限流电阻 R_C 固定为 40kΩ，改变电容参数，根据实际常见电容取值，选择几个数量值进行仿真比较，结果如表 4-1 所示。

表 4-1　不同电容值下脉冲参数的变化

电容 C/pF	100	150	180	220	270	330
脉冲幅度/V	507.031	538.445	546.718	557.585	566.567	572.727
脉冲宽度/ns	2.095	2.898	3.466	4.187	5.022	6.119
上升时间/ns	1.539	1.442	1.469	1.486	1.461	1.418
下降时间/ns	5.288	7.933	9.580	11.755	14.564	17.810

表 4-1 的数据表明，随着储能电容 C 的增加，脉冲幅度逐渐升高，脉冲宽度在加宽，脉冲前沿的上升时间由于受雪崩开关导通速度的影响，没有显著变化，然而脉冲后沿的下降时间一直在延长，所以脉冲宽度受储能电容参数的影响比较大。

实际上，电容值升到 330pF 之后，脉冲幅度已经不明显变化，继续增加电容，脉冲幅度会缓慢升高，之后出现下降趋势。仿真图形如图 4-30（a）～（f）所示。

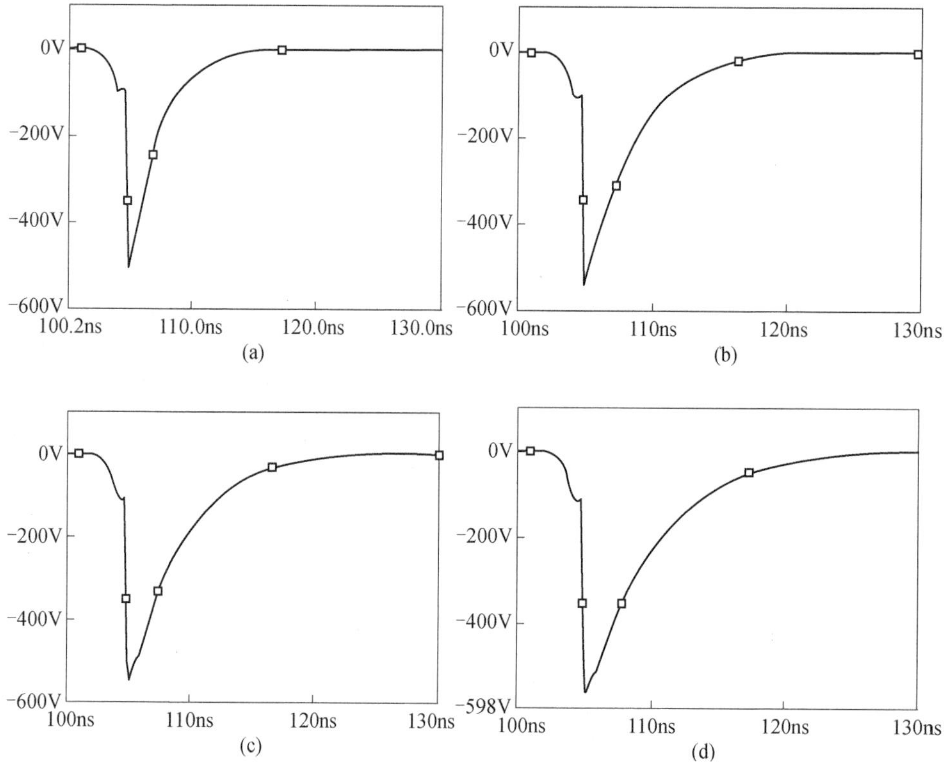

(a)

(b)

(c)

(d)

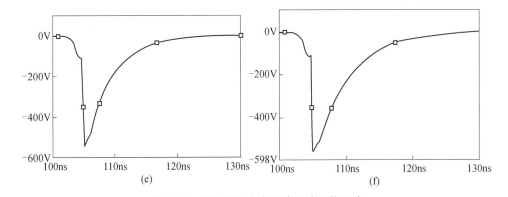

图 4-30　不同储能电容对输出波形的影响

（a）储能电容 C 为 100pF；（b）储能电容 C 为 150pF；（c）储能电容 C 为 180pF；（d）储能电容 C

为 220pF；（e）储能电容 C 为 270pF；（f）储能电容 C 为 330pF

　　其次，仍然在直流偏压 300V 时，雪崩电容固定为 220pF，改变限流电阻 R_C，根据实际常见电阻取值，选择几个数值进行仿真比较，结果如表 4-2 所示。

表 4-2　不同电阻值下脉冲参数的变化

电阻 R_C / kΩ	10	20	25	30	36	44
脉冲幅度/V	607.311	550.055	540.448	532.633	528.002	516.480
脉冲宽度/ns	2.955	3.673	4.033	5.062	5.726	6.025
上升时间/ns	1.459	1.451	1.461	1.440	1.482	1.417
下降时间/ns	9.995	10.885	11.608	13.681	14.263	15.031

　　表 4-2 数据中，随着限流电阻 R_C 的增加，雪崩击穿电流减小，脉冲幅度逐渐降低，脉冲前沿的上升时间由于受雪崩开关导通速度的影响，变化并不显著，然而脉冲后沿的放电时间缓慢增加，表现为脉冲宽度的加宽。当电阻上升至 30kΩ 时，波形整体没有明显改变，只有小范围内的波动，为了保证多次雪崩击穿，不至于因击穿电流产生的热效应而损坏晶体管，一般选择 40kΩ 左右的限流电阻。整体看来，限流电阻的改变对波形的影响没有电容改变时的影响大，只对脉冲幅度有影响。仿真图形如图 4-31（a）～（f）所示。

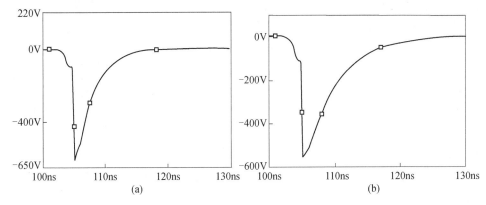

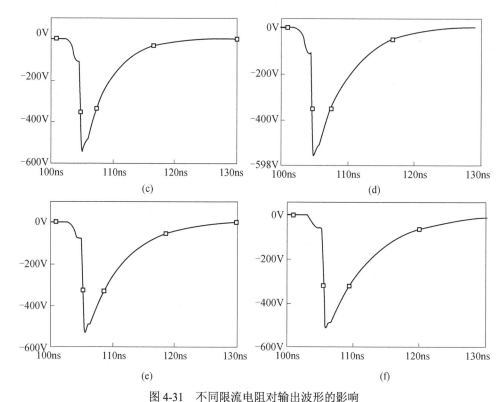

图 4-31　不同限流电阻对输出波形的影响

（a）限流电阻 R_C 为 10kΩ；（b）限流电阻 R_C 为 20kΩ；（c）限流电阻 R_C 为 25kΩ；（d）限流电阻 R_C
为 30kΩ；（e）限流电阻 R_C 为 36kΩ；（f）限流电阻 R_C 为 44kΩ

　　综合上述电阻与电容参数的仿真，我们得出结论：在直流偏压一定的情况下，电阻与电容共同决定了雪崩电路的放电时间，进而影响输出脉冲波形的幅度与宽度。本书对电路进行优化设计，在电容的选择上考虑使用"欠电荷法"，就是在 Marx 级联电路中采用一定容值的储能电容，保证输出幅值较大，仅在最后一级的输出端加上较小的电容，前面积累的电量在其上快速地放电，加快了脉冲后沿的放电时间，限制了脉冲宽度。由于输出端电容远小于前端电容，所以形象地称为"欠电荷法"。这种方法存在相应的弊端：前面几级积累的电荷较多，遇到很小的电容会发生较大的反射，使得脉冲后沿出现拖尾现象，同时脉冲幅值会相应减小，因此必须通过增加级数的办法提高脉冲幅度。

　　由仿真的脉冲波形可见，脉冲前沿比较陡峭，但是出现了从雪崩转换过程到雪崩击穿状态的快速跳变，因而出现了相应的转折点。脉冲后沿中因为放电过程缓慢，工作点不能迅速跳变而出现转折点，使得波形整体看起来不光滑，从而为后续数据处理过程带来麻烦。从优化波形角度，可以做以下几点考虑。

　　（1）适当地减小限流电阻 R_C。电阻越小，放电时间缩短，回路电流增加，脉冲的幅值提高，本书最终选定 R_C 为 44kΩ。

（2）适当地减小储能电容 C。电容减小，放电时间也会缩短。而若 C 过小，不仅会影响输出脉冲的幅度，同时电容会在短时间内充电至电源电压，若 V_{CC} 有抖动，那么输出波形的幅值会受到影响，稳定性降低。考虑到 Marx 电路中电势逐级叠加，所以储能电容值不必相同，如果电容也顺势采用从前至后呈递增的形式，就能有效地减小放电时间，有效地锐化脉冲后沿，缩短脉冲宽度，也使得波形整体看起来平滑。

（3）适当地增加回路电感 L。如果增加电路中的电感量，在一定程度上可以抑制上升沿较快，使脉冲前后沿看起来较为对称，对脉冲起到整形的作用。但是电路本身就会有一定量的分布电感，应注意加入电感元件后可能加深放电回路的振荡，从而形成脉冲拖尾。为此，放电回路中的电参数应满足

$$R \leqslant 2\sqrt{L/C} \qquad\qquad (4\text{-}59)$$

式中，参数 R、L 和 C 分别为放电回路中的等效电阻、电感与电容。

按照上述方法，接着对五级 Marx 电路进行仿真，直流偏压仍为 300V，限流电阻 R_C 为 44kΩ。按以下三种状态对电路进行仿真，状态一，表示按最开始的电路设计，各级电容相等均为 220pF，不加电感；状态二，表示各级电容相等均为 220pF，输出端加入电感 30nH；状态三，表示前几级电容递进增加（120～220pF），最后一级加锐化电容 10pF，输出端加入电感 30nH。输出脉冲波形参数如表 4-3 所示。

表 4-3　三种电路状态下输出脉冲波形参数

输出脉冲波形参数	脉冲幅度/V	上升时间/ns	下降时间/ns	脉冲宽度/ns
状态一	554.121	1.4254	11.788	4.221
状态二	522.216	2.092	11.196	4.711
状态三	343.124	2.236	1.819	1.438

由表 4-3 的数据，状态二中加入了电感元件，与状态一比较，减缓了脉冲前沿的快速上升，脉冲宽度增加，幅值小幅降低。脉冲后沿放电时间变化不明显，原波形后沿的转折点消失，使波形整体光滑。在状态三中，电容从前至后逐级递增，与电势的积累顺序相同，输出端加入锐化电容有效地降低了脉冲后沿的放电时间，同时脉冲幅度大幅下降，脉冲前沿因为电感的作用上升速度减缓，雪崩击穿的延时增加，前沿出现了明显的转折点。总体看来脉冲宽度显著减小，波形前后沿较为对称。同时，锐化电容的引入导致了脉冲拖尾，拖尾幅值为 10.620V，远低于脉冲总幅值的 10%，因此在可接受范围内，不会过大地影响脉冲的总体效果。因此，引入锐化电容、加入电感的方法有很明显的波形优化作用，有利于高幅值窄脉冲波形的输出，但应注意避免此方法带来的不利因素。

三种状态下对应的仿真波形，分别如图4-32（a）～（c）所示。

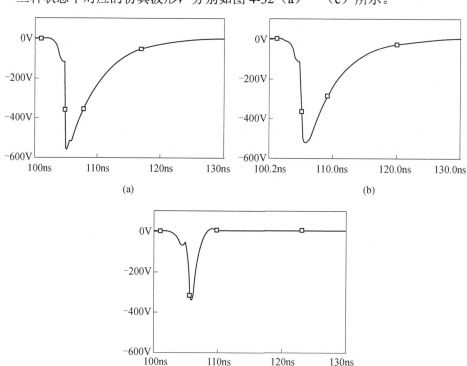

(a)   (b)

(c)

图4-32　三种电路状态下输出的波形比较

（a）状态一输出波形；（b）状态二输出波形；（c）状态三输出波形

3）传输线参数的选择

4.3.3 节中的反射线法这一部分已经详细叙述了传输线耦合原理：脉冲信号在短路支节中传输发生延时反射，反射后与原信号叠加，最终输出具有正负极性的脉冲信号。其中传输线的参数主要包括延迟时间以及特性阻抗的设置，下面主要讨论这两个参数的改变对脉冲波形的影响。

考虑到实际电容转化效率不会达到100%，并且电路中会有能量损耗，欲得到幅度上千伏窄脉冲信号，Marx 电路的级数要有一定的余量，电路级数设定为16。由于储能电容数值关系到波形参数的变化，可采取两种方法进行仿真，一种是储能电容全部采用 220pF，另外一种如前文所述，采用电容从前至后增加、末端锐化电容的方法。直流偏压为 300V，限流电阻为 44kΩ。电路输出端结构如图4-33 所示。

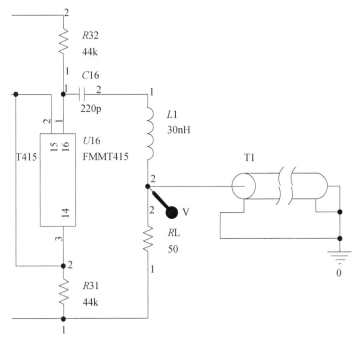

图 4-33　电路输出端结构

当各级电容全部采用 220pF 时，设置传输线的特性阻抗为 50Ω，改变传输线延时，得到波形参数如表 4-4 所示。

表 4-4　各级电容相等时传输线延时对双极性脉冲的影响

传输线延时/ns	1.2	1.3	1.4	1.6	1.8	2.0
正脉冲幅值/V	378.494	396.698	412.033	439.314	460.904	470.186
负脉冲幅值/V	556.439	560.097	565.074	566.789	581.662	582.993
拖尾幅值/V	44.646	44.760	42.110	35.461	39.829	47.010
峰峰脉宽/ns	2.865	2.972	3.119	3.502	3.7531	4.025

从表 4-4 的数据可以看出，随着传输线延时的增加，峰峰值间的宽度加宽，正负脉冲幅度增加，拖尾变化不大。

仿真得到的波形如图 4-34（a）～（f）所示。从图 4-34 中可以观察到，正极脉冲比负极的峰值幅度低，且宽度要宽，这种现象可用电磁波在传输线中传输产生的"趋肤效应"来解释。所谓趋肤效应就是指在传输线中通过电磁波时，传输线截面上的电流由于感应作用造成不均匀分布，愈接近传输线表面电流密度最大，向里依次减小，这样传输线的有效电阻会增加。频率越高，趋肤效应越明显。

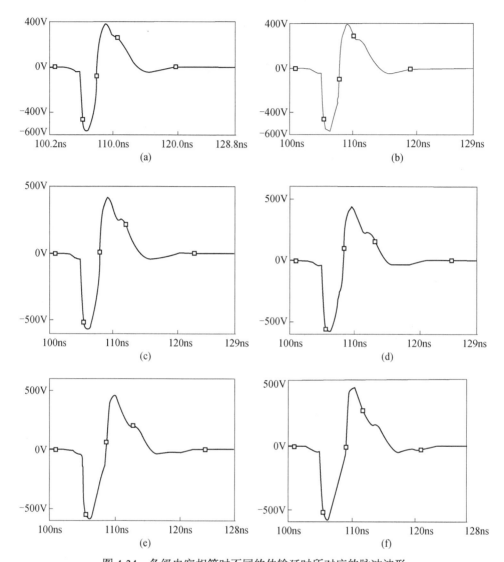

图 4-34   各级电容相等时不同的传输延时所对应的脉冲波形

（a）延时为 1.2ns；（b）延时为 1.3ns；（c）延时为 1.4ns；（d）延时为 1.6ns；
（e）延时为 1.8ns；（f）延时为 2.0ns

此外，由波形耦合理论可知，当传输线的延时低于单极脉冲的宽度时（此前 16 级电路输出的单级脉冲宽度为 2.772ns），波形会发生耦合叠加，从而生成了以上的双极性波形。

另一种情况，采用各级储能电容从前至后逐级增加，末端采用 20p 下的锐化电容，设置传输线的特性阻抗为 50Ω，改变传输线延时，得到波形参数如表 4-5 所示。

表 4-5　采用锐化电容时传输线延时对双极性脉冲的影响

传输线延时/ns	0.6	0.8	1.0	1.2	1.4	1.6
正脉冲幅值/V	302.866	417.500	417.841	451.415	465.754	465.448
负脉冲幅值/V	447.100	452.126	451.554	457.435	463.104	465.039
拖尾幅值/V	75.378	65.230	65.744	61.300	54.028	48.691
峰峰脉宽/ns	1.947	2.076	2.059	2.441	2.781	3.125

仿真得到的波形如图 4-35（a）～（f）所示，与图 4-34 比较可知，采用锐化电容后脉冲峰值整体下降，拖尾增加（仍小于整体幅值的 10%），但脉冲宽度减小，正负极波形更加对称，可见采用锐化电容方法可以有效优化波形。此外，通过脉冲延时的改变，可以改变波形的叠加程度，从而优化波形的宽度。

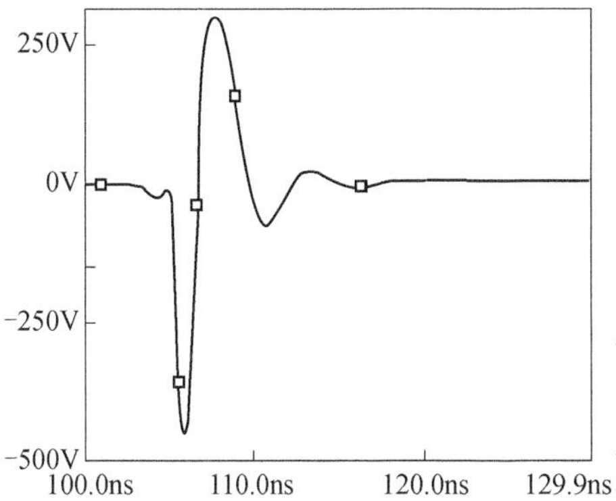

(a)

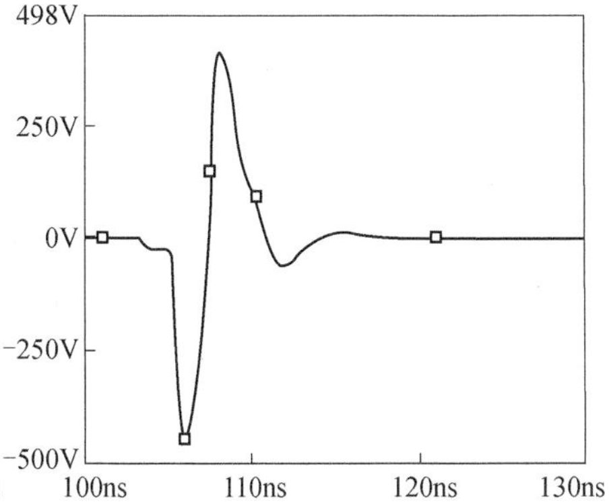

(b)

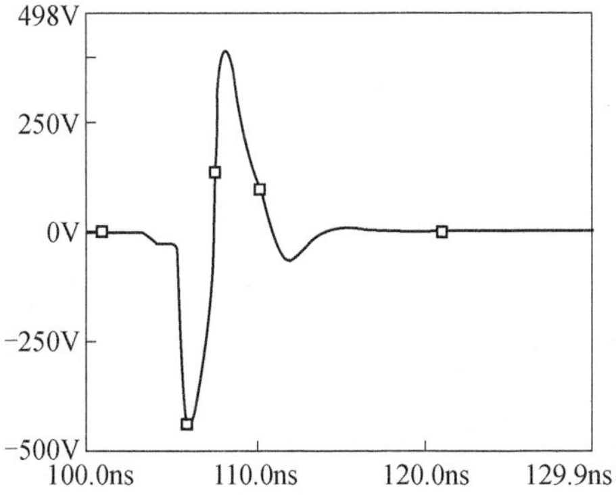

(c)

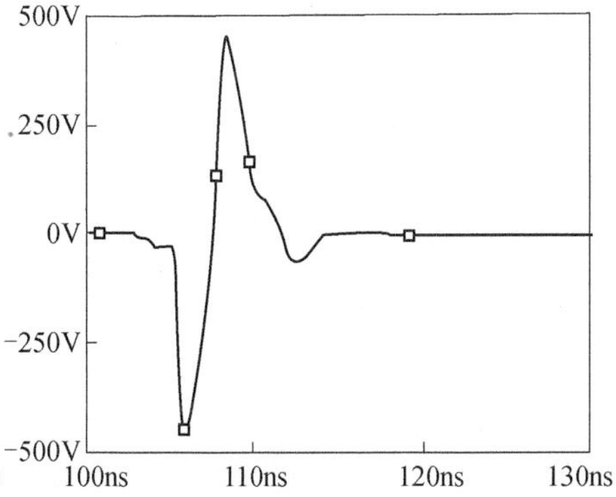

(d)

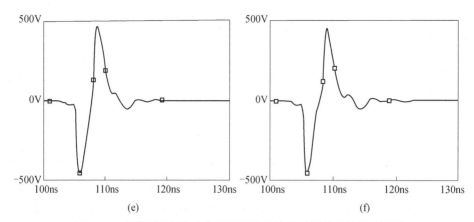

图 4-35　末端采用锐化电容时不同的传输延时所对应的脉冲波形

（a）延时为 0.6ns；（b）延时为 0.8ns；（c）延时为 1.0ns；（d）延时为 1.2ns；

（e）延时为 1.4ns；（f）延时为 1.6ns

　　传输线的参数除了延时之外，还有特征阻抗的设置。我们知道，阻抗不匹配会造成波形反射的增加，已知电路输出阻抗为 50Ω，分别设置输出阻抗为 25Ω 和 75Ω，得到的输出波形分别如图 4-36（a）和（b）所示。

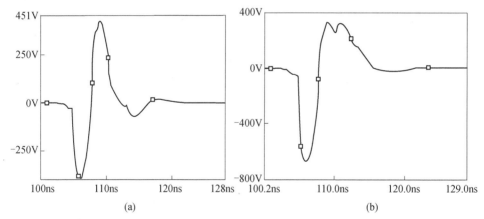

图 4-36　传输线不同特性阻抗下的输出波形

（a）传输线特性阻抗为 25Ω；（b）传输线特性阻抗为 75Ω

　　通过仿真可见，输出波形受阻抗不匹配的影响很大，拖尾明显增加，波形变形严重。实际上，电路板的分布参数以及电子器件阻值的误差等很可能导致阻抗不匹配，因此在电路设计时应当尽量避免此类情况的发生。综合上述仿真讨论，本书电路最终选择 16 级 Marx 级联电路，直流偏压 V_{CC} 为 300V，限流电阻 R_C 为 44kΩ，储能电容 C 由前至后逐渐增加，末端采用锐化电容的形式，控制脉冲延时为 1.5ns。此时输出脉冲的幅值接近千伏，脉宽约为 3ns，拖尾幅值小于输出脉冲幅值的 10%，满足项目的要求。

习　题

4.1 常见的瞬态脉冲产生方式有哪些？

4.2 雪崩晶体管有哪几种导通方式？

4.3 已知一阶高斯脉冲峰峰值为 1000V，峰峰脉宽为 3ns，重复频率为 10kHz，求在 50Ω 标准负载下的平均功率？

参 考 文 献

[1] Mankowski J，Kristiansen M. A review of short pulse generator technology[J]. IEEE Transactions on Plasma Science，2000，28（1）：102-108.

[2] 李晓坤. 超宽带双极性高压脉冲研究[D]. 西安：中国科学院西安光学精密机械研究所，2009.

[3] Jol H M. 探地雷达理论与应用[M]. 雷文太，童孝忠，周畅，等译. 北京：电子工业出版社，2011，57-60.

[4] Scott W B. UWB radar has potential to detect stealth aircraft[J]. Aviation Week & Space Technology，1989，131（23）：38.

[5] Merensky L M，Kardo-Sysoev A F，Flerov A N，et al. A low-jitter 1.8-kV 100-ps rise-time 50-kHz repetition-rate pulsed-power generator[J]. IEEE Transactions on Plasma Science，2009，37（9）：1855-1862.

[6] Nunnally W C. High-power microwave generation using optically activated semiconductor switches[J]. IEEE Transactions on Electron Devices，2002，37（12）：2439-2448.

[7] Kuthi A，Gabrielsson P，Behrend M R，et al. Nanosecond pulse generator using fast recovery diodes for cell electro-manipulation[J]. IEEE Transactions on Plasma Science，2005，33（4）：1192-1197.

[8] Kuthi A，Gundersen M A. High voltage nanosecond pulse generator using fast recovery diodes for cell electro-manipulation[P]. US20090224813，2009.

[9] Giacoletto L. Pulse operation of transmission lines including skin-effect resistance[J]. Microwave Journal，2000，43（2）：150-157.

第5章　井中雷达接收机原理与设计

5.1　接收机基本理论

5.1.1　雷达接收机简介

雷达接收机是雷达系统的重要组成部分，它主要负责对接收天线所接收到的微弱反射信号进行放大、滤波、变频、采样等处理[1]。它应最大限度地获取有用信号，同时降低无用信号的干扰；并通过一系列的手段，使接收到的微弱反射信号能够满足数据采集和处理部分的要求，然后将其转化为数字信号进行处理。

5.1.2　雷达接收机的作用

根据不同雷达的要求，雷达接收机有单脉冲雷达接收机、相控阵雷达接收机、多通道雷达接收机及雷达数字接收机等形式。按照使用频段，雷达接收机可分为高频、超高频、甚高频等类型的接收机。不同频段的雷达应用在不同的场合，例如，X波段的雷达适用于机载、火控等移动场合，而P波段的雷达多用于远距离的警戒与引导[2]。按照用途进行分类，雷达可以分为气象雷达、火控雷达、警戒雷达等。当然，即使用途相同的雷达，其结构也可能完全不同，所采用的体制也不尽相同，因此所对应的接收机也各有不同。但是不管雷达接收机有多少种类、多少形式，其作用都是基本相同的，主要有以下几点。

（1）对信号进行选择。

在自由空间中存在着各种各样的电磁波，遍布各个频段，有的是自然环境中存在的噪声，有的则是周围各种电子产品、雷达等设备向外辐射的电磁波。如果这些外部电磁辐射同所需的反射信号在同一个频段、同一个环境，就会对有用信号产生干扰，因此需要通过一定的手段将有用信号从复杂的环境中选择出来。接收机的一项重要功能就是，利用其自身的电路结构对有用信号进行选择，同时抑制外部干扰[3]。对信号的选择有很多方法，可以通过滤波器进行频域上的选择，还可以通过开关进行时间上的选择，例如，对于GPR中发射天线的直达波，就可以通过收发开关，在时域上进行消除。

（2）对接收信号进行放大。

一般来说，接收到的目标物体反射信号都是很微弱的，如果要使信号能够满足数据采集与数据处理部分的要求，必须对接收到的信号进行放大。接收机对信号的放大通常采用低噪声放大器（LNA），在放大信号的同时，使系统的信噪比（SNR）在一个可接受的范围内。

（3）对接收信号进行频率变换。

一般情况下，接收机接收到的反射信号频率都是比较高的，而高频信号对数据采集和数据处理部分来说是相对难处理的。这就需要接收机对接收到的高频信号进行处理，利用其本身的非线性特性将信号频率降到中频或者是基带频率，以便进行采样处理。

（4）对干扰进行抑制。

雷达系统在运行过程中，总会受到外部或者自身内部的各种干扰。这些干扰会影响接收机的各项性能指标，严重情况下还可能影响接收机以至于整个雷达系统的正常工作。所以，接收机需要对这些干扰进行抑制，保证接收机在复杂的外部环境中也能正常地工作。接收机应该尽量避免暴露在外部环境中，同时也要防止雷达系统内部各个单元电路之间的相互影响。在器件选择的过程中也应当尽量选择受外部环境（如环境温度）影响较小的器件。

5.1.3　接收机的体系

雷达接收机体系可以分为有载频接收机和无载频接收机，有载频接收机包括超外差接收机、零中频接收机和数字中频接收机（表 5-1）。

表 5-1　三种接收机体系比较

体系结构	主要优点	存在问题
超外差	方案成熟，信道选择性优，动态范围大，灵敏度高，线性度高等	难以全集成，镜像抑制复杂，功耗高
零中频	结构简单，不用担心镜像干扰，易于集成，适用范围广	容易产生直流偏移、信号泄漏、偶次失真等
数字中频	前段射频电路模拟电路少，集成度高，后期处理灵活，信号处理、调制方便	模数转换器件要求高，噪声干扰、动态范围等解决方法比较复杂

1）超外差接收机

超外差接收机机理早在 1917 年就由 Armstrong 提出，之后被广泛应用，现在的绝大部分接收机均采用这一结构[4]。超外差接收机的系统结构见图 5-1。

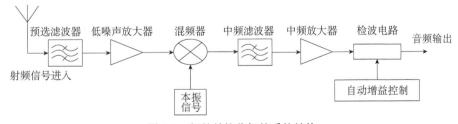

图 5-1　超外差接收机的系统结构

低噪声放大器通常位于整个接收机射频链路最前端，为了抑制带外信号与镜像

干扰，可以在低噪声放大器之前加设一个预选滤波器。低噪声放大器之前的部件设计应当格外注意，以保证不额外引入过多的噪声干扰。混频器完成变频过程，可以由两次分步完成，多数接收机完成的是下变频，也有少数接收机完成的是上变频。射频（RF）信号在混频器中与本振信号混频，随后下变频到预设的中频（intermediate frequency，IF）频率，变频过程的数学描述为 $\text{IF} = \left| f_{RF} \pm f_{LD} \right|$。式中，IF 表示混频器输出的中频频率；$f_{RF}$ 表示输入混频器的射频信号频率；f_{LD} 表示输入混频器的本振频率（LD）。可以看出，混频后产生了两个中频，分别为 $\text{IF} = \left| f_{RF} \pm f_{LD} \right|$，实际需要的中频是其中之一，因而在混频器后设置一个中频滤波器，选择需要的中频频率。选择合适的中频，关系到接收机的灵敏度与选择性，因而是接收机设计时需要仔细考虑的问题。对于两次完成的下变频结构，通常第二下变频是分两路正交信号输出，通过希尔伯特变换（Hilbert transform，HT）可以很方便地将正交信号转换为同相信号，以减弱后续数字处理的难度。通过设计性能优异的滤波器、选择合适的中频，会使超外差接收机的选择性与灵敏度十分优异，因此可作为最可靠的接收机结构而被广泛使用。多次变频分步完成的设计，也降低了泄漏信号及直流（direct current，DC）偏置对接收机性能的影响。但是，在超外差结构中，需要设计外部高 Q 滤波器；为获得较好的相噪性能，还需要为本振设计额外的外部缓冲器。这些部件一方面消耗了更多的系统资源，增加了项目成本，另一方面也使得系统的尺寸大大增加，整体系统复杂度加大。

2）零中频接收机

零中频接收机依然是一种变频结构，基本构架类似于超外差体系，最大的不同在于，零中频接收机的本振频率等于射频载波频率，混频后输出的是基带信号，没有过渡中频产生，因此零中频接收机又称为直接变频接收机。零中频接收机的系统结构见图 5-2。

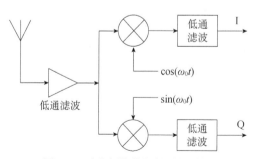

图 5-2　零中频接收机的系统结构

原理上分析可知，零中频接收机的镜像频率就是其本身，因而不存在镜像干扰问题，不再需要外部设计超外差结构中使用的高 Q 滤波器来抑制镜像干扰。下变频过程只需一次即可完成，通常也产生两路正交信号输出。零中频结构是集成电路（IC）的最佳设计方案，这种结构中没有使用片外元件，而且只需一个混频器，大大简化了系统结构，降低了系统成本，便于集成化。但是，这种结构也有缺点。泄漏的本振信号直接到达接收端或本振受到强干扰信号的耦合而导致的"自混频"，会造成直流电平发生紊乱，进而破坏掉所需信号，甚至使后续电路直接达到过饱和状态。而 I、Q 两路信号在增益或相位上的失配都会使输出信号中掺入杂波，导致不能准确地完成解调。

3）数字中频接收机

下变频到基带的信号在传统的接收机结构中仍然是模拟信号，随后在基带被转换为数字信号。随着模数转换技术的迅猛发展，接收机的模数转换得以从基带扩展到中频，在中频进行采样变换。数字中频接收机的系统结构见图 5-3。

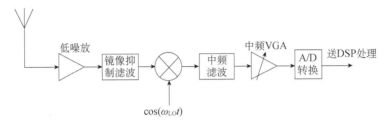

图 5-3　数字中频接收机的系统结构

在数字中频接收机中，混频和滤波均可在数字域完成，使得超外差、零中频结构的中频级直接数字化。数字化中频避免了 I、Q 两路信号之间的不均衡，进而完美地抑制了镜像干扰。然而，该结构接收机的实现需要高性能的模数转换器（ADC），因而整机的能量消耗极大增加，系统成本也较高。

4）超宽带雷达接收机

井中雷达同传统雷达相比有一定特殊性。首先，其工作环境是在地下，地下介质对雷达电磁波的衰减很严重，传播距离有限，因此探测距离是井中雷达的一个主要瓶颈，要求设计的雷达系统发射功率更高、接收微弱电磁波能力更强。其次，井中雷达的应用场合一般是要求探测地下一定范围内的裂缝、空穴等情况，需要较高的分辨率。为了满足这些条件，一般是使用超宽带雷达这种形式。超宽带雷达具有抗衰减能力强、分辨率高、抗干扰能力强、定位精确等特点，不仅在 GPR 中，在井中雷达中也被广泛地采用。超宽带雷达和窄带雷达的区别在于，超宽带雷达的相对带宽较大，一般以 25%为临界点，大于此值即为超宽带雷达，判别公式为[5]

$$\eta = \frac{2(f_H - f_L)}{f_H + f_L} > 25\% \tag{5-1}$$

其中，η 为信号的相对带宽；f_H、f_L 分别是信号在功率谱密度的-10dB 衰减点的最高和最低频率。

若满足此公式，或者雷达瞬时带宽大于 500MHz，即为超宽带雷达，反之则为窄带雷达。超宽带雷达带宽很宽，因此相对于窄带雷达能够提供更多的目标信息，提高了对目标的识别力,具有很广阔的应用前景。

　　超宽带雷达按照其发射的电磁波信号的形式不同,可以分为无载波超宽带瞬态雷达和有载波超宽带微波雷达两种主要形式。

　　不管是有载波的超宽带雷达还是无载波的超宽带冲击雷达,相对于传统的窄带雷达都有其自身固有的优势,这些优势体现在以下几个方面。

　　(1)超宽带雷达所发射的信号,兼有频带宽、频率低的特点,其既具有高分辨率、高识别力,又具有强的穿透能力,在穿墙、探地、井中等领域都有显著的优势。

　　(2)超宽带雷达的信号频谱较宽,因此抗干扰能力强,若对其在如此宽的频带上进行干扰,势必会降低干扰雷达的功率谱密度,使得干扰较弱。另外,普通雷达和超宽带雷达接收机有很大的不同,普通雷达接收机不能接收超宽带信号,因此超宽带雷达的信号保密性好。

　　(3)超宽带雷达的带宽越宽,它的分辨率就越高,就能够更好地识别物体,雷达系统成像也就更清晰,效果更好。

　　(4)由于冲击脉冲时域宽度极窄,较近的目标反射在波形上也不易和直达波信号重合,使其对近距离目标的探测能力突出,而不像窄带雷达那样存在近程盲区。

　　超宽带雷达接收机的基本结构如图 5-4 所示。接收到的超宽带信号首先经过超宽带低噪声放大器进行放大,然后经过高速采样/保持电路,再通过 ADC,变成数字信号,最后交由雷达的信号处理及成像部分处理成像[6-7]。

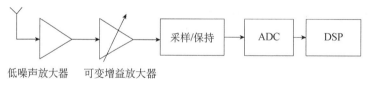

图 5-4　超宽带雷达接收机的基本结构

DSP:数字信号处理器,digital signal processor

　　信号由接收天线接收后,幅度一般是微弱的。第一级需采用低噪声放大器进行放大,可变增益放大器用来调节不同大小的回波信号的放大倍数,对幅度较大的信号使用较低的增益,从而提高接收机的动态范围,进而使得雷达探测范围增大。由于超宽带雷达接收机接收到的信号一般是纳秒量级的脉冲信号,这就要求 ADC 的采样频率在 GHz 量级,一般的 ADC 芯片内部的采样/保持电路达不到这么高的采样频率,因此在 ADC 芯片前端增加额外的高速采样/保持电路来保证 ADC 芯片对信号的采集和处理。

　　对超宽带雷达接收机而言,对 ADC 芯片的采样频率要求很高,例如,采集带宽为 500MHz 的信号,根据奈奎斯特(Nyquist)采样定律,就需要 1GHz 采样频率的 ADC 芯片,这样的芯片成本很高。这种情况下,其中一种改进方法是,可以采用多个 ADC 芯片并联的方式,来减轻 ADC 芯片的成本压力[8-9]。此种形式的接收机如图 5-5 所示。

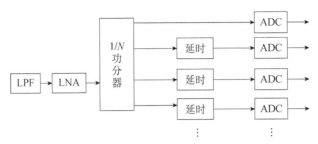

图 5-5　超宽带时域交织接收机

　　接收到的信号经过 1/N 功分器分为 N 路相同的信号，通过精确的延时电路，分配给各个 ADC 芯片，实现在时域上对原有信号进行分割，每个 ADC 采样信号的 1/N，最终在数据处理部分再将采样结果进行整合，以达到取样的目的，同时也降低了对 ADC 芯片的要求。例如，如果信号带宽为 500MHz，将信号分为五路，那么每一路采用采样频率为 200MHz 的 ADC 芯片就能实现等效 1GHz 的采样频率，满足奈奎斯特采样定律的要求。

　　在实际应用中，为了降低设计的复杂程度以及设计成本，当被探测目标处于静止或者低速运动状态时，可以采用等效采样的方式，在这种方式下，接收机的设计可以尽量简化，只需要采用图 5-4 所示的形式，就能很好地还原信号，达到探测目的。在井中雷达接收机的设计当中，探测目标是地下断层或者空洞等静止目标，雷达发射、接收天线可以停留在同一位置进行重复探测，因此可以采用等效采样的方式。本书所设计的接收机就采用这种结构形式。

5.1.4　雷达接收机的主要技术参数

1. 灵敏度

　　灵敏度是用来衡量接收机对弱信号的拾取能力的度量。表面上看，是由于中频放大器提供了接收机最重要部分的增益，接收机射频前端的增益低导致了射频接收机的灵敏度低；而实质上，接收机总的噪声系数因为射频前端低的增益而大幅增加，从而导致了灵敏度的下降[10]。定义接收机的灵敏度为

$$P_{s\min} = DkTF_N B \tag{5-2}$$

也可用 dBm 单位表示

$$P_{s\min} = -174 + 10\lg D + 10\lg F_N + 10\lg B \quad (\text{dBm}) \tag{5-3}$$

式中，$P_{s\min}$ 为接收机能够检测到的最小信号；D 表示要正确接收信号对接收机信噪比提出的最低要求，也称识别系数；F_N 为接收机的总体噪声系数；T 一般是室温，290K；B 表示接收机等效噪声频带宽度，工程上通常用中频带宽近似；k 为玻尔兹曼常量，取值为 1.38×10^{-23}J/K。

灵敏度的另一个度量参数是最小可检测信号（MDS）。工程上定义，高于理想无噪系统的基底热噪声 3dB 的信号电平即为最小可检测电平。室温条件下，单位 Hz 的理想无噪系统，其最小可检测电平为−171dBm，比此时的基底热噪声功率谱密度−174dBm/Hz 高 3dB。实际有噪系统的最小可检测电平还要受到自身噪声系数 F_N 与噪声频带宽度 B 的影响，实际系统的最小可检测电平表示为

$$\text{MDS} = -171 + 10\lg F_N + 10\lg B \quad (\text{dBm}) \tag{5-4}$$

2. 动态范围

对无源线性系统来说，其输出信号与输入信号在一定频率范围内呈现线性关系，系统传递过程中没有新的频率分量产生。动态范围（dynamic range，DR）主要是针对有源系统来说的，这类系统通常使用了大量的晶体管或场效应管等非线性器件。小信号激励下的有源系统中可近似看作线性的，输入与输出不存在频谱分量上的差异，输出信号大小随输入信号线性增加。然而当输入信号增大到一定程度时，有源系统的输出信号不再保持线性增加[11]。输出信号低于线性输出值 1dB 的点即为 1dB 压缩点，表示 P_{-1} 或 P_{1dB}。若功率超过 P_{-1} 并继续增大，输出信号将迅速下降，并最终保持一个比 P_{-1} 大 3～4dB 的饱和功率，此时系统工作于非线性区，信号被严重压缩。

1dB 压缩点与动态范围的定义如图 5-6 所示。

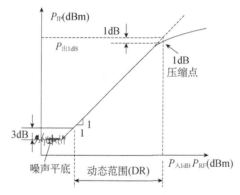

图 5-6   1dB 压缩点与动态范围

动态范围定义为

$$\text{DR} = P_{\text{RF1dB}} - \text{MDS} \tag{5-5}$$

接收机的动态范围表示的是最小可检测信号到 1dB 压缩点的范围，往往希望这个范围越大越好，动态范围越大，可处理的信号范围越大。可线性处理的大信号上限是制约动态范围扩展的最大难点[12, 13]。

若一个混频器的输入 P_{-1} 为+6dBm，射频链路前端的低噪放增益为 20dB，为使输出保持线性，系统输入信号的上限为−14dBm（$6 - 20 = -14\,\text{dBm}$）。通过两个单刀双掷（SPDT）开关构成图 5-7 所示电路，在输入大信号时，两个开关接到直通旁路，

这样输入信号不经过放大，信号上限扩展到混频器的输入 P_{-1}，即+6dBm，动态范围扩展了 20dB。

图 5-7　一种扩展动态范围上限的方法

3. 噪声系数

任何一个电子电路，都不可避免地需要考虑噪声。尤其是对于接收机，噪声性能会对接收信号的质量产生直接影响。因此有必要研究噪声作用于接收机的机制，以及噪声性能的测量方法。器件对噪声的描述如图 5-8 所示，表达式为

$$N_{out} = N_a + N_{in}G \tag{5-6}$$

其中，N_{out} 为输出噪声；N_a 为器件产生的内部噪声；N_{in} 为输入噪声；G 为增益。噪声系数（noise figure，NF）的表达式为

$$F = \frac{(S/N)_{in}}{(S/N)_{out}} = \frac{S_{in} \times N_{out}}{G \times S_{in} \times N_{in}} = \frac{N_{out}}{G \times N_{in}} \tag{5-7}$$

化为以 dB 为单位，则为

$$F(dB) = 10\lg\left(\frac{N_a + G \times N_{in}}{G \times N_{in}}\right) \tag{5-8}$$

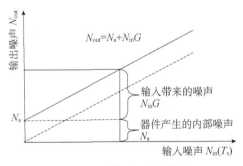

图 5-8　器件对噪声的描述

将式（5-6）代入式（5-7），得到

$$F = \frac{N_{out}}{G \times N_{in}} = \frac{N_a + kT_sBG}{kT_sBG} = \frac{kBGT_s + kBGT_e}{kBGT_s} = \frac{T_e + T_s}{T_s} \tag{5-9}$$

式中，T_e 为等效噪声温度，是衡量噪声系数的一种重要参数：$T_e = (F-1)T_s$，其中 $T_s = T_0 = 290K$。级联系统的噪声系数为

$$\mathrm{NF_{total}} = \mathrm{NF_1} + \frac{\mathrm{NF_2}-1}{G_1} + \frac{\mathrm{NF_3}-1}{G_1 G_2} + \cdots \tag{5-10}$$

其中，G 为常数单位；NF 为 dB 单位。设计之前需要计算噪声系数以分析系统方案，待制作出实际系统后再用仪器测量噪声系数。测量噪声系数的方法有两种：Y 值法和增益法[14]。

（1）Y 值法。

Y 值法的原理是：测量待测网络接标准噪声源冷、热态时的输出噪声值，分别记为 N_1、N_2，随后求出系数 Y：

$$Y = \frac{N_2}{N_1} = \frac{kGB(T_e + T_h)}{kGB(T_e + T_c)} \tag{5-11}$$

得到

$$T_e = (T_h - YT_c)/(Y-1) \tag{5-12}$$

联立式（5-12），得到噪声系数：

$$F = \frac{\left(\dfrac{T_h}{T_0}-1\right) - Y\left(\dfrac{T_c}{T_0}-1\right)}{Y-1} \tag{5-13}$$

定义超噪比（excess noise ratio，ENR）为噪声源超过标准噪声温度 T_0 热噪声的倍数：

$$\mathrm{ENR} = \frac{T - T_0}{T_0} \tag{5-14}$$

化为以 dB 为单位，则为

$$\mathrm{ENR(dB)} = 10\lg\left[(T - T_0)/T_0\right] \tag{5-15}$$

将式（5-14）代入式（5-15），得到

$$F = \frac{\mathrm{ENR}}{Y-1}\left[1 - \frac{Y(T_c - T_0)}{T_h - T_0}\right] \tag{5-16}$$

化为以 dB 为单位，则为

$$F(\mathrm{dB}) = 10\lg F = \mathrm{ENR}(\mathrm{dB}) - 10\lg(Y-1) + \Delta \tag{5-17}$$

这就是用 Y 值法测量噪声系数的表达式，其中 Δ 为修正项：

$$\Delta = 10\lg\left[1 - \frac{Y(T_c - T_0)}{T_h - T_0}\right] \tag{5-18}$$

当 $T_0 = T_c$ 时，$\Delta = 0$，$F = \mathrm{ENR}/(Y-1)$。

噪声系数的线性表达式为

$$Y = 1 + \frac{\mathrm{ENR}}{F} \tag{5-19}$$

Y 值法测量噪声系数有其适用范围：当 $F \gg \text{ENR}$ 时，Y 接近于 1，此时测量精度降低。通常 F 比 ENR 大 10dB 时，Y 值法测量会带来较大的误差。

（2）增益法。

"增益法"是工程中另外一种常用的测量噪声系数的方法。由式（5-7）可知，系统的输出噪声由两部分组成，一是混杂于输入信号中的输入噪声，二是系统内部布朗运动产生的固有噪声。

电阻产生噪声的标准方程为 $e^2 = 4kTBR$，器件可利用的噪声功率（即资用噪声功率）表示为 $P_{\text{av}} = kTB$，其中，T=290K，为绝对噪声温度。可以看出，噪声产生的功率在带宽内是均匀分布的。相应地将噪声功率用噪声功率谱密度（T=290K）表示

$$P_{\text{NAD}} = kT = 4 \times 10^{-21} \text{W / Hz} = -174 \quad \text{dBm /Hz} \tag{5-20}$$

因而，我们有

$$\text{NF} = P_{N\text{out}} - \left(-174 \text{dBm/Hz} + 10 \lg B + G \right) \tag{5-21}$$

使用增益法进行测量时需要注意两点：一是需要在待测部件的输入端接特性阻抗，二是要预先得到待测部件的增益数值。常用的特性阻抗有两种，其中视频系统的特性阻抗为 75Ω，射频系统的特性阻抗为 50Ω。频谱分析仪常被用于测量输出端口的噪声功率谱密度。

理论上增益法不受限于频率范围，任意频率范围都可以使用，只要在频谱分析仪的工作范围内。频谱仪的噪声基底是制约该方法的最大因素。如果一个系统具有非常高的增益或者非常高的噪声系数，那么频谱仪测得的输出噪声功率谱密度 $P_{N_{\text{out}}D}$ 应该远远高于频谱仪的噪声基底，因而采用增益法可以准确测量这类系统的噪声系数。

4. 波形失真

为了能够准确地还原被检测物体的特征，就必须准确地接收被检测物体所反射的波形。波形失真就是用来表征雷达接收机对反射波高频部分的接收情况。

为了减少波形失真，最主要的办法就是增加接收机的通频带带宽，让反射波的所有高频分量都能够被接收处理。但是带宽的增加又会导致噪声的增加，所以实际情况中，必须在接收机的带宽、噪声性能、设计成本以及设计难度之间进行折中考虑。波形失真对雷达系统的影响主要有以下几点[15]。

（1）波形前沿的失真，会导致雷达对回波信号返回时间的判断不准确，进而使得雷达系统对目标物体的距离判断会出现偏差，降低了测距精度。

（2）波形的峰值失真，一般是由雷达接收机放大器出现截止或者过载的情况所导致。这种情况下可能会导致雷达丢失目标。

（3）波形后沿的失真，会导致雷达对相邻的回波信号的分辨能力减弱，从而对距离比较近的两个物体的识别能力降低。

5.2 井中雷达接收机系统

瞬态脉冲雷达接收机作为雷达系统的重要组成部分，对雷达性能的提升有着重要的作用。瞬态脉冲雷达接收机从接收天线获取瞬态脉冲回波信号，在接收机内部对信号进行放大、链路增益调节、滤波、信号等效采样等处理，输出给后级处理单元进行数据传输与处理[16]。

5.2.1 信号波形及其频谱

瞬态脉冲雷达成像测井系统采用一阶高斯脉冲信号作为激励源，脉冲源波形的峰峰值脉宽在皮秒/纳秒量级。有必要对雷达系统传播过程中的波形变换进行研究。以峰峰值脉宽 3ns 的一阶高斯脉冲源为例，其时域波形及频谱如图 5-9 所示，其中心频率为 130MHz，半功率带宽为 150MHz（60～210MHz）。实际的脉冲源峰峰值电压在数百伏左右，以 50Ω 匹配系统计算，800V 峰峰值电压的瞬时功率可达 62dBm[17]。

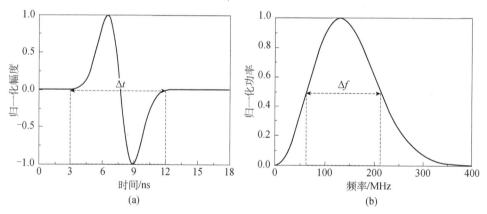

图 5-9 峰峰值脉宽 3ns 一阶高斯脉冲源波形及其频谱

（a）归一化时域波形；（b）归一化功率谱

回波信号的幅度归一化时域波形如图 5-10 所示。回波信号相当于对脉冲源信号微分所得，时域脉宽更窄，频域相对上移。故在设计接收机时，其带宽低端设置为脉冲源信号频谱低端，既方便后期以源的波形进行调试定标，又能满足实际系统带宽的需要。因此，接收机的主要工作频率范围设置为 50～500MHz，能够覆盖 3ns 脉冲源系统的工作频带，同时留有一定余量便于匹配其他脉冲源。

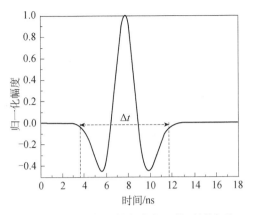

图 5-10　回波信号的幅度归一化时域波形

5.2.2　接收机的指标要求

接收机从远端接收信号，不同特性的信号在自由空间路径传播过程中的损耗不同，有必要估算接收天线端的信号强度。评估信号强度之后，就能够确定对接收机和天线的要求。单孔探测井中雷达机制接收天线端信号强度计算式为

$$P_r = P_t - 反射损耗 - 双程路径损耗 + A_t \qquad (5-22)$$

式中，P_r 为接收天线端的功率；P_t 为发射功率；A_t 为发射天线在接收方向上的增益。$P_t + A_t$ 表示不考虑路径损耗时到达接收天线的有效辐射功率。接收机需要达到的灵敏度或最小接收功率 $P_{r\,(min)}$ 可以表示为

$$P_{r\,(min)} = P_r + A_r \qquad (5-23)$$

式中，A_r 为接收天线增益[18]。

根据实际项目要求，雷达系统要求探测 5～10m 的地下信息，收发天线间距为 5m。发射机发射脉宽为 6～10ns 的高斯脉冲，发射脉冲峰值电压幅度为 1000V，脉冲重复频率为 10kHz。井中雷达系统对接收机的主要指标要求如下。

第一，雷达探测距离为 5～10m，对 3m 之前以及雷达的直达波信号要进行消除。要求接收机前端收发开关能快速导通与截止。

第二，由于探测目标的距离、大小不同，反射信号的强度也不同，要求雷达对回波信号实现可变增益放大，例如，增益为 0～30dB，步进 5dB。在 30dB 增益条件下，噪声系数小于 2.5dB。

第三，结合雷达系统数据处理部分的要求以及工程实际情况，采用等效采样的方式进行采样，回波信号脉宽为 6～10ns，采集点数为 8～10，等效采样频率达到 1GHz。对回波信号进行采样保持处理，对于脉宽 6～10ns 的信号，每一采样点的保持时间在微秒级，以满足后级数据处理部分的采样时间要求。

第四，要求雷达具有定向功能，能够分辨接收到的回波信号的具体方位。

第五，接收机整体结构宽度限制在 50mm 以内，要求接收机成本低，结构简单、耐地下潮湿和高温环境。

5.2.3 井中雷达接收机系统设计

根据系统提出的指标要求，结合工程实际情况，本书设计了接收机系统，框图如图 5-11 所示。系统实现定向的方式是采用四个定向接收天线接收不同方向的回波信号，因此接收机需要单刀四掷开关选择接收通道，从而确定方向。发射机发射信号为幅度在 1000V 左右的高斯脉冲信号，因此在通道选择开关后级，接高速收发开关，用以消除天线直达波对接收机的影响，对接收机起到保护作用。若天线隔离度为60dB，回波功率大约 13dBm，在空气中实验易对低噪声放大器造成饱和。还可根据实际情况决定是否加入限幅器，进一步保护接收机。

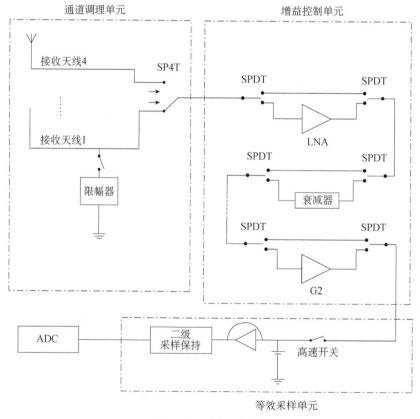

图 5-11　接收机框图

在高速收发开关后级，接入可变增益电路部分。这里采用将放大器和衰减器通过开关切换接入电路的方式来实现。可变增益部分之后是采样保持电路部分，由于接收的回波信号在纳秒量级，变化速度很快，若 ADC 芯片自身内部的采样保持电路不能满足如此高的采样频率要求，则需要 ADC 在前加入一级高速采样保持电路配合工作。在使用过程中，如果一级采样保持电路不能达到要求，可以采用多级采样保持电路的形式，第一级采用采集速度较快但是保持时间较短的高速采样保持电路，第二级采用保持时间较长的采样保持电路来配合。采样保持之后的信号就可以送入 ADC 进行数据的采集和处理了。

5.2.4　井中雷达接收机系统指标分配

　　根据系统的指标要求，这里对接收机的系统指标进行分配。使用安捷伦公司的 AppCAD 软件，可以很直观地对电路指标进行估计，并根据接收机噪声系数的要求对各级增益做适当调整。分配结果如图 5-12 所示。系统最前端是收发开关，随后是可变增益放大器部分，为了满足系统的噪声系数要求，第一级放大器采用噪声系数较小的放大器以保证系统整体的噪声系数要求。可变增益通过开关切换放大器接入电路来实现。由图 5-12 可以看出，预设计的电路指标分配，满足系统的要求。

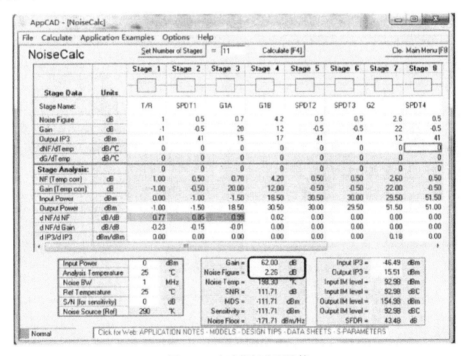

图 5-12　电路指标分配计算

5.2.5　单元电路设计

1. 通道选择单元电路

　　如果系统的定向测量是以四个定向接收天线组阵分时工作的方式来实现的，则要求天线和接收机具有很好的一致性。这可在接收机前端用一个单刀四掷（SP4T）

开关来选择接收天线。这是一个最简单可行的方式，四路信号经过单刀四掷开关后通过相同的放大电路以及采样电路部分，能够保证很好的通道一致性。

若在空气中做模拟实验，回波信号的幅度较大，这就需要在电路中加上限幅器以保护后面的电路，而在实际井下实验时，井中存在泥浆，对电磁波的衰减比较严重，若仍加上限幅器，会造成回波信号幅度过小，接收灵敏度不高。为此，可在限幅电路部分加上通断开关，在做地面模拟实验时，信号经过限幅后再进入后续增益控制单元，而做实际井下实验时，信号由接收天线直接进入增益控制单元而不经过限幅器。理想的限幅器应该保证输出信号的幅度不会随着输入信号的增大而不断增大，输出信号始终保持一个恒定的值。很明显，工程中的限幅器无法达到理想特性，输入较小时，输出也较小，即便进入了限幅工作区，输出信号也还会随着输入信号的增加而有少许的增幅。工程中有很多电路均可实现限幅器的功能，如过压区工作的谐振功放、特殊设计的差分对管、晶体管放大器。

2. 增益控制单元电路

增益控制单元是整个接收机电路的主要构成部分，对强度不同的输入信号分别加以不同程度的放大或者衰减，以满足后续的采样模块对信号电平的要求。

增益控制单元电路由若干个单级增益/衰减单元级联而成，每个单级增益/衰减部分由两个单刀双掷开关以及放大器或衰减器构成，通过设置不同的放大器或衰减器就可以实现单级放大或衰减。

增益控制方案如图 5-13 所示。选用多通道选择开关进行通道选择，单个接收机最多可以连接四个接收天线，增益控制范围从−20～30dB 可调，增益步进变为 5dB，由 4 级放大单元增益级联而成，当然，如果需要，也可更粗或更细地控制增益步进量。

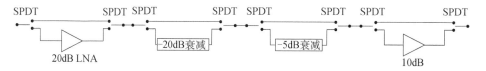

图 5-13　增益控制方案

切换增益状态所用的单刀双掷开关需要满足三个条件：插损尽可能小，以降低对接收机噪声系数与信号增益的影响；隔离度尽可能高，以保证电路各部分互不干扰；最大承受功率合适，以保证接收机信号顺利通过，此外还要保证开关的频带特性满足传输信号的频带要求，不会使频带内的信号失真。

低噪声放大器在接收系统中具有重要地位，总是处于整个接收机的最前端，是任何接收系统都不可缺少的部分。由级联系统噪声公式

$$\mathrm{NF}_{\mathrm{total}} = \mathrm{NF}_1 + \frac{\mathrm{NF}_2 - 1}{G_1} + \frac{\mathrm{NF}_3 - 1}{G_1 G_2} + \cdots \tag{5-24}$$

低噪声放大器的噪声系数直接影响接收机整体的噪声性能。因为位于接收系统最前

级的低噪声放大器不仅可以放大输入信号，更重要的是可以减弱杂波对接收机的干扰，使接收灵敏度提高。在选取低噪声放大器时，尽量选取噪声系数低的芯片。这是接收系统设计时必须考虑的重要问题。增益变化中的 20dB 衰减器与 5dB 衰减器可采用由电阻网络搭建而成的 π 型衰减结构。

　　在选择电阻搭建衰减器时有几点需要注意：第一是要尽可能地选择精密电阻，因为衰减量与电阻值直接相关，电阻值上的偏差会引起最终衰减量的偏差；第二是要选用无感电阻，因为普通电阻的电感量在高频时会影响阻抗，进而改变电路性能；最后还需要选取合适的电阻值 R_1、R_2，这种衰减器可以设置需要的衰减量，而且这种对称结构可以同时实现输入阻抗与输出阻抗的匹配，50Ω 匹配系统的电阻值选取为

$$R_1 = R_0 \left(\frac{\frac{U_0}{U_1} + 1}{\frac{U_0}{U_1} - 1} \right), \quad R_2 = R_0 \frac{\left(\frac{U_0}{U_1} \right)^2 - 1}{2U_0 / U_1} \tag{5-25}$$

　　单元增益分别为 30dB、−20dB、−5dB、10dB，增益步进调整为 5dB，控制范围从−35～30dB 可调。这样不仅可以适应油田测井时的井下小信号环境，还可以适应在空气环境中开展模拟实验时的大信号环境，能够较好地辅助完成相关实验任务。不同输入功率的信号经过增益控制单元后转换为较大的幅度，输出信号比输入信号的波动范围减小了很多，便于后续采样单元进行处理。

　　3. 等效采样单元电路

　　等效采样单元基于顺序等效采样的原理对瞬态脉冲信号进行初步采样，将纳秒级脉宽的瞬态脉冲信号扩展到微秒级，降低信号的频率，减小后续 ADC 芯片的压力。等效采样单元主要由高速切换开关、采样电容、电压跟随器组成。等效采样单元电路如图 5-14 所示。

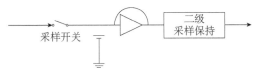

采样开关

二级
采样保持

图 5-14　等效采样原理框图

　　这里用 ADS 模拟仿真对一阶高斯脉冲进行等效采样的过程，利用 Transient 仿真控件进行瞬态仿真。实际系统中采样时钟脉宽为 450ns，重复周期为 100μs，由于两者数量级相差太大，不便于在同一时间轴上对仿真波形进行观察，故设置采样脉冲重复频率为 100kHz，脉宽为 5000ns。采样保持单元电路 ADS 仿真如图 5-15 所示。

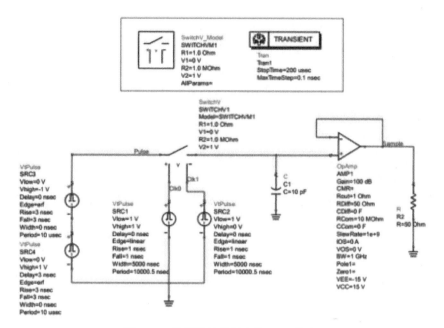

图 5-15　采样保持单元电路 ADS 仿真

用两个 erf 型时域脉冲源合成的类一阶高斯脉冲波形作为被采样波形，峰值脉宽为 3ns，整个脉冲底宽为 9ns，幅度为 1.0V。设置脉冲源的重复频率为 100kHz。ADS 仿真的单个被采样脉冲如图 5-16 所示。

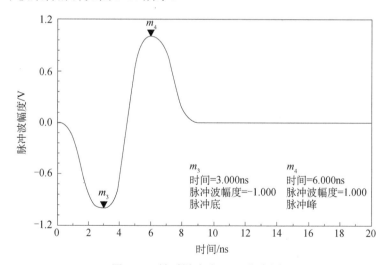

图 5-16　被采样脉冲 ADS 仿真图

采样（sample）电容为 22pF 时的仿真采样波形如图 5-17 所示。其中，图 5-17（a）为 19 个采样点构成的一个完整波形，图 5-17（b）为第 7～13 个采样点构成的局部放大波形。

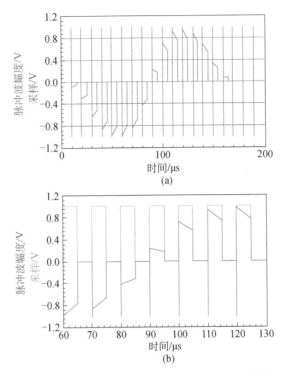

图 5-17　采样电容为 22pF 时的仿真采样波形（彩图扫封底二维码）

（a）一个完整采样波形；（b）第 7～13 个采样点波形

改变采样电容的值，仿真采样电容为 68pF 时的采样波形如图 5-18 所示，采样电容为 220pF 时的仿真采样波形如图 5-19 所示。对比不同采样电容值下的仿真采样波形，我们可以很明显地看出，采样电容显著影响最终还原出的波形。采样电容值越小，则保持过程电压下降速率越快，保持时间越短，保持效果越差；随着采样电容值的加大，保持时间逐渐增长，保持效果越来越显著。然而，由于原始的纳秒级脉冲波形在微秒级步长的保持波形包络上是无法观察的，所以全样点波形包络无法进行对采样过程的描述。为了便于观察对纳秒级脉冲信号的采样过程，将采样电容为 22pF 时的第 12 个采样点波形单独取出，观察其过程，如图 5-20 所示。

图 5-20（a）为采样脉冲前沿时刻，该时段是由采样跳转到保持的过程，为电容的充电过程，我们可以看到，采样过程中采样波形紧随输入波形而变化，随后进入保持状态。从图中我们可以很直观地看出，采样脉冲的形状会对采样过程产生影响，若采样脉冲上升沿变化平缓，则状态切换要求的时间较长，过程中的不确定状态时间也会随之变长，不利于准确地进行样点采样。若情形恶劣，采样脉冲上升沿宽度与被采样步长在同一量级，则极有可能根本无法完成采样过程。因此，被采样信号要求采样脉冲上升沿需要满足足够的陡峭度。

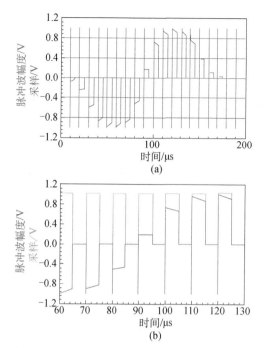

图 5-18　采样电容为 68pF 时的仿真采样波形（彩图扫封底二维码）

（a）一个完整采样波形；（b）第 7~13 个采样点波形

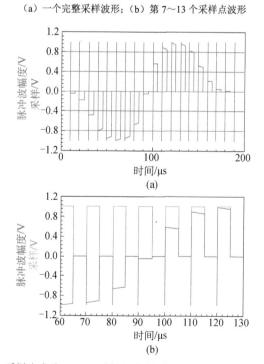

图 5-19　采样电容为 220pF 时的仿真采样波形（彩图扫封底二维码）

（a）一个完整采样波形；（b）第 7~13 个采样点波形

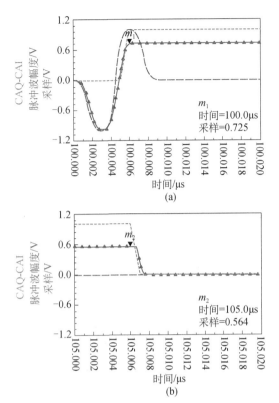

图 5-20　采样电容为 22pF 时第 12 个采样点波形（彩图扫封底二维码）

（a）进入保持时刻；（b）结束保持时刻

随后，图 5-20（b）为采样脉冲后沿时刻，该时段是由保持跳转到采样的过程，为电容的放电过程，可以看到，之前保持的电平值经过几个纳秒的时间后下降到零电平。后端处理系统通常不会在该处采样取值，所以对于采样脉冲下降沿的要求不像上升沿那么严格。

上述的采样-保持过程以周期 10000.5ns 的频率重复进行，完成 2GHz 采样频率对整个波形的等效采样。若设置重复周期为 1000.1ns，则可以仿真 1GHz 采样频率的等效采样过程。

采样电容值直接关系到采样波形的准确度。采样电容大，则电容充电慢，采样过程无法快速达到甚至达不到预期值，但压降速率慢，保持效果好；采样电容值小，则电容充电快，可以快速达到采样值，但压降速率快，保持时间短，留给后级取样电路的反应时间短。综上可知，需要结合采样速率与压降速率对采样电容值进行选取。

在 ADS 中变换采样电容的参数，我们可以得到不同电容值下第 12 个采样点对应的采样波形，以进行综合比较。图 5-21 为采样电容为 68pF 时第 12 个采样点波形，

图 5-22 为采样电容为 220pF 时第 12 个采样点波形。

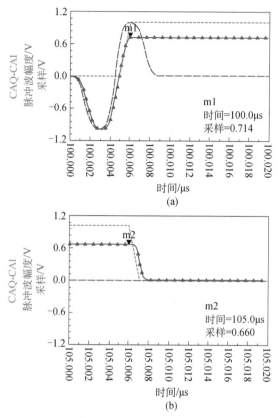

图 5-21　采样电容为 68pF 时第 12 个采样点波形（彩图扫封底二维码）

（a）进入保持时刻；（b）结束保持时刻

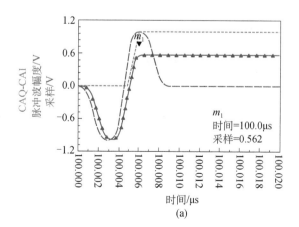

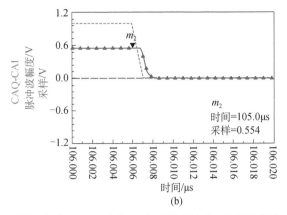

图 5-22　采样电容为 220pF 时第 12 个采样点波形（彩图扫封底二维码）

（a）进入保持时刻；（b）结束保持时刻

从第 12 个样点保持过程开始时刻与结束时刻分别取值，可以得到当前采样电容值下保持过程的压降速率。采样电容为 22pF 时，采样值为 0.725V，经过 5μs 的保持时间降为 0.564V，保持压降速率为 32.2V/ms。采样电容为 68pF 时，采样值为 0.714V，经过 5μs 的保持时间降为 0.660V，保持压降速率为 10.8V/ms。采样电容为 220pF 时，采样值为 0.562V，经过 5μs 的保持时间降为 0.554V，保持压降速率为 1.6V/ms。结合图 5-21～图 5-23 我们还可以看出，随着采样电容值的增大，采集到的波谷位置与原波形波谷的时间间隔越来越大，这体现出采样电容越大，采样速率越慢；同时，采样跟踪波形上升段斜率比下降段明显减小，体现出电容采样的跟踪速率问题，对于上升太快的信号，并不能紧密地跟踪波形。

为了验证是不是信号上升速率过快导致采样波形跟踪缓慢，我们取适当时刻以使全波形采样显现出来，图 5-23 仿真的是对峰峰值脉宽 3ns，幅值±1.0V 信号的采样跟踪波形，被采样波形的上升速率比下降速率快，可见确实是上升沿的跟踪波形缓慢，而下降沿良好。图 5-24（a）将 erf 信号的峰峰值脉宽由 3ns 增加到 5ns，由此被采样波形上升速率与下降速率完全一致；图 5-24（b）将信号的幅值由±1.0V 减小到±0.6V，信号脉宽不变，可以看出两种方式都改善了采样波形对原始波形的跟踪状态。

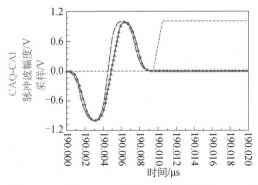

图 5-23　峰峰值脉宽 3ns，幅值±1.0V 信号的采样跟踪波形（彩图扫封底二维码）

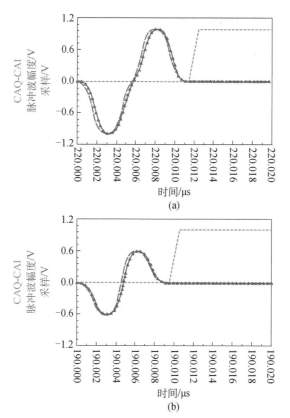

图 5-24　改善采样跟踪波形的两种途径（彩图扫封底二维码）

（a）增加脉冲脉宽；（b）减小脉冲幅值

结合采样过程与保持过程的比较，我们选择采样电容为 68pF。

由于我们进行的是纳秒级信号的采样，要求采样开关在皮秒级时间内完成开启与关断，工作频率覆盖应满足系统要求，输入 $P_{-1\text{dB}}$ 压缩点尽可能大，避免放大器输出信号导致开关的饱和。

5.2.6　腔体设计

对射频电路来讲，很容易受到外部电磁波的干扰，同时，自身电路也会向外辐射电磁波，对其他电路造成影响。由于井中雷达接收机与发射天线、接收天线处于同一井中，这个应用环境下更有可能受到干扰。因此，将所设计的电路放在腔体中进行保护是十分必要的。腔体设计要结合系统所分配的空间大小，以及自身电路的特点，达到结构简单、屏蔽性好、易于加工的目的。

由于瞬态脉冲雷达成像测井系统是在时域提取波形特征，必须设法保证系统所接收时域信号的保真度。为了尽可能地减少对射频信号的干扰，可将射频信号和低频信号分别布局在两个不同的板子上，并且由腔体隔开，通过腔体内的插针进行传递。

腔体一端是个接收信号的接头，另一端包括上下两个部分，上方包括的接头分别是模拟信号输出、采样保持脉冲输入端、收发门控信号输入端；下方包括通过穿心电容连接的增益控制信号线、系统供电线及接地线。需要指出的是，在选用穿心电容时，对于连接控制信号线的穿心电容，选用很小的容值，这样才能保证控制信号的边沿陡峭程度，防止控制信号高频分量丢失。图 5-25 为接收机腔体三维示意图。

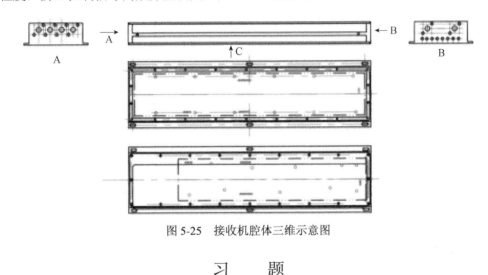

图 5-25 接收机腔体三维示意图

习　题

5.1 什么叫雷达距离分辨力、方位分辨力？它们与哪些因素有关？

5.2 雷达发射机的峰值功率为 800kW，矩形脉冲宽度为 3μs，脉冲重复频率为 1000Hz，求该发射机的平均发射功率。

5.3 某雷达接收机噪声系数为 6dB，接收机带宽为 1.8MHz，求其临界灵敏度。

5.4 已知接收机输入端在接匹配负载的条件下，其输出测得的噪声功率为 0.1W，接收机额定功率增益为 10^{12}，带宽为 3MHz，求等效输入噪声温度和接收机噪声系数。

5.5 某雷达接收机脉冲宽度为 1μs，重复频率为 600Hz，发射脉冲包络和接收机准匹配滤波器均为矩形特性，接收机噪声系数为 3，求该接收机的等效噪声温度 T_e、临界灵敏度 S_{min} 和最大单值测距范围。

参 考 文 献

[1] 戈稳. 雷达接收机技术[M]. 北京：电子工业出版社，2005.

[2] Skolnik M I. 雷达手册[M]. 王军等，译. 北京：电子工业出版社，2003：286-288.

[3] 杨长全，蔡金燕. 雷达接收设备[M]北京：电子工业出版社，1998.

[4] 王枫. UHF 频段无线收发模块的设计与实现[D]. 成都：电子科技大学，2011.

[5] 费元春. 超宽带雷达理论与技术[M]. 北京：国防工业出版社，2010.

[6] Xia X G，Kuo C C J，Zhang Z. Wavelet coefficient computation with optimal prefiltering[J]. IEEE Transactions on Signal Processing，1994，42（8）：2191-2197.

[7] Porcino D，Hirt W. Ultra-wideband radio technology：potential and challenges ahead[J]. IEEE Communications Magazine，2003，41（7）：66-74.

[8] 徐德炳. 高速 ADC 在宽带数字接收机中的应用[J]. 电子产品世界，1999（10）：48-49.

[9] 杨娟，颜彪，姜绪永. 宽带数字接收机中 ADC 的设计与应用[J]. 信息技术，2004（10）：26-28.

[10] 岳流锋. 30-3000MHz 通用接收机射频前端的研制[D]. 成都：电子科技大学，2003.

[11] 周华. 微波功率放大器线性化技术的研究[D]. 成都：电子科技大学，2013.

[12] 冯康年，张炳荣. 接收机动态范围的扩展[J]. 电子对抗技术，1996（01）：21-25.

[13] 何苏勤，翟纯青. VHF/UHF 波段接收机动态范围问题研究[J]. 电子设计工程，2009，17（6）：90-92.

[14] 黄涛. 噪声系数测量和射频放大器的研究[D]. 武汉：华中科技大学，2005.

[15] Zhang C，Fathy A E，Mahfouz M. Performance enhancement of a sub-sampling circuit for ultra-wideband signal processing[J]. IEEE Microwave & Wireless Components Letters，2007，17（12）：873-875.

[16] 李玉山，李丽平. 信号完整性分析[M]. 北京：电子工业出版社，2005：175-184.

[17] 张春艳. 双极高斯脉冲信号源与朗缪尔三探针的研究[D]. 成都：电子科技大学，2013.

[18] Oppenheim A V，Willsky A S，Hamid Nawab S. 信号与系统[M]. 刘树棠，译. 西安：西安交通大学出版社，2010：275-281.

第6章 井中雷达数据采集

6.1 井中雷达数据采集概述

瞬态脉冲信号源产生高峰值功率的宽带信号,直接通过发射天线辐射,接收机系统经过天线接收到回波信号以后,不经下变频而是直接通过宽带匹配、低噪声放大器放大后,直接送入数据采集的前端,经过模数转换器(analog to digital converter,ADC)转换成数字信号,完成模拟信号到数字信号的转变,利用主控芯片对数据进行预处理,并传输到计算机中进行成像算法计算,最后显示成像[1]。

瞬态脉冲井中雷达辐射的脉冲信号有两个特点:一是脉冲足够窄,即获得足够的带宽,提高径向分辨率;二是发射功率足够大,用以提高探测距离。具体应用中,井中雷达发射信号脉冲宽度为纳秒量级的无载波基带瞬态脉冲[2],其频谱分量基本上从直流一直扩展到上千兆赫兹,因而井中雷达回波信号包含有丰富的频谱信息。对回波进行高保真恢复,就需要设计一套具有高带宽、高采样频率、高分辨率的井中雷达数据采集板[3]。与常规 GPR 相比,井中雷达数据采集板的工作环境更加恶劣,外部温度达 150℃。由于井中雷达直径只有 10cm 左右,供数据采集板使用的空间是极其有限的。这些外在条件都加大了井中雷达数据采集板的设计难度。

目前冲击体制井中雷达数据采集板的采样方式分为实时采样和等效采样。实时采样使用固定的时间间隔进行采样,一次采集过程中记录大量的数据点,根据采样点重建波形,既可以用来捕获周期重复信号,又可以捕获非重复性或单次信号。它的最高采样频率必须满足奈奎斯特(Nyquist)采样定理的要求,因而实时采样系统的采样信号带宽受到一定的限制。此外,高速采样 ADC 芯片的功耗大,价格昂贵。

等效采样通过对周期信号的多次采样,把在信号的不同周期中采样得到的数据进行重组,从而重构原始的信号波形。它能以扩展的方式复现频率远超过奈奎斯特采样定理要求的极限频率的信号波形,是现代仪器拓展通频带的有效手段[4]。与实时采样不同,等效采样的前提是信号必须是重复的,因此,等效采样应用具有一定的局限性。井中雷达移动速度不快,能够保证回波信号的重复性,则等效采样凭借其实现简单、成本低廉等优势,在井中雷达应用中具有很大的应用前景[5]。

6.2 采样基本原理

6.2.1 采样过程

将连续信号转换为脉冲信号或数字信号的过程,被称为采样。信号的采样过程可用一个周期性闭合的采样开关表示，该采样开关每隔 T 秒闭合一次，每次闭合时间为 τ，且 τ 远小于 T。T 被称为采样周期；实际系统中，采样开关多为电子开关。

现在以图 6-1 所示的例子来说明信号的采样过程。图 6-1（a）所示的连续信号经过图 6-1（b）所示的采样开关的采样后，得到图 6-1（c）所示的采样后信号。

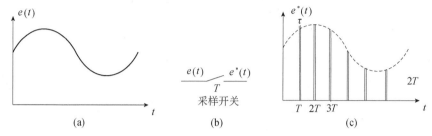

图 6-1　采样过程

（a）采样前连续信号；（b）采样开关；（c）采样后信号

采样器好像是一个幅值调制器（调幅器），$\delta_T(t)$ 是调幅器的载波。它是以 T 为周期的单位理想脉冲序列，$\delta_T(t)$ 的数学表达式为

$$\delta_T(t) = \sum_{n=-\infty}^{\infty} \delta(t-nT) \tag{6-1}$$

当载波 $\delta_T(t)$ 被输入连续信号 $e(t)$ 调幅后，其输出信号为 $e^*(t)$。调制信号 $e(t)$ 决定了输出信号 $e^*(t)$ 的幅值，载波信号 $\delta_T(t)$ 决定采样时刻，其调制过程可表示为

$$e^*(t) = e(t)\delta_T(t) = e(t)\sum_{n=-\infty}^{\infty} \delta(t-nT) \tag{6-2}$$

通常在控制系统中，认为 $t<0$ 时信号 $e(t)=0$，所以

$$e^*(t) = e(t)\sum_{n=0}^{\infty} \delta(t-nT) = \sum_{n=0}^{\infty} e(nT)\delta(t-nT) \tag{6-3}$$

对式（6-3）进行拉普拉斯变换，得

$$L\left[e^*(t)\right] \triangleq E^*(s) = \sum_{n=0}^{\infty} e(nT)\mathrm{e}^{-nTs} \tag{6-4}$$

$E^*(s)$ 还可以用另一种形式表达。由于单位脉冲序列为周期函数，因此可以展开成傅里叶级数：

$$\sum_{n=-\infty}^{\infty} \delta(t-nT) = \sum_{n=-\infty}^{\infty} c_n \mathrm{e}^{jnw_s t} \tag{6-5}$$

式中，

$$w_s = 2\pi/T = 2\pi f_s \tag{6-6}$$

这里，$f_s = 1/T$，为采样频率；w_s 为采样角频率；c_n 为傅里叶系数，并有

$$c_n = \frac{1}{T}\int_{-T/2}^{T/2} \delta_T(t) e^{-jnw_st} dt = \frac{1}{T}\int_{0-}^{0+} \delta(t)\ e^{-jnw_st} dt = \frac{1}{T} \tag{6-7}$$

由式（6-4）和式（6-7）得

$$E^*(s) = \frac{1}{T}\sum_{n=0}^{\infty} E(s_i - jnw_s) \tag{6-8}$$

由式（6-8）可见，$E^*(s)$ 是 s 的周期函数。如果 s_i 是 $E(s)$ 的极点，则 $s_i - jnw_s$ 都是 $E^*(s)$ 的极点。这就是说，$E^*(s)$ 有无穷多的极点。

6.2.2　采样定理

1. 采样定理的提出

如何从采样信号中复原连续信号，以及在什么条件下才可以无失真地完成这种复原作用，从这两点出发，人们结合实践和理论提出了采样定理：

（1）采样频率不小于被采信号的最高频率的 2 倍时，才不会产生混叠现象；

（2）无畸变的重建正弦波形，要求采样频率不小于所采信号的最高频率分量的 2 倍，否则将出现频谱混叠现象——用当今设计完善的内插值法滤波器，信号必须用 2.5 倍速率进行采样才能精确地重建波形。

采样定理在通信系统、信息传输理论方面占有十分重要的地位，许多近代通信方式都以此定理作为理论基础。采样定理主要分为时域采样定理和频域采样定理，下面从这两个方面作具体的解释。

2. 时域采样定理

时域采样定理的说明：一个频谱受限的信号 $f(t)$，如果频谱只占据 $-w_m \sim +w_m$ 的范围，则信号 $f(t)$ 可以用等间隔的抽样值唯一表示，而抽样间隔的最低采样频率为 $2f(m)$。

时域采样定理的表述：

假定信号 $f(t)$ 的频谱 $F(w)$ 限制在 $-w_m \sim +w_m$ 范围内，若以间隔 T_s 对 $f(t)$ 进行采样，采样后信号 $f_s(t)$ 的频谱 $F_s(w)$ 是 $F(w)$ 以 w_s 为周期重复。如果采样过程满足 $f_s(t) = f(t)p(t)$，则 $F_s(w)$ 才不会产生频谱混叠。这样采样信号 $f_s(t)$ 保留了原有连续信号 $f(t)$ 的全部信息，完全可以用 $f_s(t)$ 唯一地表示 $f(t)$，或者说，完全可以由 $f_s(t)$ 复原出 $f(t)$。

对于采样定理，可以从物理概念上作如下解释：一个频带受限的信号波形绝不可能在很短的时间内产生独立的、实质的变化，它的最高变化速度受到最高频率分量 w_m 的限制，因此，为了保留这一频率分量的全部信息，一个周期的时间间隔内至少采样两次。

在满足采样定理的条件下，为了从频谱 $F_s(w)$ 中无失真地选出 $F(w)$，可以用如

下的矩形函数 $H(w)$ 与 $F_s(w)$ 相乘，即

$$F(w) = F_s(w)H(w) \tag{6-9}$$

其中，

$$H(w) = \begin{cases} T_s, & |w| < w_m \\ 0, & |w| > w_m \end{cases}$$

3. 频域采样定理

频域采样定理（sampling theorem in the frequency domain）是数字信号处理的基本定理之一，对有限时宽序列 $x(n)$ 的周期连续频谱 $X(e')$ 进行均匀采样，当一个周期内的采样点数 N 大于或至少等于 $x(n)$ 的有限时宽时，则有可能从频谱样点 $X(k)$ 中无失真地恢复原来的周期连续频谱。频域采样定理之所以重要，在于它揭示了连续周期频谱与离散周期频谱之间的内在联系。如果已知一个信号的频谱，只要符合频域采样定理，对它进行频率采样，则有可能利用数字的方法求得相应的信号，从而为数字信号处理技术开拓了新的途径。

6.3 井中雷达采样方式的选择

在现代电子测量、通信系统、雷达、电子对抗等领域，经常涉及对宽带模拟信号进行数据采集和存储，以便计算机进一步进行数据处理。数据采集系统按采集方式分为实时采样和等效采样。采用实时采样技术，根据奈奎斯特采样定理，为了实现被测信号的重构，采样装置的采样频率不得低于信号最高频率的 2 倍。这样，信号频率越高，对采样速率的要求越高，对采样数据的存储速度和存储容量的要求也越高。当 ADC 的采样速率、数据存储速度、数据存储容量等参数不能满足采样要求时，如果被测信号是周期信号，可以采取一种变通的方式，将高频信号的波形变成低频信号的多次重复[6]。实际采集的一类宽带模拟信号往往是周期性信号，这样就可以利用信号的周期性，采用等效时间采样原理，用较低速的 ADC 实现高速的数据采集，从而减小了系统实现难度，简化了周期性宽带模拟信号的高速数据采集问题。

目前通用测量仪器的超高速数据采集系统实现 2.5GSPS 采样频率主要有两种方式可以选择：实时采样和等效采样，其中等效采样又分为顺序等效采样和随机等效采样两种。而井中雷达数据采集系统由于其特殊的背景需求，并不具备通用仪器所允许的设计空间，所以需要针对井中雷达回波信号的特点，具体分析，选择最合理的数据采集方式。

6.3.1 井中雷达辐射信号简析

这里首先对井中雷达系统中瞬态脉冲源的原理进行简单分析，进而了解雷达回波信号的特性。在实验室环境下，将瞬态脉冲源产生的信号经过一千倍的衰减器之后

由 Rohde & Schwarz 公司 RTM 1052 数字示波器测试得到的波形如图 6-2 所示，可以发现脉冲信号上升时间不足 2ns，表明井中雷达回波信号是一个周期性的极窄的脉冲信号。这里采用的是基于雪崩效应的瞬态脉冲源，雪崩脉冲源是利用充电电路对断路状态下的开关电路进行缓慢充电，使开关处于临界导通状态，然后由外部触发信号使其瞬间导通，形成脉冲前沿。随着所积累电荷的快速消耗，开关断开，形成脉冲后沿，进入下一个脉冲的充电过程。简单地说，就是长时间充电、快速放电的过程。开关状态转换的电平值是一个范围而不是严格的确定值，开关的导通时刻具有不确定性，再加上电路本身随机的热噪声以及外部触发信号的抖动，导致发射的探测脉冲信号具有随机抖动性。因此，采集捕获如此窄的脉冲信号，不仅需要极高的采样频率，还需要注意到回波信号存在随机性抖动的问题。

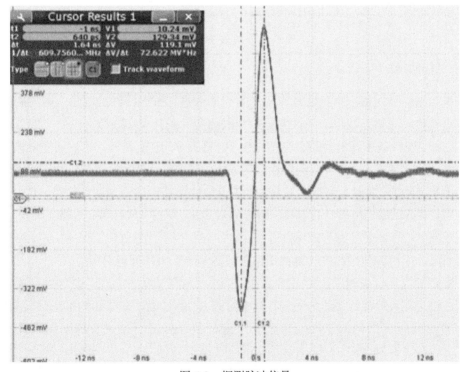

图 6-2　探测脉冲信号

6.3.2　实时采样

实时采样使用固定的时间间隔对模拟信号进行连续采样，一次采集过程中记录大量的数据点，根据采样点重建波形，既可以用来捕获周期重复信号，又可以捕获非重复性或单次信号，如图 6-3 所示。想要完全不失真地重构出原信号，必须满足奈奎斯特采样定理，即采样时钟频率至少为被采样信号频率的 2 倍，通常以大于信号频率 5～10 倍的采样频率进行采样。实时采样的优点是，一次采集就可以获取所需的所有波形信息，实时性高，适用于低频信号采集。对于高频信号，如井中雷达回波信号，需要非常高的采样频率才能实时捕获波形，否则就会发生信号的混叠。目前，国内很难买到 5GSPS 采样频率的高精度 ADC 芯片，而且这种芯片价格非常昂贵。这种单片 ADC 功率较大，需要专门的散热装置，进而导致系统体积偏大；高采样频率的 ADC 要想达到高的性能，对系统的设计要求更加苛刻。综上所述，无论是从体积空间、功耗大小、成本高低，还是从实现的复杂程度上来说，对于瞬态脉冲雷达的信号采集，采用实时采样不如采用等效采样的方式。

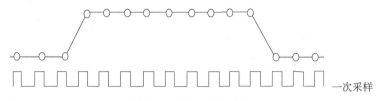

图 6-3　实时采样示意图

6.3.3　等效采样

等效采样是对周期性的波形在不同的周期内进行采样，然后按照一定的规律将采样点拼接起来重建波形。等效采样用较低的实际采样频率获得更高的等效采样频率，减小了硬件成本开销，代价是获取相同信息的时间变得更长。等效采样要求待采信号必须是周期重复的，并且能够稳定触发。在井中雷达的实际使用过程中，整个系统是不断移动的，雷达回波信号也在发生变化，并不是严格地周期重复的。但在一个扫描周期内，天线的位置变化甚微，回波信号的变化几乎可以忽略，仍然可以认为是周期重复的，等效采样的方式同样适用。其中，顺序等效的关键在于产生一个精确的时间间隔，随机等效采样的关键在于精确地测量一个时间间隔。

顺序等效采样是利用了待采集信号与采集系统的相关性，在一次触发完成采集之后，将采样时钟或待采集信号进行固定时间 ΔT 的延迟。如图 6-4 所示，以对待采集信号进行延迟为例，N 次采集之后，延时范围覆盖一个完整的采样时钟周期 $T_s(T_s = N\Delta T)$ 之后，将采集样本按照采集时间的先后顺序进行波形重构，即可得到一幅等效采样频率为 $f_e(f_e = 1/\Delta T)$ 的波形。ΔT 越小，等效采样频率 f_e 越高；N 越大，实际需要的采样频率 f_s 越小。由图 6-4 可知，在该井中雷达系统中，高压脉冲源的触发脉冲由采集板产生，那么反射回来的雷达回波信号与采集系统是具有一定相关性的，完美契合了顺序等效取样的特点。但是，应当同时注意到前面章节中提到的问题：由于冲击脉冲源本身以及井下环境复杂带来的回波信号的随机抖动，为产生精确的延迟 ΔT 增加了困难。同时，用来产生延迟的延迟芯片往往容易受温度影响，其延迟递增也并不一定能做到完全线性。

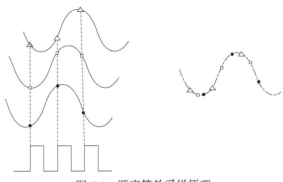

图 6-4　顺序等效采样原理

　　随机等效采样是利用了数据采集系统内部时钟与输入信号以及触发信号的不非相关性。在一次采集中，采样值连续不断地获得，而且独立于触发位置，通过记录采样数据与触发位置的时间差 $\Delta\tau$ 来确定采样点在信号中的位置，进而重建波形。只要精确地测量出触发点之后第一个采样点与触发点之间的时间间隔 $\Delta\tau$，即可将多个采样周期内的采样样本按照 $\Delta\tau$ 的大小进行重构，获得一幅更高等效采样频率的波形。所谓随机，指的是 $\Delta\tau$ 是随机的。相比于顺序等效采样，随机等效采样需要额外的触发电路与时间间隔测量电路。

　　理想情况下，井中雷达系统里回波信号与采集系统是具有相关性的，无法使用随机等效采样的方式。但可以通过在采集板使用两片独立的晶振来解决这个问题。一个晶振产生的时钟信号用来实现高压脉冲触发信号的产生，另一个晶振产生的时钟信号用来实现 ADC 的采集以及数据的接收与缓存。但是，这种方案势必会提高系统的复杂程度，硬件成本也会增高。分析脉冲信号源工作原理我们得出，控制雪崩瞬态脉冲源开关状态变换的电压值不是一个精确值。这个不确定电平致使瞬态脉冲井中雷达辐射信号和回波在一定时间范围内有随机抖动的特性。这个随机抖动使得雷达回波信号与采样系统具有一定的非相关性。上述情况给回波采集带来两个问题：第一，单纯采用顺序等效采样的方法已经不能正确重构回波波形；第二，回波信号相对采样时钟的随机抖动范围较小，使得随机等效采样难以覆盖一个完整采样时钟周期。针对上述问题，我们提出了一种将间隔测量与延迟芯片相结合的新的随机采样方法。测量采样触发信号与采样时钟时间间隔，解决了第一个问题；延迟芯片步进调整回波信号与采样时钟的相位，解决了第二个问题。这种方式既提高了波形的重构效率，又避免了回波信号抖动导致顺序等效采样无法实现的问题。

　　综合考虑，新的随机等效采样（下文称"随机等效采样"）的方式显然更加适合于井中雷达数据采集系统。实时采样的方式系统设计太复杂，功耗大，成本高昂。顺序等效采样原理简单，更加契合本系统，但是雷达回波信号的抖动导致无法产生精确的延迟，无法准确地重构波形。抖动是随机性的，可以认为实际使用过程中回波信号与采集系统是非相关的，因此，可以采用随机等效采样的方式重构波形，将采集样本按照距离参考点的时间间隔大小重构波形，而不是按照采集时间的先后顺序重构波形，这样就将回波信号的抖动问题利用起来，缺陷转化为优势，实现了对雷达回波信号的捕获。

6.4　数据采集板总体设计方案

6.4.1　数据采集板设计的基本原则

1. 确保性能指标的完全实现

系统设计的根本依据是所要达到的性能指标，它必须首先得到保证，如采样速率、系统分辨率、系统精度等。

要保证系统性能指标，主要应考虑系统输入信号的特性，例如，输入信号的通道数，是模拟量还是数字量，信号的强弱及动态范围，信号的输入方式（单端输入还是差动输入，单极性还是双极性，信号源接地还是浮地等），是周期信号还是瞬态信号，信号的频带宽度，信号中的噪声及其共模电压大小，信号源的阻抗等。

2. 系统结构的合理选择

系统结构的合理与否，对系统的可靠性、性能价格比等有直接影响。首先是硬件、软件功能的合理分配，原则上要尽可能地"以软代硬"，只要软件能做到的就不要用硬件；其次要考虑系统的布局以及接口特性，接口特性包括采用什么样的总线、采样数据的输出形式（串行还是并行）、数据的编码格式等。

3. 对于较大型的应用软件，应参考软件的工程学方法进行设计

软件工程是建立在科学基础上的一整套软件开发方法，它强调结构化分析、结构化设计和结构化编程。按软件工程学的方法进行设计，可以保证有较高的软件开发效率，保证所开发的软件有较长的生存周期，才能取得较高的经济效益。

4. 安全可靠，有足够的抗干扰能力

要保证在规定的工作环境下，系统能稳定、可靠地工作，保证系统精度能符合要求，同时也要保证系统应用人员的人身安全。这方面要充分利用各种标准，尽可能地按法律法规办事。

这里要指出，标准仪器总线为数据采集系统的设计提供了很多方便。这些标准总线已经对系统结构、通信方式及接口、可靠性，甚至于机箱结构尺寸等都做了充分的考虑，设计人员只需按标准的规定设计自己要开发的部分即可。

6.4.2　瞬态脉冲井中雷达数据采集系统总体设计框图

选择什么样的架构实现随机等效采样，决定了整个采集系统的运行效率与设计的复杂程度。现场可编程逻辑门阵列（field-programmable gate array，FPGA）具有强大的并行数据处理能力、丰富的数字逻辑资源，其可编程的灵活特点使项目开发变得

更加容易。将井中雷达采集系统的处理与控制单元在 FPGA 内实现，使得硬件成本的开销和体积空间的占用大大减小，并且可以提高数据处理的速率。因此，本书采用 ADC+FPGA 的架构，设计基于随机等效采样的井中雷达采集系统方案。瞬态脉冲井中雷达数据采集系统设计框图如图 6-5 所示，主要包括主控模块、模数转换模块、随机采样同步触发模块、脉冲信号源触发模块、时钟模块、高精度延时模块、数据通信模块、窄脉冲展宽模块、状态监控模块以及电源模块。

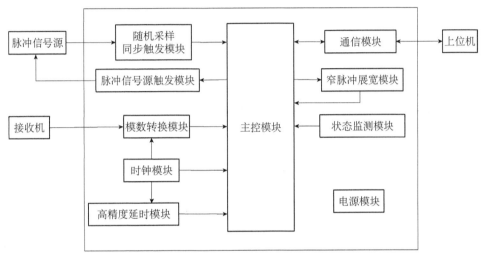

图 6-5　瞬态脉冲井中雷达数据采集系统设计框图

（1）主控模块：FPGA 作为本系统主控，不仅需要完成对 ADC 量化后的并行数据的接收，还要实现整个系统的通信与控制功能，包括随机等效采样的实现，状态监测与窄脉冲的产生等功能。ADC 与 FPGA 之间并行连接，ADC 数据并且伴随数据同步时钟送至 FPGA。

（2）模数转换模块：对输入模拟信号进行单端转差分并进行相关调理，并转换为数字信号。

（3）随机采样同步触发模块：同步触发模块产生与雷达回波信号同步的触发信号，用来实现随机等效采样过程中的波形参考点选定以及相关采集状态的控制。

（4）脉冲信号源触发模块：用于产生触发脉冲信号源启动的信号，使脉冲信号源按一定的重复频率产生瞬态脉冲信号。

（5）时钟模块：由耐高温晶振产生系统所需的 125MHz 时钟信号，一路直接作为 FPGA 的系统时钟，这里称为标准的 125MHz 时钟信号；另一路作为 ADC 的采样时钟与延迟线的输入，延迟线的延时值可由 FPGA 控制，经延迟后的 125MHz 时钟一路送至 FPGA 内部，这里称为延迟后的 125MHz 时钟信号。

（6）窄脉冲展宽模块：用来完成随机等效采样过程中同步触发信号与其之后第一个采样点的时间间隔的测量，用于波形重构的位置计算。

（7）状态监测模块：用于检测数据采集系统的电压、电流以及温度，检测系统工作状态。

（8）通信模块：基于正交频分复用（OFDM）技术的测井电缆高速数据传输单元，与上位机进行数据交互，即接收上位机的控制指令，上传数据采集系统采集的回波信号和状态监控的数据。

6.4.3 瞬态脉冲井中雷达采集系统 FPGA 逻辑方案设计

井中雷达采集系统采用 FPGA 作为唯一的处理器，完成整个随机等效采样过程的控制以及数据的接收与缓存，通过与外围电路的协同搭配，实现整个采集系统的功能。FPGA 擅长并行数据的处理，但是在顺序执行控制流程上有些乏力，需要设计合适的状态机，以实现采集系统的正常运转。因此，需要事先规划好 FPGA 所负责的任务，按照自顶向下、逐步细化的方法，将各功能模块化，为后续 FPGA 的代码设计提供合理的依据，方便设计。结合实际需求，本书给出 FPGA 内各逻辑模块的总体设计方案，主要分三个部分，如图 6-6 所示。

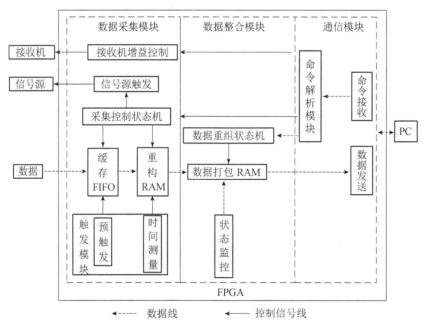

图 6-6 瞬态脉冲井中雷达数据采集 FPGA 逻辑框图

FIFO：先进先出，first in first on；RAM：随机存取存储器，random access memory

（1）数据采集模块：负责采集系统随机等效采样方式的设计实现。其要实现的功能包括脉冲源触发脉冲的产生，接收机增益的调节，预触发深度的设置，时间的测量等。需要设计采集流程控制的状态机、预触发模块、窄脉冲产生模块等来实现对 ADC 数据的同步接收以及波形的重构。

（2）数据整合模块：将重构之后的波形数据与温度数据、电压监测数据，按照指定的协议打包为一帧数据；同时需要设计温度读取模块、电压电流监测模块。它是采集系统的枢纽，将前端采集部分与后端通信部分连接起来。

（3）通信模块：基于 OFDM 技术的测井电缆高速数据方式，负责与上位机进行数据交互。数据接收模块接收上位机发送下来的指令，经解析后送至 FPGA 内指定的模块，使采集系统执行相应的操作。数据发送模块将打包后的波形数据、监测数据等按照指定的协议传输至地面上位机。

本节对系统指标功能进行了分析，结合实际应用背景，确定了基于随机等效采样的采集系统实现方案，并最终给出了采集系统的硬件电路与 FPGA 逻辑设计方案。

6.5　ADC

6.5.1　ADC 的分类

不同的系统对 ADC 的性能有着不同的要求，所以出现了多种 ADC 来满足不同的系统[7]。

在 ADC 的发展过程中，出现了几种经典的结构：逐次逼近式（SAR ADC）、快闪式（flash ADC）、折叠插型（folding&interpolation ADC）、流水线式（pipe-lined ADC）和 Σ-Δ 型。这些类型的 ADC 各有其优缺点，可以满足不同的具体应用要求。五种 ADC 结构的性能比较如表 6-1 所示。可以看出，在低分辨率超高速的应用场合，快闪式 ADC 是一种很好的结构选择。

表 6-1　五种 ADC 结构的性能比较

类型	精度	速度	功耗	面积
逐次逼近式	较高	中	低	小
快闪式	低	超快	高	极大
折叠插型	中	快	中	中
流水线式	中	快	中	大
Σ-Δ 型	高	低	较高	较大

6.5.2　ADC 的主要性能指标

1. ADC 静态特性

1）分辨率和精度

ADC 的分辨率是 ADC 可以识别的最小的模拟信号变化，它可以用满刻度的百分比来表示，但通常是用位数 N 表示，这里转换器有 $2N$ 个可能的输出状态。ADC 的精度是指 ADC 输出的位数。例如，一个理想的 4 位 ADC，它的精度为 4 位。精度决定了 1LSB（最低有效位，least significant bit）的大小，同时也决定了动态范围、码宽和量化误差。

2）量化电平

量化电平定义为满量程电压（或满度信号值）与 $2N$ 的比值，其中 N 为被数字化的二进制位数。量化电平为

$$Q = V_{\text{FSR}}/(2N) \qquad (6\text{-}10)$$

3）动态范围

动态范围是指全输入范围与 ADC 最小可分辨的量值之比。

4）失调误差

在实际电路中，运算放大器的输入、输出以及比较器都有一定的固有失调电流和电压，这些失调是由器件的失配引起的，这些失调导致当输入一个零信号时，它们的输出出现非零数字值，在传输曲线上表现为输出码中心线偏移理想状态。

2. ADC 动态特性

高速 ADC 的动态特性是指输入为交变简谐信号时的性能技术指标，是与 ADC 的操作速度有关的特性。在理想情况下它是由量化所引起的等效量化噪声，而实际 ADC 的动态特性指标则是由 ADC 的非线性等因素所产生的失真、噪声及频响误差等。

1）谐波失真和总谐波失真

由于 ADC 的非线性使其输出发生失真，在输出的频谱中出现输入信号频率的许多高次谐波，这些高次谐波分量被称为谐波失真分量。总谐波失真（THD）是指 ADC 输出信号中包含的全部谐波分量的总有效值与满度输入信号有效值之比，用分贝数或百分比表示。

对指定幅度和频率的纯正弦波信号输入，在 ADC 的输出频谱中，包含混叠在内的所有谐波成分的方均和。除特别指出外，THD 由第 2～10 个谐波的方均和来估算。THD 也可用与输入频率的输出成分幅度的方均根的比的分贝数表示。

2）信噪比、信噪失真比和有效位数

信噪比（SNR）是信号电平的有效值与各种噪声（包括量化噪声、热噪声、白噪声等）有效值之比的分贝数。其中信号是指基波分量的有效值，噪声指奈奎斯特频率以下的全部非基波分量的有效值（谐波分量和直流分量除外）。对正弦输入信号，信噪比的理想值是

$$\text{SNR} = (6.02N + 1.763)\text{dB} \qquad (6\text{-}11)$$

其中，N 为 ADC 的位数。与信号带宽有关的信噪比为

$$\text{SNR} = \left[6.02N + 1.763 + 10\lg\left(f_s/2f_a\right) \right]\text{dB} \qquad (6\text{-}12)$$

由式（6-12）可得到这样一个结论：当采样频率每增加 4 倍，信噪比就提高 6dB，相当于提高 ADC 的 1 位有效位数（ENOB）。信噪失真比（SINAD）也称信纳比，指 ADC 输出端信号有效值与奈奎斯特频率以下的全部噪声和谐波分量（包括随机噪声、

非线性引起的谐波分量以及采样定时误差的影响等，但不包括直流分量）的总有效值之比，记作 $S/(N+D)$。这主要是为了强调谐波失真。

$$\text{SINAD(dB)} = 20\lg\left(A_{\text{signal}}/A_{\text{noise}}\right) \tag{6-13}$$

有效位数是指在噪声和失真存在时，ADC 实际可达到的位数：

$$\text{ENOB} = [\text{SINAD} - 1.763\text{dB}]/6.02 \tag{6-14}$$

3）小信号带宽和全功率带宽

ADC 的模拟带宽是指输入扫描频率基波在 ADC 输出端用快速傅里叶变换（FFT）分析得到的基波频谱下降到 3dB 处的带宽（不考虑谐波失真和噪声影响）。根据输入信号幅值的不同，模拟带宽又可以分为小信号带宽（SS3W，一般指 1/10 满量程）和全功率带宽（FPBW，指满量程）。

4）无杂散信号动态范围

高速 ADC 应用在通信系统中，最重要的技术指标之一就是无杂散信号动态范围（SFDR）。ADC 的 SFDR 定义为在第一奈奎斯特区测得信号幅度的有效值与最大杂散分量有效值之比的分贝数。SFDR 通常是输入信号幅度的函数，可以用相对输入信号幅度的分贝数（dBc）表示。N 位 ADC 的 SFDR 通常比信噪比理论值大许多，这是由于噪声与失真之间的度量方法有着根本的区别。值得注意的是，增加 ADC 的分辨率可以提高其信噪比，但是不可能增加 SFDR。

6.5.3　ADC 的选型

实现 5GSPS 随机等效采样频率，ADC 的实时采样频率决定了波形重构的效率，实时采样频率越高，完成波形重构所需的采集次数越少，但成本更高。瞬态脉冲井中雷达系统将采集到的波形数据上传到地面后，后期要做成像处理，因此在选择 ADC 时，需要考虑的指标除了采样频率外，还应注意信纳比、信噪比、有效位数等动态性能。

在本书方案中，经过指标成本以及实际应用环境等诸多方面的对比，最终选择美国德州仪器（TI）公司的军用增强型 ADC——ADS5500-EP。ADS5500-EP 是一个高性能的 14 位、125MSPS 的 ADC，具有优异的低功耗和高交流性能，广泛应用在国防、航天、医疗领域。它包括一个高带宽线性采样保持阶段和内部参考，简化了系统设计。主要参数如下。

分辨率：14bits；

采样频率：125MSPS；

SNR：71dB；

SFDR：84dB；

功耗（典型值）：780mW；

工作温度：−55～125℃。

6.5.4 ADC 动态参数的测试方法

ADC 动态参数的测试方法有很多种，基本上是根据测试时 ADC 的激励信号类型、激励信号产生方式的不同和对 ADC 输出数据的处理分析方法不同来界定的。本节将对几种常见测试方法进行介绍。

1. ADC 的测试激励信号产生方法

ADC 的测试激励信号产生方法有：正弦激励法、任意波形激励法和阶跃信号激励法。

1）正弦激励法

正弦激励法是指由一个电路或仪器产生某一个频率的标准正弦波信号，并将该信号作为待测 ADC 的输入。由于正弦信号在时域和频域上均有精确的数学定义，可以达到很高的线性度，信号质量容易得到保证，所以正弦波激励法是最常用的 ADC测试激励方法。正弦激励法的结构如图 6-7 所示，由单个标准正弦波产生电路输出单音频信号，或由两个标准正弦波产生电路输出两个频点正弦波经过叠加后，作为待测ADC 的激励信号。其中，采用两个正弦波产生电路的结构主要用于测试 ADC 的双音互调失真性能。

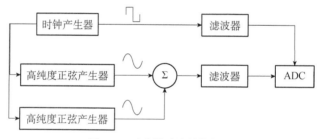

图 6-7 正弦激励法结构框图

2）任意波形激励法

任意波形激励法中，激励电路可以产生调频信号、调幅信号等激励。这种激励产生方法的结构如图 6-8 所示，首先由测试系统产生一定任意信号的测试向量，然后经过数模转换器（DAC）变换为模拟信号，最后信号经过滤波器后作为激励输出至待测ADC。为了消除 DAC 的性能对被测 ADC 的影响，必须谨慎选择 DAC 及滤波器的性能指标。

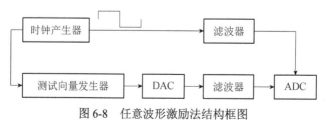

图 6-8 任意波形激励法结构框图

3）阶跃信号激励法

阶跃信号激励法是由脉冲产生电路输出一定幅度或脉宽的阶跃信号，然后经过滤波器后作为待测 ADC 的激励。结构如图 6-9 所示。

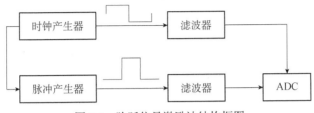

图 6-9　阶跃信号激励法结构框图

2. ADC 的测试方法

1）拍频测试法

拍频测试法中的"拍频"这个名称就说明了这种测试方法的原理。ADC 测试系统采用正弦激励法，并且设定输入正弦波的频率与 A/D 的采样频率之间有一个微小的差值，这样就形成了一个拍频，这是 ADC 对测试波形不断地采样和转换的结果，也是一个正弦波，如图 6-10 所示。得到转换后的数字信号后再经过一个 DAC 变换为模拟信号，然后在基于阴极射线管的示波器（cathode ray tube，CRT）上显示出来，以观察正弦波的平滑性来判断待测 ADC 的性能。

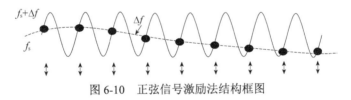

图 6-10　正弦信号激励法结构框图

图 6-10 中，f_s 为输入信号频率，$f_s + \Delta f$ 为采样频率，经过采样后，生成频率为 Δf 的正弦波形。

2）正弦拟合法

正弦拟合法是在待测 ADC 模拟输入端加一个特定频率、幅度等参数的正弦信号，然后以一定采样频率对正弦信号进行采集，得到相应的数据。整个过程中，通过改变频率相位、幅度、直流分量来拟合正弦函数，使得此函数与所测样本数据的差值的平方和最小。通过此方法可以对 ADC 的主要动态参数进行测试，如信噪比、有效位数、总谐波失真、信号与噪声失真比等。

3）FFT 测试法

FFT 测试法是对获得的 ADC 采样数据进行 FFT 变换，对变换后得到的频域数据进行分析，从而得到待测 ADC 的动态参数。FFT 测试法要求输入信号为正弦激励信号，且对这个正弦信号的幅度、频率、相噪有较高要求。

FFT 测试法的理论基础是离散傅里叶变换（DFT）。离散傅里叶变换是连续傅里叶变换在时域和频域上都离散的形式，将时域信号的采样变换为在离散时间傅里叶变换（DTFT）频域的采样。在形式上，变换两端（时域和频域上）的序列是有限长的，而实际上这两组序列都应当被认为是离散周期信号的主值序列。即使是对有限长的离散信号做 DFT，也应当将其看作经过周期延拓成为周期信号再做变换。

FFT 是 DFT 的改进算法，它使得 DFT 在时间复杂度上大幅度下降，从而使计算机进行 DFT 变换变得容易实现。

FFT 动态参数测试法中，ADC 的采样方式有两种：相干采样（coherent sampling）和非相干采样（incoherent sampling）。

相干采样是对输入的周期信号进行整周期截断，能够得到精确的频域数据。但是，相干采样在实现方法上必须要求 ADC 采样时钟与输入信号严格同步，这在实际情况下很难实现。并且，ADC 测试时需要输入较多个频率点的测试信号，相干采样对输入信号频率有特殊要求，不能满足覆盖整个带宽范围内的参数测试。

相比之下，非相干采样不需要 ADC 采样时钟与输入信号建立同步关系，较容易实现。但是由于采样时 ADC 对输入信号存在非整周期截断，信号截断的两端波形发生突变，变为非周期信号，样本数据在进行 FFT 变换后，会产生频谱泄漏现象，从而影响到 ADC 动态参数的测试结果。减小频谱泄漏的方法主要有两种，一种是加大采样点数，另外一种是采用加窗函数的方法。其中，增加采样点数会使 FFT 的运算量迅速增加，当采样点个数增加到一定程度后，FFT 的计算时间将变得不可接受，所以，一般工程应用中大部分采用加窗函数的方法来降低频谱泄漏产生的影响。

加窗的主要思想是采用较为光滑的窗函数来代替截取信号样本的矩形窗函数，对两端截断的数据进行特定的不等加权，使波形两端的突变变得平滑，从而降低频谱旁瓣，减小泄漏。ADC 测试中，对窗函数的一般要求是频谱主瓣尽量窄，以提高频率的分辨率；旁瓣尽量低，以减小频谱泄漏。但是，这两方面往往不能同时满足，需要综合权衡。

6.6 数据采集控制器 FPGA

瞬态脉冲井中雷达数据采集控制器的要求主要可概括为以下几点。

（1）实时性强。系统的主要工作是对大量过程状态参数进行定时监测、数据存储、数据处理、实时数据分析等，要求在硬件上必须要有实时时钟和优先级中断信息处理电路。

（2）可靠性高。它是系统设计最重要的一个要求。由于数据采集系统是安装在被控对象所处的实际工作环境中的，温度高、压力大，为了确保控制系统的高可靠性，硬件应采取冗余技术、隔离屏蔽技术等；在软件设计上要可靠，利用容错技术、自诊断技术等，设置安全保护措施。

（3）通用性好，便于扩充。一般可以控制多个设备和不同的过程参数。这就要求系统的通用性要尽可能好，能灵活地进行功能扩充，比如，采用通用的系统总线结构。

（4）设计周期短、价格便宜。由于计算机技术日新月异，各种新技术、新产品不断涌现，在满足精度、速度和其他性能的设计要求的前提下，应缩短设计周期和尽量用价格低的元器件。

传统的数据采集系统，通常采用单片机或 DSP（digital signal processor）作为主要控制模块，控制 ADC、存储器和其他外围电路的工作。随着数据采集对速度性能要求的提高，传统采集系统的弊端就越来越明显。单片机的时钟频率较低且需用软件实现数据采集，这使得采集速度和效率降低，此外软件运行时间在整个采样时间中也占很大的比例。而 FPGA 有单片机无法比拟的优势。FPGA 时钟频率高，内部延时小，全部控制逻辑由硬件完成，速度快、效率高。在此技术基础上，可满足数据采集对速度的要求。

当今社会是数字化的社会，是数字集成电路广泛应用的社会，数字集成电路本身在不断地进行更新换代。随着微电子技术的发展，设计与制造集成电路的任务已不完全由半导体厂商来独立承担。系统设计师更愿意自己设计专用集成电路（ASIC）芯片，而且希望 ASIC 的设计周期尽可能短，最好是在实验室里就能设计出合适的 ASIC 芯片，并且立即投入实际应用，因而出现了现场可编程逻辑器件（FPLD），其中应用最广泛的当属 FPGA 和复杂可编程逻辑器件（CPLD）。大规模可编程逻辑器件 CPLD 和 FPGA 是当今应用最广泛的两类可编程 ASIC，电子设计工程师利用它可以在办公室或实验室里设计出所需的 ASIC，从而大大缩短了产品的上市时间，降低了开发成本。此外，可编程逻辑器件还具有静态可重复编程和动态的系统重构的特性，使得硬件的功能可以像软件一样通过编程来修改，这样就极大地提高了电子系统设计的灵活性和通用性。由于具备上述两方面的特点，CPLD 和 FPGA 受到了世界范围内广大电子设计工程师的普遍欢迎，应用日益广泛。目前已有单片可用门数超过数百万、工作频率可达 500MHz 以上的可编程 ASIC 芯片问世，由于工艺和结构的不断改进，可编程 ASIC 芯片上包含的资源越来越丰富，可实现的功能越来越强，它们已成为当今实现电子系统集成化的重要手段。

当代 FPGA 的优点可归纳如下。

（1）高速；

（2）高可靠性；

（3）编程简便；

（4）易学易用；

（5）开发周期短；

（6）保密性能好；

（7）系统易维护、易升级。

6.6.1　FPGA 的选型

FPGA 有集成度高、体积小、灵活可重配置、实验风险小等优点，在复杂数字系统中得到了越来越广泛的应用。随着 FPGA 技术的成熟和不断飞速发展，数字电路的设计只需一片器件、一些存储设备和一些电气接口匹配电路的解决方案已成为主流选择方案。根据多年的应用经验，相关数字系统中，FPGA 器件的选型非常重要，不合理的选型会导致一系列的后续设计问题，有时甚至会使设计失败；合理的选型不仅可以避免设计问题，而且可以提高系统的性价比，延长产品的生命周期，获得预想不到的经济效果。经过深入研究，本书总结了以下选型问题：器件的供货渠道和开发工具的支持；器件的硬件资源；器件的电气接口标准；器件的速度等级；器件的温度等级；器件的封装；器件的价格[8]。

本次采集的系统方案设计采用 ADC+FPGA 的架构，FPGA 担负了采集数据的接收与存储、采集过程的控制、与地面控制系统的数据通信，以及部分数据的预处理任务，因此，在预算允许的条件下，选择一款输入输出（I/O）多、逻辑资源丰富、性能强大的 FPGA 芯片至关重要。

选择合适的 FPGA 芯片时，需要注意以下几点。

基本资源类，包括用于实现逻辑设计的逻辑单元数量以及等效逻辑门数量、用于实现信号互连的可用 I/O 引脚数量、用于实现数据缓存的片内存储器（RAM）资源数量，设计实现后使用的基本资源数量最好不要超过器件总资源数量的 50%，留下后期设计调试和功能扩展的空间。

附加资源类，包括用于实现时钟管理的数字时钟管理器（DCM）数量、锁相环（PLL）数量、延迟锁定环（DLL）数量、用于高速数据接收和发送的高速 I/O 接口数量、用于实现乘除运算的嵌入式硬件乘法器和 DSP 单元、集成的各种硬互联网协议（IP）核和软 IP 核资源，拥有足够的附加资源可以使得设计易于实现，降低设计难度，提高设计的可靠性。

其他指标，比如，芯片的速度等级、功耗、价格，设计的易用性、稳定性和可扩展性（比如，引脚是否兼容其他款芯片）。

综合上述各种因素，本书系统采用的 FPGA 为 Xilinx 公司的 Sparatan6。Sparatan6 的 FPGA 主要结构包括可编程输入输出接口（IOB）、可编程逻辑块（configurable logic block，CLB）、时钟管理单元、底层内嵌单元以及丰富的布线资源。通过可编程输入输出接口，FPGA 可以对多种电平信号进行接收与发送处理，包括常用的 LVTTL（低压晶体管-晶体管逻辑）、LVCMOS（低压互补金属氧化物半导体）、LVDS（低电压差分信号）等电平。可编程逻辑块包含 2 个单片（sclice），每个 slice 包含 4 个 6 输入的查找表（look-up table，LUT）和 8 个触发器，提供了丰富的逻辑资源。Sparatan6 是基于 SRAM（静态随机存取存储器）工艺的，其内部提供有内嵌的块 RAM 资源，可以通过 IP 核例化为 FIFO（先进先出）、简单双口 RAM、ROM（只读存储器）等存储器，这对瞬态脉冲井中雷达数据采集系统很有意义，可以通过利用这些资源实现波形的重构，设计数据传输协议。

6.6.2　FPGA 的开发

1. FPGA 的结构

FPGA 器件采用了逻辑单元阵列（logic cell array，LCA）这样一个新概念，内部包括可配置逻辑模块（configurable logic block，CLB）、输入输出模块（input output block，IOB）和内部连线（interconnect）三个部分。下面以 Xilinx 公司和 Altera 公司的 FPGA 产品为例，说明一下基于查找表（LUT）的 FPGA 的结构。Xilinx 公司的 Spartan-II 的芯片结构，如图 6-11 所示。

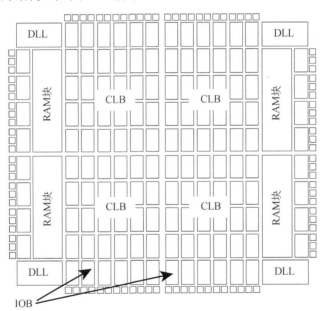

图 6-11　Xilinx Spartan-II 芯片结构

从图 6-11 中可见，Spartan-II 主要包括 CLB、IOB、RAM 块和可编程连线几部分，CLB、IOB 和 RAM 块通过可编程连线有机地连接在一起，通过连接线的编程实现各种模块的设计。在 Spartan-II 中，一个 CLB 包括 2 个 slices。每个 slices 包括 2 个 LUT、2 个触发器和相关逻辑。slices 可以看成是 Spartan-II 实现逻辑的最基本结构。

FPGA 应用的简便性、易操作性，很大程度上依赖于其开发工具的界面简洁、功能强大、分类精细等优点。伴随着 FPGA 器件的发展，FPGA 开发工具也经过不断改进，功能变得越来越强大，用户也越来越容易上手。其主要有以下几种。

（1）Quartus Ⅱ：Altera 公司新一代 FPGA/PLD 开发软件，适合新器件和大规模 FPGA 的开发，在高密度 FPGA 设计中能够实现最佳效能，以最快的速度完成设计。Quartus Ⅱ软件是在统一设计环境下，一套完整的综合、优化和验证工具，使用业界首创的渐近式编译功能，与传统的高密度 FPGA 流程相比，设计迭代时间缩短了近70%，显著提高了效能。此外，与采用 ISE（Integrated Software Environment）软件的 Xilinx Virtex-4 系列相比，Quartus Ⅱ软件 5.0 版在 90nm Stratix Ⅱ FPGA 上能够实现更高的性能。

（2）ISE Foundation：Xilinx 公司集成开发的首选工具，业界最完整的可编程逻辑设计解决方案，用于实现最优性能、功率管理、降低成本和提高生产率。ISE Foundation 为所有 Xilinx 的先进 FPGA 与 CPLD 提供支持，包括全部的 Virtex-4 多平台 FPGA。

（3）isp LEVER：莱迪思（Lattice）公司推出的最新一代 PLD 集成开发软件，ispLEVER v5.0 SPI 是最新的 CPLD 和 FPGA 设计软件，支持所有的莱迪思可编程逻辑器件。

一般来说，最新的开发工具可以支持更多型号的芯片，实现最佳性能，并能以最快的速度完成设计，功能也更强大。如果在条件允许的情况下，优先选择新推出的开发工具，不过也要考虑到实际的情况，根据所使用的 FPGA 器件来选择合适的开发工具。

2. 硬件描述语言

硬件描述语言（HDL）是一种用形式化方法来描述数字电路和设计数字逻辑系统的语言，是目前电子设计中最高级的一种输入方法，配合高性能可编程逻辑器件可以在短时间内完成复杂的电路设计。VHDL（超高速集成电路硬件描述语言）和 Verilog HDL 语言，发展非常迅速，在美国已成为设计数字电路的主流。

经过大量资料的对比分析，Verilog 语法简单，代码简练，适合初学者学习，而且 Verilog 可以进行从门级到算法级的设计，对大中小规模的电路设计都适用，但对更复杂、规模更大的电路设计就要借助 VHDL 语言。但 VHDL 语法结构复杂，熟练掌握所需时间较长，且对门级电路的设计也是借助 Verilog 来完成的，因此，本书推荐在掌握了 Verilog 语言后再进行 VHDL 的学习，这样就可以胜任大多数通用 FPGA 器件的设计。

3. FPGA 设计流程

FPGA 开发工具为 Xilinx 公司提供的 ISE14.7，其开发流程主要分为以下几个部分。

（1）设计输入。利用 HDL 输入工具、原理图输入工具或状态机输入工具等把所要设计的电路描述出来。

（2）功能验证，也就是前仿真。利用 Modelsim、VCS 等仿真工具对设计进行仿真，检验设计的功能是否正确，仿真过程能及时发现设计中的错误，加快设计进度，提高设计的可靠性。

（3）综合。综合优化是把 HDL 语言翻译成最基本的与或非门的连接关系（网表），并根据要求（约束条件）优化所生成的门级逻辑连接，输出 edf 和 edn 等文件，导给 CPLD/FPGA 厂家的软件进行实现和布局布线。

（4）布局布线。综合的结果只是通用的门级网表，只是一些与或非门的逻辑关系，与芯片实际的配置情况还有差距。此时应该使用 FPGA/CPLD 厂商提供的实现与布局布线工具，根据所选芯片的型号，进行芯片内部功能单元的实际连接与映射。这种实现与布局布线工具一般要选用所选器件的生产商开发的工具，因为只有生产商最了解器件内部的结构，比如，在 ISE 的集成环境中，完成实现与布局布线的工具是 FlowEngine。

（5）时序验证。其目的是保证设计满足时序要求，即 setup/hold time 符合要求，以便数据能被正确地采样。时序验证的主要方法包括静态时序分析（STA）和后仿真。

（6）生成并下载 BIT 或 PROM 文件，进行板级调试。

6.7 随机等效数据采集设计与实现

6.7.1 数据采集系统 FPGA 逻辑设计与实现

我们可以将 FPGA 程序的设计总结为自顶向下，逐步细化，结构化设计，模块化编码。首先需要对随机等效取样的实现流程进行分析，如图 6-12 所示。上电后系统首先进行硬件的初始化，包括配置 ADC、初始化数据缓冲 FIFO、初始化温度与电压电流监测电路，以及相关逻辑模块的复位等。开始采集之后，首先复位 FIFO，其次设置延时值，从而调整每次采集过程中回波信号的相位。接着判断预触发深度是否已满，若满则发出高压脉冲使能信号；否则继续等待，直至预触发满。脉冲使能信号发出之后，即会有雷达回波信号被采集，判断触发是否有效，若无效则复位 FIFO 重新采集；若有效则通过时间测量电路确定触发的位置，从而计算当前波形的存储地址，实现波形重构。完成当次采集之后，判断是否达到预设的插值倍数，若未达到复位，FIFO 进行下一次采集；若已达到则根据上位机指令决定是否转移波形数据。若采样频率设计不止一种，在转移数据时要按相应的比例进行抽点。完成波形数据的转移之后，初始化采集模块，复位 FIFO，进入下一次采集流程。

显然，整个随机等效采样的流程是顺序执行的，这在 DSP（digital signal processor）这样的顺序执行的处理器内实现比较容易，而 FPGA 内数据的处理是并行进行的，因此需要设计合适的状态机以实现整个采集流程。其中随机等效采样的实现流程转换为状态图如图 6-13 所示。可将采集过程划分为 9 个状态，状态 S0 为初始状态，主要完成采集相关部分的初始化。状态 S1 期间打开 FIFO 的写使能信号。在状态 S2 内等待预触发满标志 ready 信号。在状态 S3 内判断触发标志是否到来，并产生窄脉冲

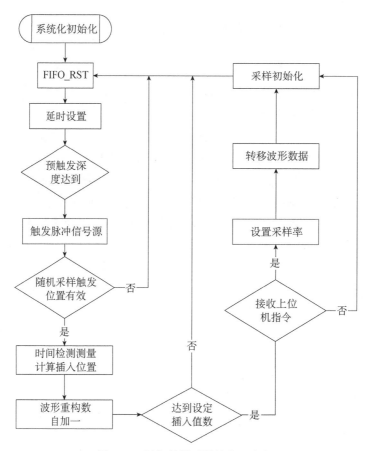

图 6-12 随机等效采样的实现流程

信号。在状态 S4 内等待波形存储位置计算完毕。在状态 S5 内根据计算结果初始化 RAM 的存储地址，并且调整延迟线的延时值。在状态 S6 内将当前波形数据存储到对应的 RAM 空间上去。在状态 S7 内判断采集次数是否达到指定的内插倍数，若未达到指定的内插倍数回到状态 S0，开始下次采集，若达到指定的内插倍数，进入状态 S8，将一幅完成的 5GSPS 采样频率波形数据导出。

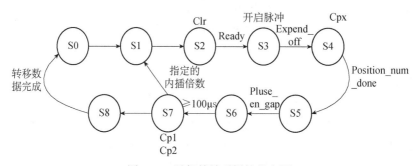

图 6-13 随机等效采样的状态图

数据导出完毕后，进入状态 S0，开始下一轮的采集。状态机以 500kHz 的频率运行，其中 S3 状态内设置 100μs 的等待时间，若这段时间内没有触发信号到来，则回到 S0 重新采集。S6 状态与 S8 状态人为地增加了更多的停留周期，目的是给波形数据的转移留出足够的时间。S4 状态内时间测量以及波形存储位置的计算所需时间较长。采集重构得到一幅完整的波形数据所需时间大约为 20ms。

在 FPGA 内需要设计有限状态机（finite state machine，FSM）实现随机等效采样流程的控制，一个好的状态机有三点要求[9]。第一，状态机要安全，是指 FSM 不会进入死循环，特别是不会进入非预知的状态，即使由于某些扰动而进入了非设计状态，也能很快地恢复到正常的状态循环。这有两层含义，一方面要求该 FSM 的综合实现结果无毛刺等异常扰动；另一方面要求 FSM 要完备，即使受到异常扰动进入非设计状态，也能很快恢复到正常状态。第二，状态机的设计要满足设计的面积和速度的要求。第三，状态机的设计要清晰易懂、易维护。Mealy 型状态机时采用的方式为三段式状态机。所谓三段式状态机，就是使用三个 always 模块，第一个 always 模块采用同步时序描述状态转移；第二个 always 采用组合逻辑判断状态转移条件，描述状态转移规律；第三个 always 模块描述状态输出。将同步时序和组合逻辑分别放到不同的 always 模块中实现，这样做的好处不仅仅是便于阅读、理解、维护，更重要的是利于综合器优化代码，利于用户添加合适的时序约束条件，利于布局布线器实现设计。相比于一段式与两段式状态机设计，三段式状态机设计虽然代码结构复杂了一些，但是做到了同步寄存器输出，消除了组合逻辑输出的不稳定与毛刺的隐患，有利于时序分组。

使用 Verilog 语言编写状态机实现代码时，需要对各个状态进行编码，时序电路的状态是一个状态变量集合，这些状态变量在任意时刻的值都包含了为确定电路的未来行为而必须考虑的所有历史信息。状态编码时，二进制码与格雷码的方式适用于触发器资源少、组合逻辑资源丰富的情况，独热码适用于触发器资源较多的情况。而 FPGA 内触发器资源要远多于组合逻辑资源，因此，设计中采用独热码的方式实现状态机编码，只需比较一个比特（bit），速度也会更快。

延迟雷达回波信号实际上是通过延迟脉冲使能信号实现的。首先通过 FPGA 内标准的 125MHz 时钟产生脉冲使能信号，脉冲宽度为 300ns，再使用经过延迟后的 125MHz 时钟延迟一拍，由 FPGA 输出作为高压脉冲源的触发脉冲信号。设计时首先对 125MHz 时钟设置一个较大的延迟，每次采集之后延迟减少 100ps。如图 6-14 所示，在 FPGA 内，脉冲使能信号作为 D 触发器的数据输入端，延迟后的 125MHz 作为 D 触发器的时钟输入。虽然脉冲使能信号与标准的 125MHz 时钟信号是同步的，但延迟后的 125MHz 时钟信号相位是变化的，存在跨时钟域的问题，会导致亚稳态的出现。所谓亚稳态，是指由 D 触发器的建立保持时间不满足导致其数据输出端无法在规定的时间内达到一个稳定的状态。亚稳态的两个主要危害是亚稳态向后级电路的传播和 D 触发器输出端的逻辑误判。设计中需要调整预设的延迟初始值，以避免脉冲使能信号与延迟后的 125MHz 时钟信号在建立保持时间时产生。

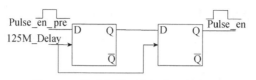

图 6-14   脉冲信号源使能信号的产生

6.7.2   数据接收与缓存

经 ADC 量化后的 14 位并行数据伴随 125MHz 的数据同步时钟送至 FPGA，为了在 FPGA 内实现数据的重构以及波形数据的转移，这里采用同步 FIFO+双口 RAM 的方式实现数据的接收与缓存。如图 6-15 所示，同步 FIFO 用来接收一次采集过程中的波形数据，FIFO 的读写时钟均为 125MHz 的 ADC 数据同步时钟。RAM0 为波形重构 RAM，用来将多次采集的波形按照对应位置进行排序重组，以此在 FPGA 内完成波形的重构。RAM1 用于井下与地面上位机通信，其中有 640 个地址空间用来存放波形数据，按照上位机指令将 RAM0 里的波形数据映射到这段地址空间上。

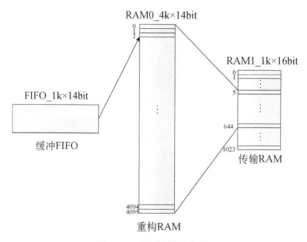

图 6-15   数据缓存架构

FIFO 是一种先进先出的数据缓存器，它与普通存储器的区别是没有外部读写地址线，这样使用起来非常简单，但缺点就是只能顺序地写入或读出数据，其数据地址由内部读写指针自动加一完成，不能像普通存储器那样可以由地址线决定读取或写入某个指定的地址。该特点使其非常适合本书系统中的原始波形数据缓存。FIFO 分为同步 FIFO 与异步 FIFO，异步 FIFO 允许读写时钟使用不同的时钟信号，本书方案中采用的为同步 FIFO，即读写时钟为同一时钟信号。真正的双口 RAM 是在一个 SRAM（静态随机存取存储器）上具有两套完全独立的数据线、地址线和读写控制线，并允许两个独立的系统同时对该存储器进行随机性的访问，即共享式多端口存储器，读写可同时进行。设计中采用的是简单双口 RAM，即两个端口，一个只读，一个只写。无论是同步 FIFO 还是简单双口 RAM，都是通过例化 FPGA 内的块 RAM 资源得到的，相比于使用由可编程逻辑块生成的分布式 RAM 资源，速度更快，可靠性更高，并且节省了逻辑资源。当然，由于 FPGA 内的块 RAM 资源是一列一列位置固定的，用户逻辑资源与块 RAM 之间的布线延迟可能会增大，但在 FPGA 内块 RAM 资源充足的情况下，一般不会影响性能。

具体的数据接收与缓存流程是由图 6-13 随机等效采样的状态图的状态机进行控制的，在状态 S0～S4 期间，波形数据缓存在同步 FIFO 中，根据需求设置的重构 RAM 大小为 4k，内插倍数为 40，一次采集过程中实际需要的点数为 50，因此设置缓存 FIFO 深度为 1k，远满足需求。在状态 S5 内，波形位置计算完毕，根据计算结果初始化当前波形数据在 RAM0 的起始地址。在状态 S6 内，将 FIFO 里的波形数据依次由该起始地址读取至 RAM0，每次 RAM0 地址增加 50，读取 50 个点。按照此流程完成 50 次采集之后，RAM0 被填充完毕。在状态 S7 里判断是否完成 50 次采集，若已完成，则根据采样频率设置为 5GSPS 或 2.5GSPS 将 RAM0 的波形数据抽点至 RAM1 相应的地址空间。这里需要注意的是，同步 FIFO 的读写时钟为 ADC 数据同步时钟，RAM1 写时钟为晶振输入的标准 125MHz 时钟。为了解决跨时钟域的问题，RAM0 的写时钟应该设置为 ADC 数据同步时钟，读时钟设置为标准的 125MHz 时钟。

6.7.3　时间间隔测量电路

1. 窄脉冲产生原理

由图 6-16 可知，在瞬态脉冲井中雷达数据采集系统中，需要进行时间间隔测量的窄脉冲信号，在状态 S3 内由触发信号脉冲与 125MHz 的数据同步时钟产生，在状态 S4 完成存储位置的计算。根据前面分析可知 $0 < \Delta t < 8\,\text{ns}$，且在[0, 8ns]内任意取值，由于 Δt 有可能太小（如接近 0ns），模拟展宽电路有一个响应过程，在这种情况下窄脉冲展宽电路不能工作在线性展宽区间。这样就会导致波形重构的失败。

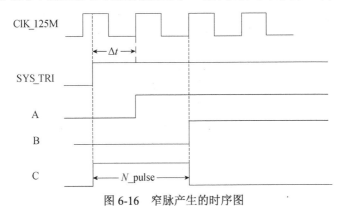

图 6-16　窄脉产生的时序图

为了消除这种极端情况的影响，需要在这个 Δt 上人为地添加一个采样周期的时间，即 N_pulse 等于 $\Delta t + T_s$。这个操作对应的时序如图 6-16 所示，这里根据时序图设计出了具体实现窄脉冲产生电路，如图 6-17 所示。因此就可以实现在 Δt 的基础上叠加一个计数周期，使 N_pulse 的范围为 8～16ns。时间展宽电路原理图如图 6-18 所示。

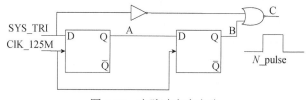

图 6-17   窄脉冲产生电路

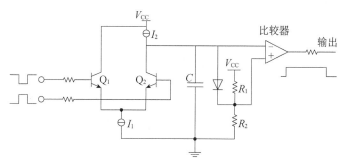

图 6-18   时间展宽电路原理图

2. 时间测量电路工作原理

采用随机等效采样技术实现井中雷达数据采集系统，其关键是要能够精确地测量触发脉冲与第一个采样脉冲间的时间 $\Delta t\left(\Delta t_0、\Delta t_1、\Delta t_2\right)$。根据 Δt 的大小摆正各次触发后采集的样本数据在时间上的先后关系，保证正确地重构被测信号波形。这里的 Δt 非常短暂，理论上 $0 \leqslant \Delta t \leqslant T_s$，其中 T_s 为采样时钟的周期，若在井中雷达系统中，采样频率设置为 125MHz，则采样时钟周期就为 8ns，即 Δt 的值在 0～8ns，这是难以直接做到的高精度测量。

时间测量就是测量一个特定的起始事件到终止事件的时间差，在许多测试领域都会要求高精度的时间间隔测量，比如雷达测距，超声测绘，光脉冲从发射到反射接收的时间差测量等各个科研生产领域。对两个事件之间时间差的测量，通常是通过计数器的方式实现的，当时间差非常小的时候，需要以内插的方式来实现高精度的计数测量[10]。目前常用的时间测量方法有数字延迟线、时间-幅度转换器（time to amplitude converter，TAC）电路、时间-数字转换器（time to digit converter，TDC）电路等。

数字延迟线是利用内部逻辑门的延迟实现高精度的时间间隔测量。该方法是利用互补金属氧化物半导体（CMOS）门的延迟来数字化时间间隔，其测量精度与内部逻辑门的延迟范围有关。每个逻辑门的延迟值都是相同的，待测时间的起始事件开始后，沿延迟线传播，直到终止事件到来，经过若干延迟单元后的被测信号被记入寄存器，从而可以得到测量的时间间隔。时间测量的结果是由粗计数器与加环形振荡器共同决定的。数字延迟线测量时间时的缺点是，内部逻辑门的延迟值受外界环境影响较大，会直接导致测量结果的不准确。

　　TAC 电路与 TDC 电路都是利用了电容的快速放电慢速充电的原理，根据待测时间间隔，起始事件与终止事件之间的时间脉宽大小决定电容的放电时间长短。不同的是，TAC 电路中是采用高精度的 ADC 来采样电容放电之后的电压值，从而将时间信息转换为幅度信息，测量精度更高；而 TDC 电路是将电容充放电的电压波形与参考电压比较，产生更宽的脉冲信号，然后通过对展宽后的脉冲进行计数，从而实现将时间信息转换为数字信息[11]。

　　由于瞬态脉冲井中雷达数据采集系统的井下工作环境恶劣，所以数字延迟线的方法精度难以保证。而 TAC 电路虽然测量精度非常高，但是需要额外采用高精度的 ADC，实现电路也较复杂，且井下雷达系统体积空间有限，所以应当选取更简单的设计方法。因此我们研究设计了一种高精度的 TDC 电路，其基于时间展宽的原理，用来实现随机等效采样过程中 Δt 的测量。

　　恒流源双积分型时间展宽模块的具体设计电路如图 6-18 所示。两个 NPN 型的晶体管 Q_1 和 Q_2 组成高速开关，控制电容的充电与放电动作。该电路在静态时，Q_1 管导通，Q_2 管截止，此时通过恒流源 I_2 对电容 C 进行充电。所以，静态时电容两端的电压为电容充满电之后的常值电压。当 FPGA 产生的窄脉冲信号到来之后，Q_1 管关闭，Q_2 管导通。此时电容 C 通过恒流源 I_1 进行放电，与此同时恒流源 I_2 仍然会对电容 C 进行慢速充电，因恒流源 I_2 的电流较小，一般情况下可以忽略不计。

　　其中，典型的基于运算放大器的恒流源电路设计如图 6-19 所示，电流由晶体管集电极流向发射极，经电阻 R_e 到地。电流大小为

$$I_c = \frac{V_{cu}}{R_e} \times \frac{\beta}{1+\beta} \tag{6-15}$$

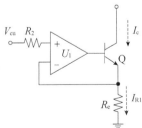

图 6-19　恒流源电路

　　将恒流源 I_2 设计为小电流，I_1 设计为大电流。图 6-18 的电路中 R_1 和 R_2 分压来产生比较器的参考电压，电容常态电压值应当为参考电压加上快速开关二极管的导

通压降。如图 6-20 所示，当窄脉冲到来之后，电容快速放电，放电到电压值低于参考电压时，经过比较器之后产生一个快速的上升沿；当窄脉冲消失之后，电容慢速充电，直到高于参考电压，此时经过比较器产生一个下降沿。整个过程中比较器输出一个微秒级的脉冲信号，实现了对窄脉冲信号的展宽。

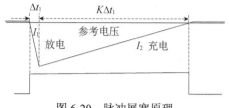

图 6-20　脉冲展宽原理

由电荷守恒定律可知：

$$\frac{I_1 \cdot \Delta t_1}{C} = \frac{I_2 \cdot T_1}{C} \tag{6-16}$$

其中，$I_2 = I_1 / K$，可得

$$T_1 = K \times \Delta t_1 \tag{6-17}$$

因此，可知电容 C 的放电时间是充电时间的 K 倍。展宽后的脉冲送至 FPGA 进行计数。假设计数频率为 f_s，计数脉冲个数为 N，可以得

$$T_1 = N / f_s \tag{6-18}$$

由式（6-17）和式（6-18）可以得到待测时间间隔为

$$\Delta t_1 = \frac{N}{K \times f_s} \tag{6-19}$$

这样，所测量的窄脉冲的宽度 Δt_1 由原来的纳秒级扩展到了微秒级，使计数器的分辨率提高了三个数量级。

3. 时间测量系统的校正

由前面分析的 TDC 电路与窄脉冲产生电路共同组成了井中雷达采集系统中的时间间隔测量系统。如图 6-17 所示的窄脉冲产生电路在 FPGA 内设计实现，电路稳定性与可靠性都比较高。而 TDC 电路是由外围分立器件搭建而成的，其工作性能非常容易受外界温度环境的影响。因此，需要在 FPGA 内引入一种校正机制，用来消除由温度带来展宽倍数 K 的变化而导致的测量误差。

我们的设计方案为，在每次采集过程中，FPGA 产生两个固定宽度的脉冲信号 cp1_gate=T_0=8ns 与 cp2_gate=$2T_0$=16ns 输出至脉冲展宽电路进行一次测量，cp1_gate 与 cp2_gate 展宽后所得到的计数值分别为 cp_1，cp_2。而每次采集过程中在状态 S3 触发脉冲产生的窄脉冲信号 delt = $\Delta t + T_0$ 得到的计数值为 cp_x。根据前面分析可以得到

$$\mathrm{cp}_1 T_0 = K T_0 + \delta_1 \tag{6-20}$$

$$\mathrm{cp}_2 T_0 = K 2 T_0 + \delta_2 \tag{6-21}$$

$$cp_x T_0 = K(T_0 + \Delta t) + \delta_x \tag{6-22}$$

式中，δ_1，δ_2，δ_x 为每次测量中无效的展宽时间。由式（6-21）与式（6-20）相减可以得到

$$(cp_2 - cp_1)T_0 = KT_0 + (\delta_2 - \delta_1) \tag{6-23}$$

同理，由式（6-22）与式（6-21）相减可以得到

$$(cp_x - cp_1)T_0 = K\Delta t + (\delta_x - \delta_1) \tag{6-24}$$

在瞬态脉冲井中雷达采集系统中，展宽倍数 K 大约为 1500，而无效展宽时间 δ 非常小，因此可以忽略不计。所以可以得出

$$\Delta t = \frac{cp_x - cp_1}{cp_2 - cp_1} T_0 \tag{6-25}$$

显然，经过三次测量，消除了 TDC 电路的脉冲展宽倍数 K 的变化对 Δt 测量结果的影响。这样也就避免了波形重构时温度变化引起的展宽倍数变化，从而导致波形无法正确重构的问题。

在瞬态脉冲井中雷达采集系统中时间测量系统的校正完全在 FPGA 内完成，因此需要在 FPGA 内实现加法与乘法运算。考虑到在波形重构时，我们实际上关心的是每次采集到数据样本点在时间轴上的相对位置，因此可以得到

$$\text{Position} = \frac{\Delta t}{T_0} N_{\text{burst}} = \frac{cp_x - cp_1}{cp_2 - cp_1} N_{\text{burst}} \tag{6-26}$$

式中，N_{burst} 为随机等效采样过程中的内插倍数，在本书系统中 $N_{\text{burst}} = 40$。

在实际测试过程中发现，重构出来的波形会出现错位，经分析认为，可能是图 6-18 中晶体管 Q_1 与 Q_2 导通瞬间非线性，导致测量结果 cp_1，cp_2，cp_x 并不是完全线性的。如图 6-21 所示，由于晶体管刚导通的一段时间内，电容放电比较缓慢，所以被称为非线性放电区。

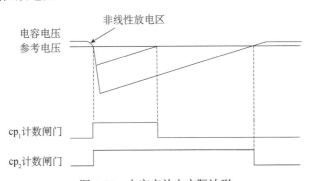

图 6-21　电容充放电实际波形

虽然 cp2_gate 输出窄脉冲宽度是 cp1_gate 窄脉冲的两倍，但是 cp2_gate 时的放电电荷量是 cp1_gate 时的两倍还要多。反映在测量结果上，就是计数脉冲个数 cp_2 与 cp_1 的非线性比例关系。因此，这里引入手动校正，通过地面上位机发送校正值 λ，改

进计算波形储存位置时的计算方法，以便能够正确地完成波形重构。修改后的采样点存储位置计算公式为

$$Position = \frac{(cp_x - cp_1)N_{burst}}{(cp_2 - cp_1) + \lambda}$$ （6-27）

其中，λ 为校正值，通过地面上位机发送至井下采集系统，可以为正也可以为负，λ 与温度有一定的关系，通过调整合适的值，即可以实现波形的正确重构。

6.7.4　预触发功能的设计与实现

常见的触发类型有边沿、脉冲、视频、斜率跟交替。下面我们以最常见的边沿触发为例，简单介绍触发的基本原理。以方波信号为例，每个信号周期内有且分别仅有一个上升沿和下降沿，假设以下降沿作为触发条件，同时设置一个合适的触发电平，此电平需要与下降沿有交点才能得到一个触发点。在触发点处，方波信号与触发电平通过比较器产生一个触发脉冲信号。对方波来说，触发点在每个信号周期内都是唯一且位置固定的。波形显示时，通过简单的处理保证满足触发条件的点放在相同位置。

由于每幅波形中的触发点都是唯一的，所以不同幅波形的触发点显示在屏幕上相同位置的时候，屏幕上其他的点也就可以稳定地显示。给人直观的感受就是，屏幕上显示出稳定的方波信号。在井中雷达数据采集系统中，使用最简单的边沿触发类型就可以产生所需的触发信号。

所谓预触发，就是在波形的触发点到来之前，预先存储一些采集样本点，这样我们就不仅能够观察到触发点之后的波形，还能对触发点之前的感兴趣的波形进行观测。具体实现原理如图 6-22 所示，使用 FIFO 来进行波形数据的接收缓存，设置的预触发深度为 PRE_TRI_CNT，最开始只打开 FIFO 的写使能，同时预触发计数器开始计数，当预触发计数值达到设置的预触发深度时，打开 FIFO 读使能，此时 FIFO 边写边读，这样就保证了触发点到来之前，预触发深度内的数据始终为最新的波形数据。

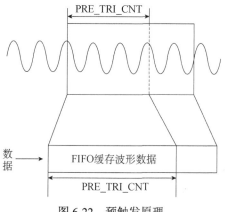

图 6-22　预触发原理

　　当触发点到来之后，关闭 FIFO 读使能，一直往 FIFO 里写波形数据，直至 FIFO 写满为止。将 FIFO 里的数据依次读出，显示到屏幕上，就可以发现触发点 A 之前有 PRE_TRI_CNT 长度的波形数据。通过调整预触发深度 PRE_TRI_CNT 的值，就可以实现波形的左右移动。

　　在本书所设计的井中雷达数据采集系统中，数据缓冲 FIFO 为图 6-15 中的 FIFO_1k×14bit，FIFO 的读写使能由图 6-23 所示的预触发流程控制实现。具体的实现流程是：在状态 S0 下初始化 FIFO，在状态 S1 内 FIFO 写使能打开，读使能关闭，数据开始往 FIFO 里缓存，同时预触发计数器开始计数；在状态 S2 内判断预触发是否已满，等待预触发满标志 ready 置高之后，打开 FIFO 读使能，进入状态 S3；此时，FIFO 边写边读，直至触发信号到来；触发标志 Triged 变高之后，关闭 FIFO 读使能，此时只写不读，直至 FIFO 写满为止；待时间测量电路完成窄脉冲展宽以及波形存储位置计算完毕后，将 FIFO 里的采集样本点转移至重构 RAM 里；然后判断内插是否完成，完成之后将重构 RAM 里的波形数据映射到数据传输 RAM 里；若未达到最大内插次数，则重新复位 FIFO，开始下一次采集。

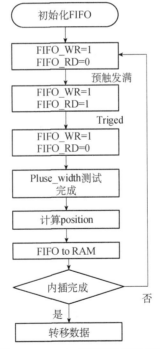

图 6-23　FIFO 实现预触发的流程

　　在设计中，地面控制系统发送预触发深度的值到井下数据采集系统，通过调整预触发深度大小，就可以实现地面上位机观察到的波形的左右移动，方便用户观察自己感兴趣的波形。

6.7.5 回波信号触发电路的设计与实现

上面已经分析过，采用边沿触发的方式实现触发信号的产生。触发点的稳定与否，直接决定了随机等效采样能否正确地实现波形的重构[12]。因此，这里重点分析影响触发点稳定的关键因素，以及如何设计出符合井中雷达数据采集系统的触发电路。

最简单的触发电路如图 6-24 所示，输入信号与设定的触发电平通过高速比较器产生触发脉冲。随机等效采样的触发信号，也就是比较器的输入信号，脉冲宽度非常窄。因此，选用的比较器为 ADI 公司的高速比较器 ADCMP573，它具有 150ps 的传播延迟，输出上升下降时间为 35ps，等效带宽为 8GHz，输出为 LVPECL 电平，迟滞电压可调节，温度范围为−40～+125℃。

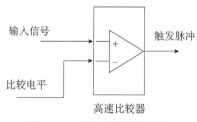

图 6-24　最简单的触发电路

迟滞比较器是在单门限电压比较器的基础上引入正反馈网络，由于引入正反馈，加快了比较器输出电平的转换速度，与此同时，输出电压从高电平跃变为低电平和从低电平跃变为高电平，其阈值电压是不同的。迟滞比较器的这种滞回特性使其灵敏度低一些，但抗干扰能力却极大地提高，避免了输入信号在阈值电压附近的微小变化就引起输出电压的反转。因此需要选择合理的触发灵敏度，也就是要为 ADCMP573 比较器选择合适的迟滞电压，迟滞电压设置太大，可能会因为触发幅度较小而不能触发；迟滞电压设置太小，易受噪声影响，产生误触发。

另外需要注意的是，随机等效采样的触发信号与瞬态脉冲信号源信号同源，如图 6-25 所示。随机采样的触发信号是一个脉冲宽度不足 2ns 的小信号。本书设计中触发电平设置为固定不变，经过比较器后的输出显然也是一个脉宽不足 2ns 的脉冲信号。为了使触发点稳定不变，避免误触发，这里设置比较电平与触发信号的交点位置相对较高，也就是说，比较器输出的触发脉冲宽度更小。选用的 FPGA 为 XC6SLX45，速度等级为−2，将如此高速的触发脉冲信号直接送至 FPGA，会由于无法正确地采样到该电平信号而引发信号完整性的问题，导致波形重构失败。

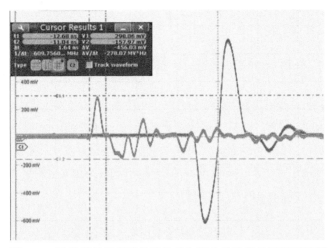

图 6-25　随机等效采样的触发信号与瞬态脉冲信号源信号同源

　　为此，需要设计出合理的外围硬件电路，使得 FPGA 能够正确地接收该触发脉冲信号，这可借鉴数字逻辑电路中电平信号由快速时钟域跨向慢速时钟域时的处理方法，其根本思想在于，将原信号在快速时钟域展宽，以满足目标时钟域的建立保持时间，使得电平信号被正确采样。具体电路设计如图 6-26 所示。

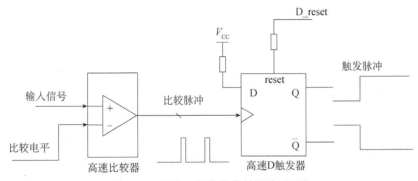

图 6-26　利用 D 触发器将触发脉冲展宽

　　在高速比较器输出后面加上一级高速 D 触发器，将高速比较器输出的窄脉冲信号作为 D 触发器的时钟输入，D 触发器数据输入端一直被拉高，D 触发器的复位引脚由 FPGA 控制，其输出作为触发脉冲送至 FPGA。触发脉冲信号的产生也是由图 6-13 的状态机控制，在状态 S0 内将 D_reset 置高以复位 D 触发器，使其输出端 Q 为低，当状态 S2 内检测到预触发满标志之后进入状态 S3，同时将 D_reset 置低，撤销对 D 触发器的复位。此时，在状态 S3 内，若有触发信号到来，经过高速比较器产生比较脉冲，D 触发器的输出端就会发生反转，即 Q 端由低变高，并且 Q 端一直保持为高，直到下一次采集开始的状态 S0 将 D 触发器复位。因此，再一次的采集过程中，D 触发器只反转一次，其输出由低变高之后就一直保持不变，这样就可以让 FPGA

正确地接收到这个触发信号。

6.8　电源与监测电路的设计与实现

电源模块是整个数据采集系统的心脏，为整个系统的各个模块提供所需的电压与电流。合理的电源分配有利于提高数据采集系统的性能和电源利用率。每个模块的电源功率必须有一定量的预留量，以保证系统的正常工作。为了实时了解瞬态脉冲井中雷达系统各个单元的电源工作状态，这里特别设置了电源检测电路。

6.8.1　电源模块设计与实现

电源是整个数据采集系统的核心模块单元之一，为整个系统的各个模块提供所需的电压与电流。在数据采集系统中 ADC 属于敏感型器件，分辨率越高对系统的各种噪声就越敏感。系统电源噪声在设计时应当给予足够的重视，为 ADC 提供清洁干净的电源是电源芯片选择的重点[13]。目前，电源芯片按转换方式的不同，分为开关电源和线性电源。开关电源是利用现有的电力电子技术，调制开关管开和关闭的时间比，以维持稳定的电压输出，其转换效率一般高达 90%以上，体积小，质量轻。由于其本身有高频调制信号，故其信号电源中纹波比较大。常用的线性电源大都是线性低压差电源，其电源抑制比和低噪声性能比开关电源要好。大量的实践证明，模数转换模块采用线性电源，比采用开关电源能提高一位的有效分辨率。

综上所述，在本书设计中采用数字电路和模拟电路分开供电的方式，根据它们不同的需求，选择不同的电源芯片，来达到最佳的综合性能。数字电路中采用效率更高的开关电源供电，而模拟电路部分采用电源抑制比和低噪声性能更高的低压差线性稳压电源供电。

线性稳压电源芯片选用 TPS7A5001，而开关电源芯片选用 LTM4615 和 LT8610。TPS7A5001 是德州仪器公司的一款低压线性差稳压电源芯片。它使用一种先进的 BiCMOS 工艺和 PMOSFET 标准，使得噪声性能表现良好，具有宽带宽的电源纹波抑制比；其电源纹波抑制比为 1kHz 时 63dB，10kHz 时 57dB，1MHz 时 38dB；能快速启动，启动时间仅为 50μs，在低压差仅为 170mV 时，能提供 1A 的电流输出。电源电压输入范围为 2.2~6.5V；并且可调输出电压范围为 0.8~6V。

LT8610 是凌特公司的一款紧凑、高效、高速的单片式降压开关稳压电源芯片，静态电流仅消耗 2.5μA。它具有一个输出通道，具有 5.5~42V 的宽输入电压范围，输出纹波小于 10mV P-P，50ns 的快速最短接通时间，电源在 5V 输出情况下电流输出可达 2.5A，转换效率很高，用 LT8610 把 12V 系统供电电压转换 5V。

LTM4615 是一款完整的 4A 双输出开关模式直流/直流（DC/DC）电源，还能额外地提供一路的 1.5A VLDO（非常低压差）线性稳压输出的电源芯片。双 4A 直流/

直流转换器在 2.375～5.5V 的输入电压范围内工作，而 VLDO 则采用 1.14～3.5V 输入工作。LTM4615 的直流/直流转换器的输出电压范围可达 0.8～5V，同时 VLDO 的输出为 0.4～2.6V。三个输出端的电压设置非常方便，每个端口仅需要两个配置电阻。为了减少硬件成本，避免占用太多体积空间，本书方案中+5V 电压产生+3.6V、+3.3V 与+1.2V 电压，是采用一片凌特公司的 LTM4615 芯片同时完成的。通过一片芯片解决了三路电源供电的问题，降低了印刷电路板设计时的复杂程度，从而减少硬件成本与体积空间的占用，其电路图如图 6-27 所示。

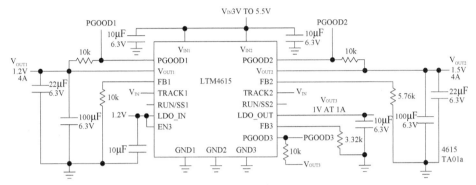

图 6-27　LTM4615 电路原理图

根据数据采集板上各个模块的供电需求，这里给出了电源供电分配图，如图 6-28 所示。另外，为了保证系统的安全，这里对电源模块进行了如下的设计：为数据采集系统的+12V 电源安装保险丝，当电路出现故障，例如，线路电流过大时，保险丝会自动断开，保护电路。为了使数字电路对 ADC 模拟电路的干扰最小，ADC 的模拟电源模块远离数字电源模块部分。为了电源模块和系统的调试方便，每个电源芯片都是经过一个 0Ω 的电阻供电，为了更好地去除电源耦合，在紧挨电源芯片引脚的位置配备一个 0.1μF 的去耦电容。

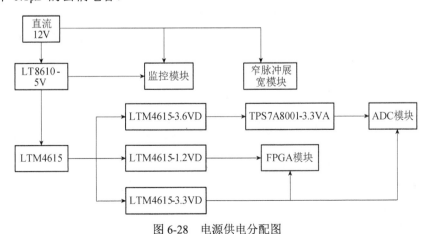

图 6-28　电源供电分配图

6.8.2　电源监测电路的设计与实现

1. 监控模块的芯片选择

电压电流监控模块要监控的信息主要有数据采集板的 12V、5V、3.3V 的电压，以及采集板的总电流；此外还有脉冲信号源和接收机的电流，其中接收机是 12V 供电，而脉冲信号源是 48V 供电；共有 6 个信息需要监控，为了节省印刷电路板的空间和简化电路复杂程度，选择监控模块的 ADC 芯片时需要 ADC 有 6 个通道，分别对应上面的 6 个信息。电压电流监控模块由电流采样传感器模块和模数转换模块两部分组成。而这些要监控的信息都是直流信号，对 ADC 芯片的转换速度要求不高。综合上述需求，本书最终选择了 ADI 公司的 AD7927。这款 ADC 芯片的主要优点如下：

（1）在采用 3V 电源 200kSPS 时最大功耗仅为 3.6mW；

（2）8 个单端输入通道，序列连续的通道在模数转换时可选择轮循转换；

（3）具有单独的逻辑接口电源 V_{DRIV} 输入，其允许该串行接口直接连接到独立的 3V 或 5V 处理器系统的 A_{VDD}，使其能兼容多种电平标准；

（4）没有管道延迟，该器件采用标准逐次逼近型 ADC 并注意有 CS 输入引脚，可以精确地控制每个采样时刻；

（5）转换速率由串行时钟 SCLK 决定，操作方便。

2. 电流检测放大器

电流检测时，一般会选用一个低阻值并且有较大功率采样电阻串入电路中，把采样电阻两端的两端电压送入电流检测放大器，使其输出一个合适的压值，供监控 ADC 采样；要监控的电流的供电电压分别是 12V、48V，这就要求电流检测放大器有宽的电压输入范围。经过筛选，本书选择了 MAXIM 公司的 MAX4050，其具有以下两个优点：

（1）电压输出范围可达 4.5～76V；

（2）提供多种增益，用户可通过选择恰当的采样电阻的阻值设置满量程电流读数及其输出电压比例。

为了使电流检测放大器的输出电压范围尽可能地接近监控 ADC 的满量程输入，本书选择出电流检测放大器和采样电阻阻值的最佳组合，如表 6-2 所示。

表 6-2　电流检测放大器和采样电阻阻值选择

监控的电流范围	采样电阻	电流检测放大器的信号
采集板电流 0.3A 左右	0.1Ω	MAX4050SAUA
接收机电流　10～30mA	1Ω	MAX4050SAUA
信号源电流 0.1A 左右	0.1Ω	MAX4050SAUA

3. 电压电流监控电路设计

对+12V 电压的监测，已经超出了监测 ADC 的最大输入电压范围，需要在监测电路中采取电阻分压的方式使其达到监测 ADC 的输入范围，这里列举了一路电压和一路电流监测电路设计示意图，如图 6-29 所示。

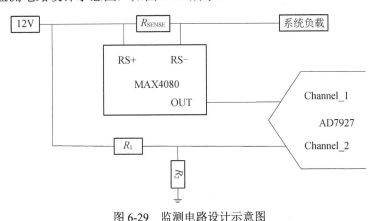

图 6-29　监测电路设计示意图

6.9　数　据　传　输

6.9.1　测井数据传输的发展历程

资源开发的难度日益加大、经济发展对资源的需求量飞涨等，这一系列因素对测井技术的效率及精确度也提出了更高的要求。为了更全面准确地获取地下油气藏的分布状况，井下测量设备获取的数据信息由单一参数测量发展到多参数联合测量，采集位数也从最初的 8 位发展到 24 位，甚至 32 位，这对测井设备井下数据传输系统的传输速度提出了越来越严苛的要求。

测井技术起源于 20 世纪 20~30 年代，法国的斯伦贝谢兄弟通过电缆将一电极放入井下，成功地获取了一口 488m 深油井的测井曲线，并成功地解读出井下含油砂岩的相关信息。自此之后的 90 年间，伴随着科技的飞速发展及需求的旺盛增长，测井技术也有了极大的进步：从单一电参数的测量到声、核、光、磁、电等多种物理参数的测量；从简单的单参数测量到集成化的多级多参数的测量。

根据测井设备数据采集系统的特点，可将测井技术的发展概括为以下几个阶段。

模拟测井时期（1927~1964 年）。在这一时期测井设备采集到的测井数据均使用模拟方式存储，斯伦贝谢兄弟发明的电法测井是主要的测井方式。科研工作者也将对其他物理量的测量逐步应用于测井过程中，如始于 1946 年的自然伽马测量、1952 年的声波测量、1956 年的核测量等。测井数据主要用于确定井中油气层的位置及估算储层油气含量。

数字测井时期（1965～1972 年）。这一时期测井技术的改变主要体现在测井数据的存储方式上，由原来的模拟存储方式改变为便于计算机处理的数字存储方式，但测井数据的传输仍采用模拟方式。归功于计算机处理的便捷性，人们对测井数据的解释由单井向多井发展，并与储层的地球物理资料结合，开始建立井下油气藏的地质模型。

数控测井时期（1973～1990 年）。这一时期开始在作业现场直接采用计算机技术进行井下数据的采集和仪器控制，并可在现场进行快速直观的数据初步分析。并且，因为采用多传感器、多采集节点的手段，获取数据更加丰富，有效地提升了测量精度和准确度，可以对油气藏进行更加精细的描述。

成像测井时期（1990 年至今）。这一时期借助于井下采集设备多维度大数据量的采集及高速数据传输技术，实现了测井数据记录及显示的多维成像化，可以更加直观地反映井下的地层特征。

纵观测井技术的发展历程，不难看出，测井数据的分辨率和准确度在逐步提高，当然这也是以更加丰富的井下测量数据以及更快的数据传输速度为前提的。尤其是自 20 世纪 90 年代后期以来，伴随着 24 位模数转换技术的成熟，井下测量设备也逐渐开始采用 24 位模数转换系统，需要传输的数据总量也随之增加，多参数集成化测井设备的发展更是加重了这一现象。这些均对测井设备数据传输系统的传输速度提出了越来越高的要求，传输速度成为衡量测井设备性能优劣的重要指标，在一定程度上也成为测井技术发展的"瓶颈"。

6.9.2　测井数据传输的常见介质

井下数据传输系统由井下采集阵列间的传输系统和井下采集设备与地面控制中心间的井下遥测系统组成，其中井下遥测系统的性能决定了整个井下数据传输系统的性能。井下遥测系统的功能主要是通过传输介质，如电缆、光纤等将测井采集系统采集到的井下数据传输到地面控制中心，同时将地面控制中心的指令传输至测井采集系统。井下遥测系统传输速度的快慢是衡量测井设备性能优劣的重要指标。

根据所使用传输介质的不同，可将井下数据传输系统分为以下几类。

（1）钻杆传输系统：直接通过钻杆进行数据传输，效率较低。尽管在钻杆内埋设高速电缆进行数据传输，可极大地提升通信效率，也属于一种特殊的电缆钻杆综合传输方式，但成本很高且维护困难。

（2）无线电磁波传输系统：直接通过地层将测井数据传回地面，但因地层对高频电磁波的衰减吸收效应，只能使用低频传输，只适用于浅井低传输速率的场景。

（3）光纤传输系统：通过光纤将测井数据传回地面控制中心，是目前数据传输速率最高的传输介质。但因其耐高温性能不足，且维护不易，尚未进入大规模工程应用阶段。

（4）电缆传输系统：通过专门用于测井的铠装测井电缆将测井数据传回地面。虽然在带宽等方面的性能低于光纤传输系统，但因以现有的技术水平，电缆传输系统在保证一定传输速率的前提下，在可靠性和稳定性上较其他几种介质有很大优势，所以在测井领域有极高的普及度。

测井技术是一项包含多种高水平配套技术的综合系统技术，目前行业内顶尖的装备及服务提供厂家主要集中在西方发达国家，如 OYOGeospace 公司、斯伦贝谢公司、哈里伯顿公司、SERCEL 公司等。国内对测井系统的研发起步较晚，距国外公司的水平尚有一定差距。比如，SERCEL 公司的 MaxiWave 型号产品采用 7km 七芯铠装测井电缆作为传输介质，已实现 4Mbit/s 的传输速率，而国内相应测井系统装备的数据传输速率仅有几百 kbit/s。打破国外测井公司对中国的技术封锁、自主开发国产的高性能测井装备、提升中国测井行业服务水平，仍是一项任重而道远的工作。七芯铠装测井电缆的实物图如图 6-30 所示。

图 6-30　七芯铠装测井电缆

6.9.3　测井数据传输的电缆信道编码

电缆的信道编码经历了几十年的发展，出现了多种编码调制方法，信道的传输效率不断地提高。其中，典型的是早期的脉冲编码调制（pulse code modulation，PCM）、二相键控（binary phase shift keying，BPSK）编码调制、二相差分键控（binary differential phase shift keying，BDPSK）、交替传号反转码的曼彻斯特编码（alternate mark inversion code Manchester，AMI Manchester）和目前的离散多音频（discrete multitone，DMT）调制技术[14]。

PCM 是双极性归零码，其优点是不含直流成分，易于传输。在测井信息采用数字传输的初期普遍采用 PCM 方式。例如，3506PCM 系统是阿特拉斯公司开发的测井传输系统，其编码调制方式就是 PCM 方式，它是一种单工系统，即信息只能从井下传至地面。

BPSK 编码调制的波形中，"0"只在位边界处有电平跳变，而"1"在位边界和位中央都有电平跳变。这是一种"自时钟码"，它无需单独的时钟和精确的时间传输。

时钟瞬时频率即使有较大的变化，也不至于影响所传的数据码值。BPSK 波形中也没有直流成分，易于传输和处理。例如，电缆遥传系统（cable telemetry system，CTS）是法国斯伦贝谢公司 20 世纪 50 年代开发的半双工测井信息传输系统，采用了 BPSK 调制方式，传输速率为 100kbit/s。在缆芯分配上，井下交流电源由缆芯 1 和 4 供给，信号传输方式由变压器接成 T_5 方式，用幻象供电法向井下探头提供电源。

BDPSK 数字调制技术的特点是，每一码元对应的载波相位变化不是以固定相位作为参考，而是以前一个码元对应的相位为参考。当传输数字信号"1"时，码元对应的载波相位相对于前一码元不变化；为"0"时，码元对应的载波相位相对于前一码元产生 150°相移。遥传系统中的载波是矩形波，在这种信号上调制，就会看到每一码元边界都有电平变化，信息包含在位中间信号跳跃变化上。如果在位中间有电平变化则代表数据"1"，位中间无电平变化则代表数据"0"。每一位码元的宽度为 10 位，全"0"数据的频率为 50kHz 方波，全"1"数据为 100kHz 方波，遥传系统的信号频带宽度为 50～100kHz。采用 BDPSK 数字调制技术，主要有 3 个优点：数据信号中含有位时钟信息，无需单独的时钟通道；充分利用了电缆的频带宽度；码形中无直流成分，便于电缆传输和变压器耦合。

曼彻斯特码采用位元中央的电平跳变来表示"0"和"1"，电平由低到高代表"0"，由高到低代表"1"。AMI 曼彻斯特码等效于对曼彻斯特码进行一次"微分"，即在其上升沿出为正脉冲，而下降沿出为负脉冲。正负脉冲被处理为平滑的半周期的正弦波形状。例如，WTS（宽带遥测子系统）就采用 AMI 曼彻斯特码，它的传输速率可达到 230kbit/s。WTS 使用的 20 位曼彻斯特数字波形中，前三位为同步位，紧接着是 16 位数据，最后为奇偶校验位。根据在步位中部电平跃变方向，可分出数据同步或命令同步，因而得知所带的位是数据或是命令。

为了进一步提高电缆频带利用率，近年来人们将 DMT 调制技术用于电缆数据的编码调制，提高电缆的传输速率。DMT 是一种并行数据传输结合频分复用（FDM）的多载波传输技术，它把数据流分解为若干个子数据流，从而使每个子数据流具有较低的传输比特速率，并利用这些子数据流分别调制若干个载波。DMT 调制使用正交变换把可用传输带宽分为若干并行、独立、平滑的子信道，每个子信道对各自的输入信息进行调制，并将已调信号相加后，在每个符号间隔内联合传输。所以，在多载波调制信道中，数据传输速率相对较低，码元周期加长，但只要延时扩展与码元周期相比小于一定的比值，就不会造成码间干扰（ISI），从而可以最大限度地利用信道频率资源来提高信道的利用率。从时域角度看，多载波系统串并转换等效于延长了符号周期，从而提高了抗脉冲噪声和快衰落的能力，同时提高了系统灵活适应信道的能力。但是，受调制方式自身的制约，DMT 在其高效利用电缆上有限的频率资源提高传输速率的同时，也带来了一些不容忽视的问题，例如，调制方式增加数据传输的延迟，系统训练启动时间增加，瓶颈链路的带宽受线路噪声状况的影响而不恒定等。

　　正交多载波调制技术，人们在无线通信领域习惯称为 OFDM，而在有线电缆通信中习惯称之为 DMT。而 DMT 是我国电话线接入网标准——非对称数字用户环路（asymmetrical digital subscriber loop，ADSL）采用的主要调制技术，因此在一些关于测井电缆调制编码技术的文献中，OFDM、DMT、ADSL 未作严格区分。本书的后续章节使用 OFDM 这一术语阐述电缆上正交的多载波调制方法。目前国外的遥测系统基本上都达到了能够挂接成像仪器的水平，有些已经达到了很高的速率。斯伦贝谢公司的遥测系统的传输速率达到 500kbit/s；哈里伯顿（Halliburton）公司的遥传仪器的传输速率达到 500kbit/s。在国内，虽然有进步，但并没有达到预期的效果。实际应用的测井系统的遥传速率基本上还是 200kbit/s 左右，较先进的遥传系统能达到 430kbit/s。因此，遥传技术已经成为制约成像测井系统发展的瓶颈。从某种程度上说，遥传技术的水平代表了测井采集系统的水平。表 6-3 给出了具有代表性的几种电缆通信方式的主要参数。

表 6-3　几种电缆通信方式的参数表

遥传系统	传输模式	模式或缆芯分配	速率/（kbit/s）	仪器型号
PCM3506	PCM	2、5	8	3506
3508	Manchester	2、5	20	3504、3508、2222
WTS	Manchester	2、5 与 5、6	229.16	3510、3514
CTS	BPSK	2、3 与 5、6	100	TCC-A、TCC-B
DTS	QAM、QBSK	M5、M7	500	MAXIS-500
DITS	双二进制码	1~6	217.6	RTU
LogIQ	ADSL		850	GTET-I
ELIS-1000	OFDM	2、5 与 3、6	900	8100（实验系统）

6.9.4　基于 OFDM 技术的 7 芯铠装电缆数据传输

　　测井所使用的 7 芯铠装电缆长达几千米，信号在电缆上的传输属长线传输。受分布电容、分布电阻等参数的影响，电缆可用带宽很窄，长期以来一直是测井数据传输的瓶颈[15]。此外，电缆的传输特性具有非线性，非线性信道对不同形式的信号所产生的影响也不尽相同，很难给出几个固定参数来精确计算信号传输特性。图 6-31 为不同长度的 7 芯铠装 Camesa 测井电缆的传输特性，由图 6-31 可知，电缆的幅度响应随频率的增加而下降，即电缆对信号的衰减随信号频率的增加而增加。7 芯铠装测井电缆的测试结果表明，频率大于 270kHz 的信号经 7600m 长的测井电缆传输后，衰减幅度超过 60%，此时信号已严重失真。

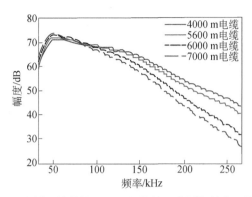

图 6-31   电缆传输特性——幅频特性（彩图扫封底二维码）

OFDM 技术是将速率很高的信息码流分成许多低速码流，在一组正交的子信道上进行并行传输。采用 OFDM 技术可以扩展子信道传输符号的宽度，从而极大地简化接收机中均衡器的设计。相对于传统的单载波调制技术，OFDM 技术利用了子载波之间的正交性，有效提高了频谱利用率。随子载波数目增加，理论上 OFDM 系统可能实现近 100% 的频谱效率，并且可以根据每个子信道的传输条件进行自适应的比特和能量（功率）分配，以充分利用信道容量，提高传输效率。

OFDM 技术频谱利用率高、抗窄带干扰能力强，能够充分利用系统的带宽资源，可以在带宽受限的测井电缆信道上实现数据的高速传输。因此，本书采用 OFDM 技术作为测井电缆高速数据传输系统的调制技术。

1. 数据传输设计方案

测井电缆可用频带窄，在频带有限的情况下要提高数据传输速率，采用 OFDM 调制方法是非常好的选择。在基于 OFDM 技术的测井电缆高速数据传输中，地面调制解调模块和井下调制解调模块是其核心模块。

2. OFDM 参数设计

如前面所述，当信号频率大于 270kHz 时，7600m 长的测井电缆信道衰减严重，无法检测。在低频端，由于测井电缆的两端分别通过变压器与地面和井下数据传输单元耦合，在变压器耦合时，频率小于 1kHz 的低频信号衰减严重。因此，在基于 OFDM 技术的测井电缆高速数据传输系统中，把 7600m 测井电缆信道看成 1kHz 到 270kHz 的带通信道。根据 7600m 测井电缆的信道传输特性和延时特性，这里设计了测井电缆高速数据传输系统的 OFDM 基本参数[16]：有效符号长度为 8192，循环前缀长度为 4096，子信道数目为 222，子信道间隔为 122kHz，FFT 长度为 256，导频频率为 43.956kHz。

在电缆信道的通频带内，为了在低频端抑制来自仪器供电和开关的电源干扰，上传数据和下发命令之间需要预留一定的信道带宽作为隔离带。因此，在基于 OFDM

技术的测井电缆高速数据传输系统中，电缆信道通频带内划分的 222 个子信道只有部分用于数据传输。上下行信道的子信道分配的具体情况见图 6-32。

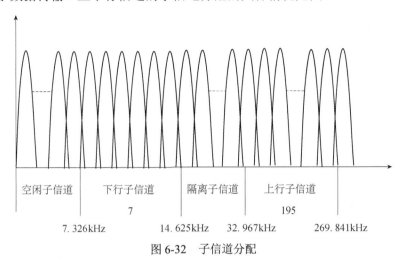

图 6-32　子信道分配

地面和井下调制解调器的工作过程如图 6-33 所示，在基于 OFDM 技术的测井电缆高速数据传输系统中，选用 FPGA 作为实现地面和井下的调制解调器功能的控制器，FPGA 选用 Xilinx 公司的 Spartan6 系列的 XC6SLX45。

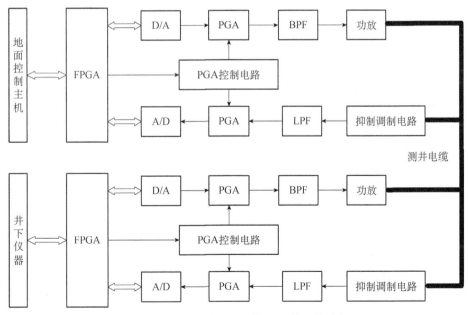

图 6-33　地面和井下调制解调器的工作过程

地面 OFDM 调制 FPGA 接收到地面控制主机的控制指令，对其进行 OFDM 调制，然后按照 DAC 的采样频率连续地将数据送至 ADC 进行数模变换，输出的模拟信号在调制 FPGA 和调制 PGA（可编程增益放大器）控制电路的控制下通过 PGA 进行放大，再经 BPF（带通滤波器）滤波和功率放大后送至测井电缆。

地面 OFDM 解调将来自电缆的信号送至抑制地面调制信号的电路模块后，对 OFDM 调制模块输出至电缆的信号进行抑制，以降低该信号对 OFDM 解调器的影响。经 LPF（低通滤波器）滤波后的信号送到解调 PGA 中，在解调 FPGA 和解调 PGA 控制电路的控制下对接收到的滤波信号进行放大，放大后的信号送至 ADC 中按照 DAC 的采样频率进行模数转换，最后将 ADC 变换后的数字信号送至解调 FPGA 进行 OFDM 解调，并将解调后的信号送至地面控制主机。

井下的调制解调和地面上相同，在这里不再赘述。

3. 试验测试平台

地面调制模块和地面解调模块，将地面控制主机指令调制成 OFDM 信号，经测井电缆向井下解调模块发送，并接收井下调制模块传送上来的 OFDM 测井数据，解调后发送给地面控制主机。井下解调模块接收地面调制模块传送下来的 OFDM 信号并进行解调，然后传输给井下仪器；井下仪器采集的数据经井下调制板调制成 OFDM 信号向地面传送。

4. 试验测试结果分析

本书分别在不同长度的 7 芯铠装 Camesa 测井电缆上进行了测井电缆高速数据传输系统性能测试。

电缆接入模式分别为 Mode-I、Mode-II；阻抗匹配值为 50Ω，变压器匝数比为 1：1；电缆长度分别为 4000m、5500m、6000m、7000m、7300m。

电缆接入模式 Mode-I 和 Mode-II 用于上传数据和下发命令，Mode-I 使用缆芯 2、5 对 3、6，Mode-II 使用缆芯 7 对 Mode-I 变压器的中心抽头。当阻抗匹配良好时，Mode-I 下测试获得的 7000m 的 Camesa 测井电缆的上行信道传输特性（幅频特性和相频特性）、信噪比（SNR）及子信道的比特分配图见图 6-34。上行子信道中，第 36 号子载波是导频音，用来实现系统时钟同步，故在图 6-34（c）的信噪比分布图和图 6-34（d）的比特分配图中，在低频端频率为 43.956kHz 处，未进行信噪比和比特分配。在此情况下，测试获得的信道上行数据传输速率为 944.01kbit/s，下行数据传输速率为 32.55kbit/s，误码率小于 5×10^{-8}。不同长度 Camesa 测井电缆的测试结果见表 6-4。

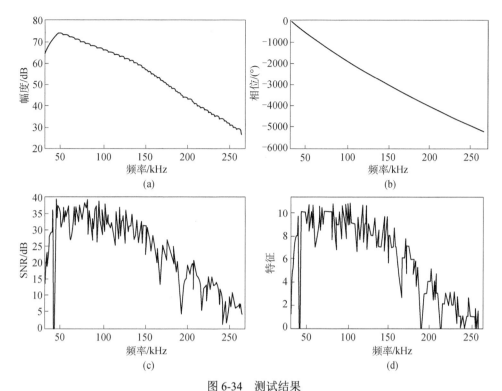

图 6-34　测试结果

（a）幅频特征；（b）相频特征；（c）SNR 分布；（d）比特分配

表 6-4　不同长度 Camesa 测井电缆的测试结果

电缆长度/m	接入模式	上行速率/（kbit/s）	下行速率/（kbit/s）	误码率
4000	Model-Ⅰ	1113.28	45.57	$<5\times10^{-8}$
	Model-Ⅱ	1171.88	39.06	$<2.5\times10^{-8}$
5500	Model-Ⅰ	1074.22	32.55	$<5\times10^{-8}$
	Model-Ⅱ	1204.43	45.57	$<1.7\times10^{-8}$
6000	Model-Ⅰ	976.56	45.57	$<5\times10^{-8}$
	Model-Ⅱ	1184.89	45.57	$<5\times10^{-8}$
7000	Model-Ⅰ	944.01	32.55	$<5\times10^{-8}$
	Model-Ⅱ	1113.28	32.55	$<5\times10^{-8}$
7300	Model-Ⅰ	917.97	39.06	$<5\times10^{-8}$
	Model-Ⅱ	996.09	32.55	$<2.7\times10^{-8}$

5. 结论

基于 OFDM 技术的测井电缆高速数据传输系统，可以解决电缆信道带宽有限与传输速率要求高之间的矛盾。实验结果表明，系统在 7000m 的 Camesa 测井电缆上可以实现 900kbit/s 的高可靠性数据传输速率。当变压器为 Mode-Ⅱ 的接入模式时，若阻抗匹配良好，则在 7000m 的 Camesa 测井电缆上可达到的最高数据传输速率为 1.1Mbit/s。

习　题

6.1 简述数据采集系统的基本结构形式，并比较其特点。

6.2 为什么在实际采样中，不能完全满足采样定理所规定的不失真条件？

6.3 对某种模拟信号 $x(t)$，采样时间间隔 T_s 分别为 4ms、8ms、16ms，那么这种模拟信号的截止频率分别为多少？

6.4 采样周期与哪些因素有关？如何选择采样周期？

6.5 对采样信号进行量化的最小数量单位是多少？它与 FSR（满量程）和量化器的位数 n 之间有何关系？

6.6 把十进制数 256 转换成相应的 BCD（二-十进制代码）码。

6.7 设一数据采集系统有测量放大器，已知 $R_1=R_2=5$kΩ，$R_G=100\Omega$，$R_4=10$kΩ，$R_5=20$kΩ，若 R_4 和 R_5 的精度为 0.1%，试求此放大器的增益及 CMRR（共模拟制比）。

6.8 在 ADC 中，最重要的技术指标是哪两个？

6.9 一般用什么信号来表征 ADC 芯片被选中与否？

参 考 文 献

[1] 孙灯亮. 数字示波器原理和应用[M]. 上海：上海交通大学出版社，2012.

[2] 许会，牛长富，李邦宇，等. 新型纳秒级探地雷达脉冲源设计[J]. 仪器仪表学报，2011，32（11）：2449-2454.

[3] 袁雪林，丁臻捷，俞建国，等. 基于雪崩管 Marx 电路的高稳定度脉冲技术[J]. 强激光与粒子束，2010，22（4）：757-760.

[4] 邱渡裕. 宽带等效取样示波器关键技术研究[D]. 成都：电子科技大学，2015.

[5] 周维，王赤，田茂，等. 基于等效时间采样的探地雷达回波信号采样方法研究[J]. 雷达科学与技术，2004，2（1）：43-7.

[6] 高光天. 模数转换器应用技术[M]. 北京：科学出版社，2001.

[7] 陈晓漫. ADC 性能测试方法探讨[J]. 电信技术研究，2015，（3）：65-68.

[8] 童鹏，胡以华. FPGA 器件选型研究[J]. 现代电子技术，2007，30（20）：66-68.

[9] 李世鑫. 高速信号随机等效采样方法研究[D]. 大连：大连大学，2016.

[10] Ieliński M，Chaberski D，Kowalski M，et al. High-resolution time-interval measuring system implemented in single FPGA device[J]. Measurement，2004，35（3）：311-317.

[11] 丁建国，沈国保，刘松强. 基于数字延迟线的高分辨率 TDC 系统[J]. 核技术，2005，28（3）：173-175.

[12] 赵贻玖，戴志坚，王厚军. 基于压缩传感理论的随机等效采样信号的重构[J]. 仪器仪表学报，2011，32（2）：247-251.

[13] 邱渡裕. 200MHz 手持式示波表数字系统与电源模块的设计[D]. 成都：电子科技大学，2006.

[14] 葛辉，庞巨丰，张芳向，等. 几种应用在高速测井电缆传输系统中的编码技术[J]. 电子测试，2007，（11）：57-59.

[15] 王鋆晟. 七芯铠装测井电缆传输特性仿真研究[D]. 长春：吉林大学，2017.

[16] 张菊茜，卢涛，李群，等. 一种基于 OFDM 技术的 900kbit/s 测井数据传输系统[J]. 测井技术，2009，33（1）：84-88.

第 7 章　井中雷达信号处理

7.1　井中雷达信号处理概述

从某种意义上说，信号处理基本上就是减少杂波的过程。对于井中雷达，由分辨率的要求导致很宽的工作带宽，所以接收回波中会有更多的杂波。目前虽然已有很多的杂波抑制算法，但对于井中雷达的回波，处理的效果并不一定显著。GPR 接收回波数据格式有 A 扫描（A-scan）、B 扫描（B-scan）和 C 扫描（C-scan），因此对应就有 A 扫描处理、B 扫描处理和 C 扫描处理。其中 A 扫描处理是一维的，主要涉及一些噪声抑制、杂波抑制、滤波、时变增益等方面的算法，也是本章的重点。而 B 扫描和 C 扫描处理是多维的，基本是图像重建的过程，主要涉及合成孔径处理、二维图像滤波、目标识别等算法[1-5]。在进行井中雷达信号处理时，可以把在其他领域，如常规雷达、声学地震处理等领域已经成功应用的算法移植过来，但在实际移植过程中必须针对井中雷达所处的不同的应用领域、不同的工作环境和不同的目标进行充分论证[6]。不然，即使是最稳健的算法也有可能得不到理想的结果。

7.2　井中雷达数据格式

GPR 回波数据有 A 扫描、B 扫描、C 扫描三种格式，相应的数学表达式如下。
A 扫描：

$$f(z) = u(x_i, y_j, z_k); \quad k = 1:P, i, j 为常数 \tag{7-1}$$

B 扫描：

$$f(z) = u(x_i, y_j, z_k); \quad k = 1:P, i = 1:M, j 为常数 \tag{7-2}$$

或

$$f(z) = u(x_i, y_j, z_k); \quad k = 1:P, j = 1:N, i 为常数 \tag{7-3}$$

C 扫描：

$$f(z) = u(x_i, y_j, z_k); \quad i = 1:M, j = 1:N, k = 1:P \tag{7-4}$$

井中雷达在钻孔中某一起始点沿 x（或 y）方向匀速移动，在该方向不同的位置采集数据，每个位置采样得到的数据为 A 扫描，同方向的所有 A 扫描构成 B 扫描数据，多个 B 扫描的集合构成 C 扫描，它们分别对应于图 7-1（a）～（c）。

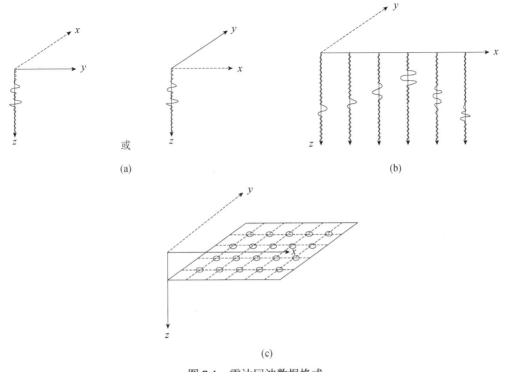

图 7-1　雷达回波数据格式

（a）A 扫描；（b）B 扫描；（c）C 扫描

从数学表达式可看出，A 扫描数据为向量，B 扫描数据为二维矩阵，C 扫描数据为三维矩阵。

7.3　一般 A 扫描处理

雷达接收到的波形可以看成是发射信号和一系列函数的卷积，这些函数描述了雷达系统中不同单元的冲击响应，同时考虑加性噪声，可以得到

$$f_r(t) = f_s(t) * f_{a1}(t) * f_c(t) * f_g(t) * f_t(t) + f_{a2}(t) + n(t) \tag{7-5}$$

其中，$f_s(t)$ 是发射信号；$f_{an}(t)$ 是天线冲击响应；$f_c(t)$ 是天线的互耦响应；$f_g(t)$ 是土壤的冲击响应；$f_t(t)$ 是目标的冲击响应；$n(t)$ 是噪声。

理想情况下，发射脉冲是 Dirac 函数，但是现实中井中雷达都是有一定时间宽度和相移的高斯脉冲或者高斯脉冲的微分。

天线的互耦响应 $f_c(t)$ 包括天线的互耦 $f_c'(t)$ 和目标的影响 $f_c''(t)$。可以通过合理的天线设计将 $f_c'(t)$ 的影响降到最小，而 $f_c''(t)$ 由土壤的不均匀性决定。土壤的冲击响应 $f_g(t)$ 由土壤的衰减和相对介电常量决定。目标冲击响应包括目标和伪目标的冲击

响应。

式（7-5）可由图 7-2 来描述。此信号模型把 GPR 分解得很细，有时候显得相对比较复杂。如果从另一个角度，把天线的互耦和土壤的作用看作杂波，则可以得到

$$f_r(t) = f_s(t) * f_{a1}(t) * f_c(t) * f_t(t) * f_c(t) * f_{a2}(t) + n(t) \tag{7-6}$$

其中，$f_c(t)$ 描述的是杂波的冲击响应。

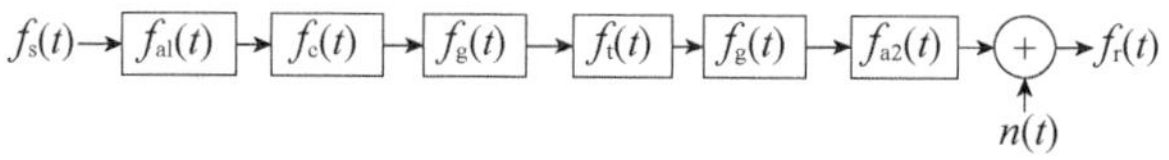

图 7-2　GPR 信号模型

因为 GPR 应用范围很广，工作的环境多种多样，因此可以根据 GPR 信号处理方法的不同对信号模型进行相应的处理。

7.3.1　直流偏移的去除

从物理的观点，A 扫描的平均值必须是零或者接近零。因此，一个重要的处理步骤就是确保 A 扫描的平均值接近零，这就要求 A 扫描的幅度概率分布对平均值对称且无偏移，并且在 A 扫描的时间持续期内其短时平均值是常数。射频的时变增益和采样门的作用，导致很多接收机有一个直流偏移，且该直流偏移是时变的。这使得 A 扫描在其时间持续期内的短时平均值是变化的。当短时平均值是常数并且幅度分布是对称的情况时，可以通过下面的简单算法使 A 扫描的平均值是零或接近于零：

$$A'(n) = A(n) - \frac{1}{N} \sum_{i=0}^{N-1} A(i), \quad 对于 n: 0 \to N-1 \tag{7-7}$$

其中，$A(n)$ 是未处理的原始数据；$A'(n)$ 是除去直流偏移后的 A 扫描数据；n 是 A 扫描的样本数；N 是每个 A 扫描的样本数量。

7.3.2　噪声抑制

降噪处理是一个重要的处理技术，主要通过平均 A 扫描中的所有独立的样本或者存储 N 个重复的 A 扫描后进行平均处理来实现。其重要作用就是减少噪声的影响，改善信噪比约 $10\log_{10} N$ dB。算法的一般表示如下：

$$A'_m(n) = A'_{m-1}(n) + \frac{\{A_m(n) - A'_{m-1}(n)\}}{K}, \quad 对于 n: 0 \to N-1 \tag{7-8}$$

其中，$A'_m(n)$ 是前 n 个样本的平均值；$A_m(n)$ 是第 n 个样本的第 m 次的采样值，也就是当前的采样值；系数 K 主要是对平均值适当进行加权，可以选择成随 n 变化的数，也可以是固定值，比如等于 N。

平均对杂波没有任何的改善作用，仅仅是减少随机噪声。数据中的噪声主要是由雷达接收机引起的，对于时域采样接收机，因为其较宽的带宽噪声电平可能更高，在

这种情况下，噪声主要是由定时抖动引起的，特别是在信号的上升和下降沿，噪声的影响更加明显。从频谱上看，噪声的影响主要偏向于工作频段的高频区域。

7.3.3   时变增益

由于传播损耗和岩层的衰减，GPR 的接收信号幅度要小于发射信号，而且离雷达天线越远的区域回波越弱。可利用实变增益补偿这些损耗，但是必须要满足一定的条件：A 扫描必须是零偏均值的，否则在后来的时间段会产生明显的直流偏移，后来时间段的噪声电平必须很低，否则这些噪声会被放大很多。因此，利用时变增益对损耗进行补偿时，必须仔细考虑。

同时，沿时间轴快速的增益变化能引起对未处理信号的调制，从而产生一些人为的小波。一般情况下，通过把传播路径损耗作为时间函数来进行仔细的估算，可以避免增益的快速变化。总的说来，对记录数据应用一个已知的时变增益进行补偿必须非常谨慎，最好是根据现场的情况对时变增益进行不同程度的调整。

7.3.4   去除背景（属于杂波抑制）

在很多 GPR 数据中，某些杂波在 A 扫描中或者在附近的一些 A 扫描中总是出现在同样的时间位置上。这些杂波在 B 扫描的图像中会产生一些跳变，某些情况下能够掩盖目标。对于这类杂波，可以从每一个 A 扫描中减去临近的一些 A 扫描的平均或者减去整个 B 扫描的图像中所有 A 扫描的平均来进行去除，在数学上该算法可以描述为

$$A_i'(n) = A_i(n) - \frac{1}{K}\sum_{k=0}^{K-1}A_k(n) \tag{7-9}$$

其中，$A_i(n)$ 是在原始数据中的第 i 个 A 扫描；$A_i'(n)$ 是去除背景后第 i 个 A 扫描；K 是平均的 A 扫描的数目。如果这类杂波在整个 B 扫描内都有，K 常常就等于 B 扫描中 A 扫描的个数。因为 B 扫描中目标的出现，这种处理方法常会产生一些人为的假象。特别是目标反射回波比较强的时候，如果用这种方式进行背景去除，人为假象出现的概率更大。对此，我们提出一种基于 A 扫描能量判决的背景去除方法，基本思路是计算 B 扫描中每一个 A 扫描的能量，由于目标附近的 A 扫描器能量比较大，所以可以通过能量大小进行判决排除目标附近的 A 扫描，只对离目标较远区域的 A 扫描进行平均，然后再从每一个 A 扫描中减去平均值：

$$E(i)\sum_{n=0}^{N-1}A_i(n), \quad 对于 i:-M \to M \tag{7-10}$$

$$A_i'(n) = A_i(n) - \operatorname*{mean}_{k}\{A_k(n)\,|\,E(k) < \mathrm{const}\}, \quad 对于 i:-M \to M \tag{7-11}$$

其中，M 是决定 A 扫描数量的一个常数；$E(i)$ 是第 i 个 A 扫描的能量；const 是能量阈值。

另外一种常用的去除背景的方法就是每一个 A 扫描减去临近一些 A 扫描的中

值，即中值滤波：

$$A_i'(n) = A_i(n) - \underset{i-p<k\leqslant p}{\mathrm{median}}\{A_k(n)\} \tag{7-12}$$

其中，$2p$ 是取中值的 A 扫描的数目。

在某些情况下，利用中值滤波处理的效果也许更好，但在某些情况下效果不理想。例如，目标是土壤中的平面层，这种方法就完全失效。因此针对不同的应用，必须选择适当的处理方案。

7.3.5　滤波

对于天线和地面的相互作用所产生的低频能量而引起的杂波，可以通过对 A 扫描数据进行高通滤波以改善信杂比。而且，额外的高频噪声可以通过低通滤波抑制。很多商用的 GPR 系统都会提供一系列可选的滤波器，根据实际情况我们可以设置相应滤波器的各个参数。一般情况下，滤波器都具有最小相位响应，从而减少滤波后小波的相位失真。

7.3.6　小波优化或解卷积

小波优化的一般原理就是对 A 扫描数据进行了滤波，从中提取出所希望得到的小波，本质上也是一个解卷积的过程。然而，现实中不可能得到理想的结果，只能尽可能地对理想情况逼近。当实际的输出信号和理想结果的能量差最小时，就是一个优化的滤波器，又常称之为最小均方滤波器：

$$E^2 = \lim_{t\to\infty}\frac{1}{2t}\int_{-t}^{+t}\{y(t)-d(t)\}^2\,\mathrm{d}t \tag{7-13}$$

其中，$y(t)$ 是实际输出结果；$d(t)$ 是理想输出结果。

这就是维纳最小均方误差准则。对数据进行滤波的过程就是维纳滤波。当信号中的干扰主要是加性白高斯噪声时，最优滤波器就是匹配滤波器，在滤波器输出端能得到最好的信噪比。对于常规雷达信号处理，这是一种常用的方法。匹配滤波在数学上等效于一个相关接收机：

$$H(t) = \int_{-\infty}^{+\infty}e(\tau)s*(\tau+\tau_0-t)\,\mathrm{d}\tau \tag{7-14}$$

其中，$e(\tau)$ 是输入信号；$\tau+\tau_0-t$ 是原始信号的共轭镜像；τ_0 是满足因果性所要求的延迟。此滤波器在 $t=\tau_0$ 时，输出取得最大值。

7.4　实际测量数据的处理结果

经过 7.3 节的讨论，最后我们选取了去直流、去直达波、时变增益、带通滤波几个算法进行软件实现，为验证以上算法的有效性，我们对 MALA 商业雷达测量的实际数据进行处理。

算法实现处理的结果如图 7-3（b）和（c）所示。

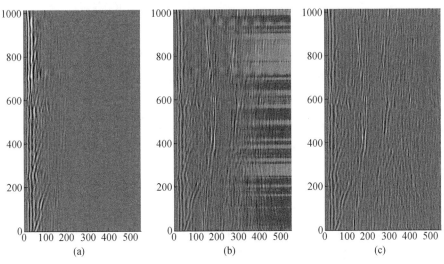

图 7-3　信号处理所得图像

（a）原始图像；（b）自动增益控制图像；（c）带通滤波图像；

　　从自动增益控制结果（图 7-3（b））可见，后半部分图像出现了横道。根据单点反射波数据的分析，得出的结论是，随着时间的增加，回波后面的小信号产生了明显的直流偏量。接着，我们继续对以上处理过的数据进行带通滤波处理，通带频率为 25～175MHz，处理的结果（图 7-3（c））：可以看到，之前出现的横条已经消失，两幅图保持了一致性。分别取出原始图像、自动增益控制的图像、带通滤波的图像中的第 150 道回波数据进行分析，图像如图 7-4 所示。图 7-4 清晰地反映了在自动增益控制后回波的后半部分产生了一定的负电压偏移，当我们滤掉低频和高频信号后，回波偏移得到了修正。所以，自动增益控制应当与滤波结合处理才能达到比较好的效果。

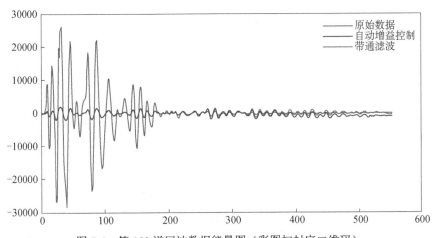

图 7-4　第 150 道回波数据能量图（彩图扫封底二维码）

7.5 经验模态分解在井中雷达的应用

井中雷达主要基于电磁波在地层中的传输特性来获取井周地层信息，地层介质对电磁波的响应，可在雷达剖面图中直观显现。若井周地层不均匀或存在大量孔洞、裂缝，则雷达剖面中的波形会变得杂乱无章[7]。在进行数据处理时，还需考虑井况条件、仪器抖动及其内部噪声、外界杂波等对回波信号的干扰。如何在复杂的噪声环境下获取清晰、高分辨率的雷达剖面，已成为制约井中雷达技术应用拓展的主要瓶颈。

井中雷达信号具有无初始条件、无边界条件、非稳态等特殊性，无法用常规的傅里叶变换进行频域分析；且雷达回波信号复杂、频域宽，无法准确预知目标回波信号的频率，小波提取困难；井中雷达数据解译主要依靠时-距曲线剖面，方法单一，难以获取有用信息。以上三点严重制约了井中雷达的数据处理与后期解译工作。由于相应信号处理技术的欠缺，所以在雷达资料解译时人为主观因素仍占较大比重。因此，人们亟须一种适合井中雷达数据处理的高效、客观分析方法。

经验模态分解（empirical mode decomposition，EMD）是一种新的分析非线性、非稳态信号的数据处理方法。首先，它利用 EMD 方法将雷达信号分解为若干固有模态函数（intrinsic mode function，IMF）；然后，对各个 IMF 做希尔伯特变换（Hilbert transform，HT），得到相应的瞬时特征谱，如瞬时振幅剖面、瞬时相位剖面和瞬时频率剖面等，通过分析 IMF 和希尔伯特谱，获取原始信号的多尺度振荡变化特征。由于进行模态分解的过程具有自适应性，不需要预先知道信号频域，也不需要提取小波，与依赖于先验函数基的傅里叶变换和小波变换相比，EMD 方法更适用于非线性、非稳态信号的分析，可获取任意时刻的频率分布，因此能够提供更高的时频分辨率能力。

近年来，基于 EMD 方法在 GPR 信号处理方面的应用趋于增多。不少学者采用 EMD 方法对低信噪比的 GPR 信号进行降噪处理，并结合希尔伯特变换突出 GPR 信号中的异常体特征；有些学者采用希尔伯特变换将 GPR 信号转换为复信号，提取瞬时振幅、瞬时相位和瞬时频率剖面图，进而来提高探地雷达数据的解译精度[8-11]。但是，目前尚未看到基于 EMD 方法在井中雷达数据处理应用中的报道。因此，我们以 RAMAC 井中雷达系统在石灰岩地层裂缝区的实测数据为研究对象，采用 EMD 方法和希尔伯特变换来提取高分辨率的地层信息。首先，对原始雷达剖面进行预处理，获取相对真实的有效雷达回波信号；其次，通过对单道回波信号进行 EMD 处理，提取各 IMF 信号并分析相应的波形特征；再次，采用 EMD 方法对预处理后的雷达剖面进行处理，获取各 IMF 剖面图；最后，通过对重构模态剖面进行希尔伯特变换求取井中雷达剖面的复信号，提取回波信号的瞬时幅度、相位和频率特征，为雷达剖面解译提供更丰富的参考信息。

7.5.1　EMD 方法的基本原理

EMD 的假设条件要求待分解信号是由若干不同的 IMF 叠加而成，其中任意一个 IMF 均可为线性的或非线性的，但各个 IMF 需满足以下两个条件：①函数极值点个数与跨零点个数相等或仅差一个（极大值点和极小值点要交叉排列，不允许相邻等值极点存在）；②对于每一个时刻 t，函数的上包络线（全部极大值点的三次样条插值曲线）与下包络线（全部极小值点的三次样条插值曲线）的均值为零。然而，在实际的数据处理中难以完全满足条件②的要求，通常对均值做近似处理。

为了使希尔伯特变换所得基本分量的瞬时频率具有物理意义，EMD 采用"包络对称"规则进行重复"筛选"，以获取 IMF。如以信号 $X(t)$ 为例，其具体筛选步骤如下。

第 1 步，对信号 $X(t)$ 的极大值和极小值分别进行三次样条插值，得到上、下包络线，并求取上、下包络线的中值曲线 $m_1(t)$；

第 2 步，从原始信号 $X(t)$ 中减掉此均值 $m_1(t)$，得到残余信号 $h_1(t) = X(t) - m_1(t)$；

第 3 步，如果 $h_1(t)$ 满足 IMF 条件，则 $h_1(t)$ 是一个 IMF；若不满足 IMF 条件，将 $h_1(t)$ 作为待分解信号，重复第 1、2 两步，直至两条包络线达到非常好的对称性，即经过 p 次这样的筛选后，当

$$\sum_{k=0}^{m} \frac{\left|h_{p-1}(t_k) - h_p(t_k)\right|^2}{h_p^2(t_k)} \leqslant \varepsilon \qquad (7\text{-}15)$$

时停止筛选，并将 $h_p(t)$ 视为第一个 IMF，记为 $c_1(t) = h_p(t)$，本书设定误差值 ε 的区间为[0.2，0.3]；

第 4 步，从原始信号 $X(t)$ 中分离出 $c_1(t)$，得到残余项 $r_1(t) = X(t) - c_1(t)$，对其进行继续分解，可获得若干模态 $c_i(t)$（$i=1$, 2, …, m），直到残余项 $r_m(t)$ 为一单调函数或其值小于预定值时，EMD 结束。此时，原始信号 $X(t)$ 可表示为

$$X(t) = \sum_{i=1}^{m} c_i(t) + r_m(t) \qquad (7\text{-}16)$$

从 EMD 处理过程来看，原始信号 $X(t)$ 被逐渐分解为若干个 IMF 分量 $c_i(t)$ 和一个残余项 $r_m(t)$，其中，$c_i(t)$ 代表原始信号的一系列时间尺度的特征模态，它随信号自身特征而变化；残余项 $r_m(t)$ 则代表原始信号的平均趋势[7]。显然，$c_i(t)$ 与傅里叶变换和小波变换预先设定的基函数不同，它属于自适应分解出的基函数，因此更适合分析非线性、非平稳态信号。而且，信号分解完成后，还可以根据工程问题的实际需要对 $c_i(t)$ 进行灵活重构。

7.5.2 复信号分析理论

希尔伯特变换对于单频信号有较高的时-频分辨率，严格意义上讲，只有满足窄带条件的信号，且在某一时间点只含一个频率分量的信号时，瞬时频率计算才有意义。通过 EMD 方法获取的 IMF，属于窄带信号，恰好满足希尔伯特变换的要求。因此，通过对各个 IMF 分量做希尔伯特变换，可获取瞬时频率和瞬时幅度。

对于任意一个 IMF 分量 $c_i(t)$，其希尔伯特变换为

$$H\left[c_i(t)\right] = \hat{c}_i(t) = \frac{1}{\pi} \cdot P \int_{-\infty}^{+\infty} \frac{c_i(t)}{t-\tau} \mathrm{d}\tau \tag{7-17}$$

其中，P 为柯西主值。式（7-17）为含奇异点的瑕积分，其存在性需要在柯西主值下来理解，由此可定义复数域内的解析信号为

$$Y_i(t) = c_i(t) + \mathrm{j}\hat{c}_i(t) = a_i(t)\mathrm{e}^{\mathrm{j}\theta_i(t)} \tag{7-18}$$

其中，

$$a_i(t) = \left[c_i^2(t) + \hat{c}_i^2(t)\right]^{\frac{1}{2}} \tag{7-19}$$

$$\theta_i(t) = \arctan\left[\frac{\hat{c}_i(t)}{c_i(t)}\right] \tag{7-20}$$

式中，$a_i(t)$ 为各采样点的瞬时振幅，表示电磁波反射强度的大小；$\theta_i(t)$ 为各采样点的瞬时相位，可以衡量相邻信号的极值连续情况。瞬时振幅 $a_i(t)$ 是时间 t 的函数，与瞬时相位 $\theta_i(t)$ 无关，而对 $\theta_i(t)$ 求一阶导数可得瞬时相位随时间的变化率，即瞬时频率 $\omega_i(t)$，其表达式为

$$\omega_i(t) = \frac{\mathrm{d}\theta_i(t)}{\mathrm{d}t} \tag{7-21}$$

复信号分析方法可将井中雷达数据中的瞬时振幅、瞬时相位和瞬时频率分离出来，由同一数据获取的三个参数瞬时谱可从不同的角度解释地层信息。瞬时振幅可对电磁波在岩层中的损耗情况进行度量，根据雷达回波在不同地层中其振幅衰减的强度，可以直观衡量岩层的性质和变化。瞬时相位主要反映地层连续性的变化情况，在以位移电流为主的介质中，电磁波的反射主要体现在介电常量差异的界面上。在正入射和掠入射的情况下，电磁波由波密介质入射到波疏介质时，反射波与入射波的电场矢量方向相同，即反射波相对于入射波不发生相位改变；当电磁波由波疏介质入射到波密介质时，反射波与入射波的电场矢量方向相反，即反射波相对于入射波发生了 π 的相位反转。当电磁波斜入射到界面上时，反射波和入射波的电场矢量方向既不同向也不反向，但反射波相对于入射波也是存在相位跃变的。然而，无论电磁波是以何种角度入射的，其折射波的电场矢量总与入射波的电场矢量保持同向。据此

可知，当井周地层存在裂缝、孔洞，以及其内部充填物与基岩的介电常量差异较大时，电磁波瞬时相位的变化将表现得相当剧烈。瞬时频率是瞬时相位的一阶导数，反映其相速度的变化，因而瞬时频率也可作为地质分层的判断依据。根据三个特征参量所体现的物理含义可知，瞬时相位谱的分辨率最高，而瞬时振幅和瞬时频率谱的变化则比较直观。

7.5.3 基于 EMD 的井中雷达数据处理实例

实验场地位于四川省都江堰市向峨乡的一处废弃石灰岩矿山，矿山的一侧为陡峭的崖壁，崖壁高约 30m、宽 7.5m，如图 7-5 所示。在山顶钻取一口直径为 110mm 的井眼，井深约 25m，井眼正对崖壁且其两者间距约为 10m。实验采用瑞典 MALA 公司生产的 RAMAC 井中雷达系统对崖壁进行单孔反射成像实验。其中，发射天线和接收天线均选用 100MHz 非屏蔽孔中天线，收发天线馈电点间距为 2.75m；采样频率为 1000MHz，采样间隔为 0.02m，每道波形迭代 32 次，记录时长 495ns，共采集 1026 道波形。收发天线由井底向井口移动过程中，所获取的原始雷达剖面如图 7-6（a）所示；为了避免模态混叠和外界噪声干扰，根据雷达回波信号的有效频率范围和波形特征，对原始数据进行带通滤波（30～130MHz）和去背景噪声，得到的雷达剖面如图 7-6（b）所示。由两剖面图可以看出，井周的地层信息主要集中于雷达波的双程走时 220ns 范围内，特别是在 5m、15m、20m 深处，50～100ns 附近存在三处地质异常。

图 7-5 实验场地的崖壁照片

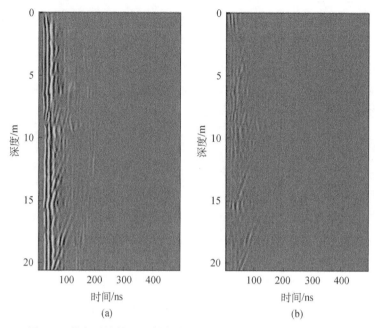

图 7-6　井中雷达单孔反射崖壁成像剖面（彩图扫封底二维码）

（a）原始雷达剖面；（b）预处理雷达剖面

7.5.4　单道雷达信号的 EMD 分解

　　EMD 是基于信号的局部变化特性且具有自适应性，分解快速、有效，因而特别适合于井中雷达这种非线性、非稳态信号的分析。提取图 7-7 中第一行图片所展示的某道雷达回波并对其进行 EMD 处理，得到的单道 EMD 图谱如图 7-7 中其余各图所示。分析各条 IMF 曲线的波形可知：由 IMF1～IMF5，回波信号的频率分布随分解阶数的增加由高频移向低频，先分离出来的分量主要包含原始信号中的高频信息，代表回波信号的主要有效成分，而后面分量则主要包含低频信息且幅值较小，雷达信号的有效成分含量较少；分解余量 RES 代表的是原始数据的整体变化趋势。此外，在崖壁成像图和 IMF1、IMF2 曲线中的 0～200ns 范围内涵盖了井周地层的主要信息。因此，EMD 方法具有分解含噪雷达信号高、低频异常的作用。

7.5.5　雷达剖面的 EMD 分解

　　对预处理后的雷达剖面图 7-6 进行 EMD 处理，所获取的各模态剖面如图 7-8 所示。其中，IMF1 和 IMF2 剖面主要包含雷达回波的高频分量，且信号能量较强，能够充分地反映井周地层的构造信息；而 IMF3 和 IMF4 剖面以雷达回波的低频分量为主，且振幅较小；RES 模态可视为低频噪声剖面。因此，对 IMF1 和 IMF2 进行模态重构，可获取更为丰富的地层信息。

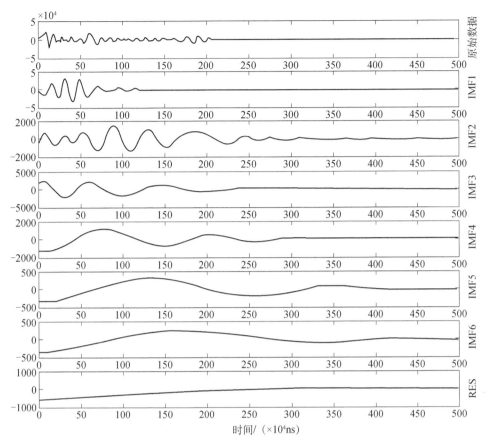

图 7-7   单道井中雷达信号 EMD 图谱

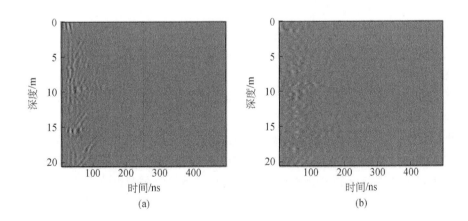

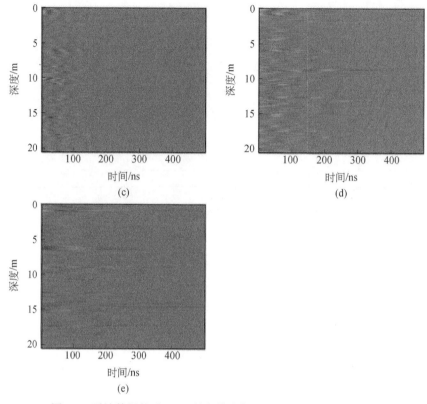

图 7-8　雷达数据基于 EMD 的各模态剖面（彩图扫封底二维码）

（a）IMF1 剖面；（b）IMF2 剖面；（c）IMF3 剖面；（d）IMF4 剖面；（e）RES 剖面

7.5.6　模态重构后的"三瞬"剖面图

将 IMF1 和 IMF2 模态进行重构，得到的雷达剖面如图 7-9（a）所示；提取重构数据的瞬时振幅、瞬时相位和瞬时频率信息，并绘制"三瞬"雷达剖面图。在瞬时振幅剖面（图 7-9（b））中，200ns 以后的回波信号幅度显著减小，表明此处应为石灰岩与空气的分界面；瞬时频率剖面（图 7-9（d））中的 200ns 处（2～15m 井深段）存在明显的高频异常。雷达波在此石灰岩中的传播速度约为 1.0m/ns，可估算出双程走时 200ns 处出现的波列应为崖壁的反射波；另外在 15m 深度以下井段，回波的双程走时逐渐减小，井眼底部处的回波延时降至 130ns 左右，这也与崖壁底部呈现出向内塌陷的形状相符合。瞬时振幅剖面和瞬时频率剖面均清晰显示了崖壁的轮廓，同时，前者也突显了井眼附近的三处地质异常；但瞬时相位剖面图对地层结构的刻画却更为精细，如图 7-9（c）所示。图中波列的亮暗变化表明雷达波相位的突变情况，如裂缝中充满空气，当雷达波垂直入射到岩石与空气的界面处时，其相位将发生反转；而波列的走势则表明介质交界面相对于井眼的夹角与走向；同时，波列在时间轴上的对应时刻，可为判断界面相对于井眼的位置提供依据。在图 7-9（c）中，可清晰看到两条大的裂缝（5m 和 15m 井深处）和崖壁界面，此外，还可观察到图中存在诸多相位跃变，这表明井周地层布满裂缝，与前期获取的破碎岩芯样本相吻合。因此，根据不同的地质情况，对 IMF 剖面进行重构后，对雷达回波信号的分析比直接利用原始剖面图要更加清晰、有效，它能让实测数据中有效地层信息的识别变得更为简单、准确。在布满裂缝的岩层中，综合"三瞬"信息，并利用多个参数联合评估、解释，可极大地提高井中雷达数据的解译精度，获取更为丰富的地层信息。

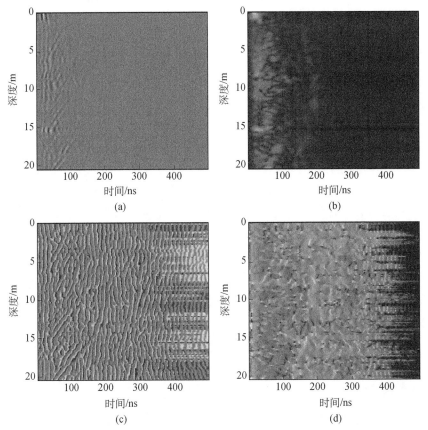

图 7-9　模态重构剖面及其瞬态参量剖面图（彩图扫封底二维码）

（a）IMF1+IMF2 剖面；（b）瞬时振幅剖面；（c）瞬时相位剖面；（d）瞬时频率剖面

从井中雷达在裂缝区的应用效果看，井中雷达实测数据的信噪比较低，不利于获取有效的地层信息。EMD 方法基于信号的局部变化特性且具有自适应性，易于实现高、低频噪声分离，特别适用于对非线性、非稳态井中雷达信号的分析。

采用希尔伯特变换求取雷达信号的瞬时特征参数，并用"三瞬"信息（瞬时振幅、瞬时相位和瞬时频率）特征图与预处理雷达剖面图相结合，可对原始雷达剖面的判断提供验证依据，便于提取雷达剖面中蕴含的地层信息，进一步提高图像解译的精度。

7.6　井中雷达二维图像重建

7.6.1　井中雷达二维图像重建概述

一般情况下，GPR 对目标回波的解释说明都是利用一个二维或三维的成像系统产生地下目标的图像。在这样的系统中，收发天线在一系列空间位置发射接收电磁波，通过逆方法对回波数据进行处理，决定目标的位置和属性。逆方法一般都是指目标的形状和材料特性（如介电常量等）的全部再现，这必然涉及很多要求迭代的非线性运算，无论是从数学上还是从计算的角度考虑，都是非常复杂的。图像再现的一种简单的途径就是通过线性算法。线性算法将极大地降低运算量，而且在实际中更容易有效地实现。

对于遥感，无论是声波还是电磁波，其图像重建问题都是一样的。历史上，有三个不同的领域都涉及逆方法或图像再现问题：声波遥感技术主要包括利用地震波的地质爆炸，水下成像的声呐系统等；自 20 世纪 50 年代起，研究者开始研究利用机载或星载高分辨雷达进行合成孔径成像（SAI）；利用 X 射线或超声波开发的层析成像系统已经应用到医学成像和非破坏性测试领域。但是到目前为止，对图像重建研究贡献最大的是地质地震爆炸领域。在过去二十年间，可以看到很多地震学方法被应用到雷达上，而且很多现代的合成孔径雷达（SAR）算法都是基于基本的波数逆方法。

利用 GPR 对有耗非均匀介质中的目标进行成像，涉及目标的再现，而且有耗非均匀介质引起的速度变化可能导致图像的发散。井中雷达成像的要求导致很多传统的 SAR 算法不再适用。对于井中雷达成像，因为数据记录方式和波传播环境都与地震学一样，所以采用地震偏移方法对浅地表数据进行 SAR 处理也是很自然的选择[12-14]。这两种方法主要的区别是波不一样，但是图像重建的理论基础都是一样的，而且很容易被其他领域采用。

7.6.2　合成孔径成像处理算法

即使是经过最优的 A 扫描处理，GPR 的数据仍然是未聚焦的[15]。因为收发天线有一定的波束宽度，目标的反射将会“污染”大部分记录数据。对于平面目标，这种影响不大；但是对于小的或复杂的目标，减少天线的空间影响将是很有价值的，也就是改善了井中雷达的方位分辨率。在地面从记录的 B 扫描或 C 扫描数据中重现地下的反射结构，这类算法被称为偏移。偏移技术的目的是对记录数据进行聚焦处理，处理后的数据能够反映目标的真实位置和物理形状。所以，偏移可以看成是增加空间分辨率的空间解卷积过程。对井中雷达来说，偏移技术也被称为 SAR 成像技术。事实上，偏移技术使用来自不同天线位置的数据增加方位分辨率，从这一点上，称之为

SAR 技术也许更合适。相对于地震学中的偏移技术，在雷达中 SAR 技术需要做更多的近似处理。

　　虽然大多数偏移技术最早都是应用在声波探测领域，而且大多数算法是基于标量波方程描述的波场的后向传播（逆外推），但是这些技术能够很容易成功地应用到电磁波探测领域。在电磁波探测中，场都有矢量特征，因此在理论上，标量偏移算法不能使用。但是实际中，大多数井中雷达都是只辐射和测量电磁场的一个标量分量，所以可以利用基于标量波方程的地震偏移技术。为了简化分析，可以用标量场近似代替矢量场。

7.6.3　基于衍射和的 SAR 算法

　　这种技术是一种相对比较直接的方法，但是很好地说明了偏移的基本原理。假设 $A(x,y,t)$ 是一个 C 扫描数据集，SAR 处理后图像 $B(x,y,z)$ 中的每一个点都是 $A(x,y,t)$ 沿一个衍射双曲线的幅度求和的结果，双曲线由介质中的波速和偏移点的深度决定。如果在衍射双曲线的顶点有一个目标，幅度会同向相加；否则，沿着衍射双曲线非相关数据的和会趋近于零。

　　假设 $A(x,y,t)$ 在 xy 平面测量得到，$A(x_j,y_k,t)$ 是在位置 $(x_j,y_k,0)$ 得到的数据，其中 $j=1,2,\cdots,J$，$k=1,2,\cdots,K$。此时 SAR 处理的图像 $B(x,y,z)$ 为

$$B(x,y,z) = \sum_{j=1}^{J}\sum_{k=1}^{K} A\left(x_j,y_k,\frac{2R_{jk}}{v}\right) \tag{7-22}$$

其中，R_{jk} 是测量点 $(x_j,y_k,0)$ 到点 (x,y,z) 的距离；v 是介质中的波速；$\dfrac{2R_{jk}}{v}$ 描述的是电磁波的来回总时间。当 y 恒定时就是二维的情况。

　　基于衍射和的 SAR 算法很容易实现，但是计算量比较大，而且随着 B 扫描的数据量的增加呈指数膨胀。同时，这种算法没有考虑波传播的物理过程。

7.6.4　基于基尔霍夫偏移的 SAR 算法

　　下面介绍一种本质上属于衍射和的 SAR 算法。基尔霍夫偏移算法是基于亥姆霍兹和基尔霍夫的经典积分理论，本质上是一种在时空域进行加权衍射和的技术。其基本思想是把在数据平面测量的波前 $(z=0)$ 反向传播到目标平面 $(t=0)$。所以，这种偏移技术涉及后向传播或逆外推，从而消除波场传播的影响。事实上，在数据平面 s' 的记录数据 $A(x',y',z'=0,t')$ 将会被一组二次源代替。最终的 SAR 处理图像可以描述如下：

$$B(x,y,z) = \frac{1}{2\pi v}\oiint_{s'} A'\left(x',y',z'=0,\frac{2|\overline{r}-\overline{r}'|}{v}\right)\frac{\cos\theta}{|\overline{r}-\overline{r}'|}\mathrm{d}S' \tag{7-23}$$

其中，$A'(x',y',z'=0,t')$ 是在数据平面 S' 记录数据的时间导数；$\overline{r}=(x,y,z)$ 是被偏移的数据点；θ 是 $\overline{r}'-\overline{r}$ 方向与数据平面 S' 法线方向的夹角。

比较式（7-22）描述的衍射和算法与式（7-23）描述的基尔霍夫偏移算法，可以看出有三点不同。第一就是因子 $\cos\theta$，主要是考虑到波前的法线并不总是平行于测量地表的法线；第二是扩散因子 $\dfrac{1}{|\vec{r}-\vec{r}'|}$，涉及球面波的扩散损耗；第三是对记录数据的时间导数沿衍射双曲线进行求和，所以在求和之前，必须计算每一个 A 扫描的时间导数。

由于在基尔霍夫偏移算法的推导中有关于远场的点目标假设，所以应用到井中雷达时，效果并不好，图像会出现很多毛刺，同时也不能消除人为的假象。

7.6.5 基于微波全息成像的 SAR 算法

假设收发天线所在的位置是 $\boldsymbol{X}_r=(x_r,y_r,0)$，在 $\boldsymbol{X}_r$ 点接收的回波记为 $v(\boldsymbol{X}_r,t)$，则在一系列接收点 $\{\boldsymbol{X}_r\}$，接收到的信号集为 $\{v(\boldsymbol{X}_r,t)\}$，由菲涅耳和基尔霍夫的衍射理论，以及球面波在损耗介质中的传播特征可以得到[4, 16]

$$v(X_r,t)=\frac{1}{2\pi v}\iint_S \frac{\cos\theta}{l^2} p(X)u'\left(t-\frac{2l}{v}\right)\mathrm{dx}\mathrm{dy} \tag{7-24}$$

其中，$u'(t)$ 是发射脉冲波形 $u(t)$ 的一阶时间偏导数；v 是电磁波在介质中的传播速度；$\boldsymbol{X}=(x,y,z)$ 是目标表面的点；$l=|\boldsymbol{X}-\boldsymbol{X}_r|=\left[(x-x_r)^2+(y-y_r)^2+z^2\right]^{\frac{1}{2}}$，是天线和目标成像点之间的距离；$S$ 是目标表面；θ 是电磁波入射方向与入射点处目标表面法线方向的夹角；$p(\boldsymbol{X})$ 是目标表面 S 的复幅度反射系数。

假设目标表面 S 上的点 $\boldsymbol{X}=(x,y,z)$ 的法线方向垂直于记录孔径，则此方向的余弦可以表示为：$\cos\theta=\dfrac{z}{|\boldsymbol{X}-\boldsymbol{X}_r|}=\dfrac{z}{l}$。从而有

$$v(X_r,t)=\frac{1}{2\pi v}\iint_S \frac{z}{l^3} p(X)u'\left(t-\frac{2l}{v}\right)\mathrm{dx}\mathrm{dy} \tag{7-25}$$

图像重建意味着从 $u(t)$ 和 $\{v(\boldsymbol{X},t)\}$ 实现对 $p(\boldsymbol{X})$ 的估计。SAR 成像的基本原理是计算所有的回波信号和一个测试函数的相关，即

$$B(X)=\iiint v(X,t)h(X-X_r,t)\mathrm{dt}\mathrm{dx}_r\mathrm{dy}_r \tag{7-26}$$

其中，$\boldsymbol{X}=(x,y,z)$ 是图像点的坐标矢量；$v(\boldsymbol{X}_r,t)$ 是在 $\boldsymbol{X}_r$ 处所接收的信号；$h(\boldsymbol{X},t)$ 是测试函数；$B(\boldsymbol{X})$ 被称为图像函数，也就是最终的 SAR 图像。$h(\boldsymbol{X},t)$ 的确定准则是，当 $\boldsymbol{X}=(x,y,z)$ 点有反射时，使得 $B(\boldsymbol{X})$ 产生最大值，否则近似为零。

7.6.6 基于 Gazdag 相移的 SAR 算法

一个二维平面单频波 $u(x,y,t)$ 可以用标量亥姆霍兹波方程描述为[17]

$$\left[\frac{\partial^2}{\partial x^2}+\frac{\partial^2}{\partial z^2}-\frac{1}{v^2}\frac{\partial^2}{\partial t^2}\right]u(x,z,t)=0 \tag{7-27}$$

其中，x 是水平位置坐标；z 是深度坐标；t 是时间；v 是介质中的波速。对式（7-27）沿 x, z, t 三个方向做三维傅里叶变换可以得到其频率-波数（F-$\boldsymbol{K}$ 或 ω-k）域描述：

$$\left(k_x^2 + k_z^2 - \frac{\tilde{\omega}^2}{v^2}\right)U(k_x, k_z, \tilde{\omega}) = 0 \qquad (7\text{-}28)$$

其中，$\tilde{\omega}$ 表示频率；k_x 和 k_z 分别是波数矢量在垂直和水平方向的分量。由于 $U(k_x, k_z, \tilde{\omega}) \neq 0$，所以有

$$k_x^2 + k_z^2 = \frac{\tilde{\omega}^2}{v^2} = k \qquad (7\text{-}29)$$

其中，k 是波数矢量的幅度，$k = |\boldsymbol{K}| = \dfrac{\tilde{\omega}}{v} = \dfrac{2\pi}{\lambda}$。

三维的情况很容易通过增加 y 坐标和对应的波数 k_y 得到。

在井中雷达成像中，由于波传播是从发射天线到目标再返回，对于单基 GPR 系统，可以通过假设在时间 $t = 0$ 波场从目标开始扩散，波速设定为介质中波速的一半 $v_{ERM} = \dfrac{v}{2}$，从而简化问题，这就是地震学中的爆破反射镜模型（exploding reflector model，ERM）。当使用 ERM，且只考虑上行波场时，三维情况下的色散关系为

$$k_z = \sqrt{\frac{4\tilde{\omega}}{v^2} - k_x^2 - k_y^2} \qquad (7\text{-}30)$$

如果对式（7-27）只沿 x 和 t 方向做傅里叶变换，则有

$$\left(\frac{\partial^2}{\partial z^2} - k_z^2\right)U(k_x, z, \tilde{\omega}) = 0 \qquad (7\text{-}31)$$

如果使用 ERM，且只考虑上行波场，式（7-31）可以简化为

$$\frac{\partial}{\partial z}U(k_x, z, \tilde{\omega}) = \mathrm{j}k_x U(k_x, z, \tilde{\omega}) \qquad (7\text{-}32)$$

k_z 满足式（7-30）的色散关系。

式（7-32）的解形式如下：

$$U(k_x, z, \tilde{\omega}) = U(k_x, z = 0, \tilde{\omega})\mathrm{e}^{\mathrm{j}k_z z} \qquad (7\text{-}33)$$

这个方程表明，在频率—波数域的向下外推是一个相移操作，其最早于 1978 年被 Gazdag 用于波数域的偏移。已知步长，并且利用该深度的波速 $v(z)$，对波场进行向下迭代外推，利用每一步的结果作为下一次迭代的输入，可以得到在每一个深度的场波数分布。对 k_x 和 $\tilde{\omega}$ 做逆傅里叶变换可以得到在 $z = z_n$ 深度对应的图像。

二维情况的过程如下所述。

（1）对数据在 x 和 t 向进行傅里叶变换：

$$U(k_x, z_0 = 0, \tilde{\omega}) = \iint u(x, z_0 = 0, t)\mathrm{e}^{-\mathrm{j}k_x x}\mathrm{e}^{-\mathrm{j}\tilde{\omega}}t\mathrm{d}x\mathrm{d}t \qquad (7\text{-}34)$$

（2）通过相移操作计算深度 $z_1 = z_0 + \Delta z$ 的场：

$$U(k_x, z_1, \tilde{\omega}) = U(k_x, z_0 = 0, \tilde{\omega}) e^{j\sqrt{\frac{4\tilde{\omega}^2}{v(z)^2} - k_x^2}\Delta z} \tag{7-35}$$

（3）对波数域数据进行傅里叶逆变换并设定 $t = 0$：

$$U(k_x, z = z_1, t = 0) = \frac{1}{2\pi}\int U(k_x, z = z_1, \tilde{\omega}) \, \mathrm{d}\tilde{\omega} \tag{7-36}$$

（4）对 k 进行傅里叶逆变换：

$$u(x, z = z_1, t = 0) = \frac{1}{2\pi}\int U(k_x, z = z_1, t = 0) e^{jk_x x} \mathrm{d}k_x \tag{7-37}$$

此过程对每一个深度 $z_{n+1} = z_n + \Delta z$ 都进行重复操作，而且在每一个深度单元内波速是常数 $v = v(z_n)$，所以该算法可以处理介质波速随深度不同而变化的情况。

利用此算法对同样数据进行处理后得到的处理效果很差，目标图像是发散的，所以此算法应用到近场井中雷达，合成孔径的效果很差。

7.6.7　基于 Stolt 偏移的 SAR 算法

如果波速是常数，在式（7-35）的深度外推可以一步得到

$$U(k_x, z, \tilde{\omega}) = U(k_x, z = 0, \tilde{\omega}) e^{jk_z z} \tag{7-38}$$

成像就是计算 $t = 0$ 时的一个二维傅里叶逆变换：

$$u(x', z', t = 0) = \frac{1}{(2\pi)^2}\iint U(k_x, z = 0, \tilde{\omega}) e^{jk_z z} e^{jk_x x} \mathrm{d}k_x \mathrm{d}\tilde{\omega} \tag{7-39}$$

由色散关系得到

$$\tilde{\omega} = \frac{v}{2}\sqrt{k_x^2 + k_z^2} \Rightarrow \mathrm{d}\tilde{\omega} = \frac{v}{2}\frac{k_z}{\sqrt{k_x^2 + k_z^2}}\mathrm{d}k_z \tag{7-40}$$

代入式（7-39）有

$$u(x', z', t = 0) = \frac{1}{(2\pi)^2}\iint \frac{v}{2}\frac{k_z}{\sqrt{k_x^2 + k_z^2}} U\left(k_z, z = 0, \frac{v}{2}\sqrt{k_x^2 + k_z^2}\right) e^{jk_x x} e^{jk_z z} \mathrm{d}k_x \mathrm{d}k_z \tag{7-41}$$

因此，波数偏移等效于从 $\tilde{\omega}$ 到 k_z 的变量改变。在实际中，需要对波数域数据进行内插，把 k_x 和 $\tilde{\omega}$ 平面内的数据转换到 k_x 和 k_z 平面内。式（7-40）中的系数等效于基尔霍夫偏移中的 $\cos\theta$。图 7-10 是 $(k_x, \tilde{\omega})$ 域到 (k_x, k_z) 域的数据映射关系[6, 7]。

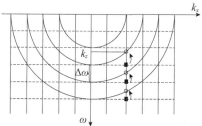

图 7-10　$(k_x, \tilde{\omega})$ 域到 (k_x, k_z) 域的数据映射关系

　　传统插值方法（如几何插值）会使偏移能量不集中，在不正确的位置上产生寄生量，从而影响成像效果。

　　几何插值的公式：

$$\ln U'_{n+\delta_n} = (1-\delta_n)\ln U_n + \delta_n \ln U_{n+1} \tag{7-42}$$

有人提出了 sinc 插值方法：

$$U'_{n+\delta_n} = \text{sin}c(\delta_n)\exp(-j\pi\delta_n)[(1-\delta_n)U_n] + \delta_n U_{n+1} \tag{7-43}$$

其中，U_n，U_{n+1} 是 $U(k_x, z=0, \tilde{\omega})$ 沿 $\tilde{\omega}$ 方向相邻的两个值。

$$\delta_n = \frac{\tilde{\omega}-\tilde{\omega}_0}{\mathrm{d}\tilde{\omega}} - \text{int}\left(\frac{\tilde{\omega}-\tilde{\omega}_0}{\mathrm{d}\tilde{\omega}}\right) \tag{7-44}$$

$$\tilde{\omega}_0 = \frac{-\pi}{\mathrm{d}t} \tag{7-45}$$

这里的 int 表示对实数取小于该实数的整数。每次计算式（7-44）所得到的结果都要乘以相应的标量 $-\text{sgn}(k_z)v\dfrac{k_z}{\sqrt{k_x^2+k_z^2}}$ 。

　　sinc 插值中 $\exp(-j\pi\delta_n)$ 项变换到时域为冲击函数，它是在时间上作偏移，从而将最大的偏移能量集中到正确的位置上。$\text{sinc}(\delta_n)$ 项变换到时域为一矩形函数，它可以抑制正确位置以外的成分，故偏移效果更好[19]。

　　我们可以得到基于 Stolt 偏移的 SAR 算法的流程图（图 7-11）。

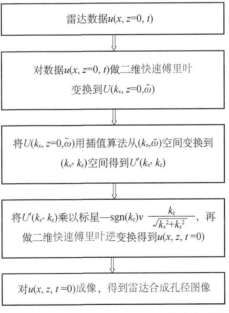

图 7-11　基于 Stolt 偏移的 SAR 算法流程图

Stolt 在 1978 年第一次把波数域偏移算法应用到地震成像中，而且被 Cafforio 等用到星载 SAR 处理中，同时被广泛应用到中深层的 GPR 数据处理中。该算法很容易通过增加 Y 分量扩展到三维的情况。虽然该算法假定波速是常数，在某些情况下会导致图像的发散。但是该算法是一个快速算法，在硬件条件有限的情况下很有优势，因为它利用了快速傅里叶变换。

从方位分辨率的角度，可以看出，基于基尔霍夫偏移的 SAR 算法，基于微波全息成像的 SAR 算法和基于 Stolt 偏移的 SAR 算法，对于近场井中雷达是比较理想的 SAR 处理算法；但是从前面基于基尔霍夫偏移的 SAR 算法处理结果可以看出，这种算法结果中有较多的人为假象；基于 Stolt 偏移的 SAR 算法虽然方位分辨率稍微差一些，但是该算法处理结果几乎没有人为假象，而且运算速度较快[18]。因此我们认为：基于微波全息成像的 SAR 算法和基于 Stolt 偏移的 SAR 算法更适用于井中雷达。

7.6.8　成像仿真及实验数据处理

由以上的对比我们发现，基于 Stolt 偏移的 SAR 算法具有成像速度快、分辨率高、伪影少的特点，故选择此算法做仿真计算，验证算法对处理井中雷达的可行性，并用实际的实验数据进行处理，做出分析。

1. 基于 Stolt 偏移的 SAR 算法的仿真结果

图 7-12 为点状目标成像模型，褐色背景设置为均匀有耗介质，蓝色圆形为点状目标，白色横条为雷达移动的井眼。

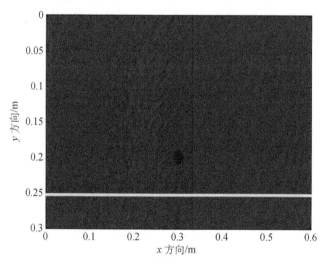

图 7-12　点状目标成像模型（彩图扫封底二维码）

通过时域有限差分法得到仿真数据，绘制出其能量图像，如图 7-13（a）所示。对原始数据进行去直达波处理后得到图 7-13（b）。

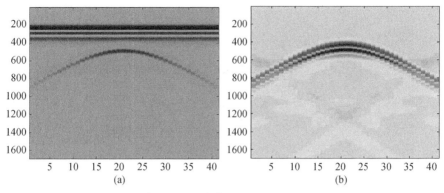

图 7-13   点状目标仿真数据（彩图扫封底二维码）

（a）原始图像；（b）去直达波图像

图 7-13（a）目标呈双曲线状，可以看到双曲线上方很强的直达波能量，在去直达波处理后，直达波能量基本消失，目标双曲线显示得更加清晰。对去直达波后的数据进行偏移成像，结果如图 7-14 所示。

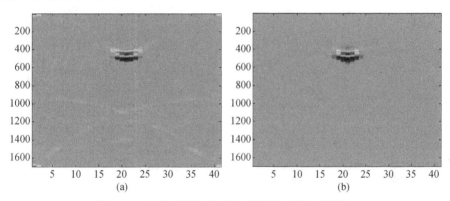

图 7-14   点状目标仿真成像（彩图扫封底二维码）

（a）几何插值偏移成像；（b）sinc 插值偏移成像

由图 7-14（a）可以看到，几何插值的偏移成像算法会产生许多伪影，造成能量无法集中到正确的位置。同时，由图 7-14（b）可以看出，sinc 插值算法的偏移成像很好地抑制了伪影的产生，将大部分能量都集中在目标区域。

为进一步验证偏移成像算法的效果，我们建立以下板状目标的模型，如图 7-15（a）所示。同样，褐色背景设置为均匀有耗介质，蓝色长方形为板状目标，白色横条为雷达移动的井眼。原始数据成像结果如图 7-15（b）所示。

从图 7-15（b）可以看出，目标信号上方有很强的直达波信号，目标信号中部呈直线，两端呈对称曲线，能量强度相对较弱。由于板状目标回波能量中心部分为平面，与直达波特性相似，去直达波会造成目标信号损失，所以选择不去直达波，直接进行偏移成像。成像结果如图 7-16 所示。

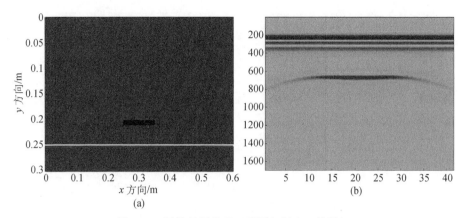

图 7-15　板状目标仿真（彩图扫封底二维码）

（a）仿真模型；（b）原始数据成像

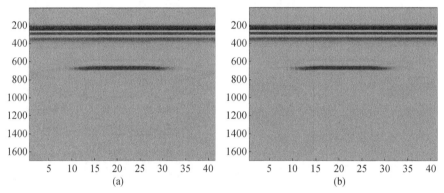

图 7-16　板状目标仿真数据成像（彩图扫封底二维码）

（a）几何插值偏移成像；（b）sinc 插值偏移成像

由图 7-16（a）可以看出，几何插值的偏移成像算法会产生许多伪影，造成能量无法集中到正确的位置，而 sinc 插值算法的偏移成像很好地抑制了伪影的产生，将大部分能量都集中在目标区域，且在 7-16（b）的成像中可以看到比较清晰的板状边界。

综上所述，sinc 插值偏移成像能够很好地聚焦偏移的能量，并且对伪影的抑制效果较好。

2. 实验数据处理结果

结合前面信号处理的内容以及偏移成像算法，这里对几组井中雷达实测数据进行处理。雷达数据来自作者课题组自主研发的一套井中雷达。

吊车实验：该实验场地为空旷的工地，由吊车将雷达吊起，纵向移动雷达进行数据采集，如图 7-17 所示。

图 7-17　吊车实验场地

图 7-18 为吊车实验雷达测量的原始数据的成像结果，可以看到，雷达的直达波很强，同时有很强的拖尾，完全埋没了目标信号。对数据进行去直达波等信号处理和成像后的结果如图 7-19 所示。

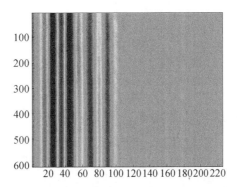

图 7-18　吊车实验原始数据的成像结果（彩图扫封底二维码）

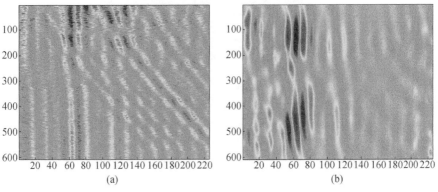

(a)　　　　　　　　　　　　　　　(b)

图 7-19　吊车实验成像结果（彩图扫封底二维码）

(a) 去直达波；(b) 偏移成像

从图 7-19（a）可以看出，直达波信号已经得到了较好的抑制，从 7-19（b）的成像效果可以看到，在 60～80ns 的位置有纵向较强的信号能量，即检测到了 10m 左右的垂直面目标，由于具有系统内部延时，目标的距离将大于 10m，根据现场的情况推测，可能为周围房屋或吊车本身产生的回波能量。

资阳岩水分层实验：该实验场地为四川省资阳市一断壁处，井口距离断壁 9m，断壁情况如图 7-20 所示。

图 7-20　资阳岩水分层实验场地

资阳实验原始数据成像结果如图 7-21 所示。

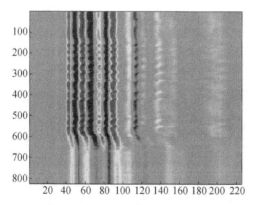

图 7-21　资阳实验原始数据成像（彩图扫封底二维码）

对数据进行去直达波等信号处理以及偏移成像后的结果如图 7-22 所示，可以看到，岩水分层可以更加凸显。

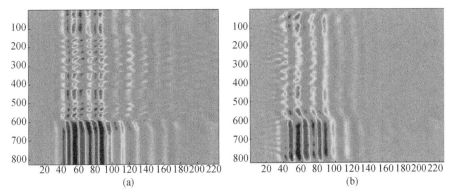

图 7-22　资阳岩水分层实验处理结果（彩图扫封底二维码）

（a）去直达波；（b）偏移成像

习　　题

7.1　井中雷达数据有哪三种格式？其数学表达式分别是什么？

7.2　常用的背景去除方法有哪些？试用 matlab 编程实现。

7.3　与常规傅里叶变换相比，EMD 方法有哪些优点？

7.4　井中二维图像的重建有哪些方法，其各自的优缺点是什么？

参 考 文 献

[1] 张春城. 浅地层探地雷达中的信号处理技术研究[D]. 成都：电子科技大学，2005.

[2] Daniels D J，Gunton D J，Scott H F. Introduction to subsurface radar[J]. Radar and Signal Processing，IEE Proceedings F，1988，135（4）：278-320.

[3] Daniels D J. Surface-penetrating radar[J]. Electronics & Communication Engineering Journal，1996，8（4）：165-182.

[4] 孔令讲. 浅地层探地雷达信号处理算法的研究[D]. 电子科技大学，2003.

[5] Eide E S. Radar imaging of small objects closely below the earth surface[D]. Fakultet for informasjonsteknologi，matematikk og elektroteknikk，2000.

[6] Scheer B. Ultra-wideband ground penetrating radar with application to the detection of anti personnel landmines[D]. Fakultet for informasjonsteknologi，matematikk og elektroteknikk，2000.

[7] Che W C. 非均匀介质中的场与波[M]. 聂在平，柳清伙，译. 北京：电子工业出版社，1992.

[8] Noo D A. Stepped frequency radar design and signal processing enhances ground penetrating radar performance[D]. Brisbane，Australia：University of Queensland，1996.

[9] Hussain M G M. Ultra-wideband impulse radar—an overview of the principles[J]. Aerospace and Electronic Systems Magazine，IEEE，1998，13（9）：9-14.

[10] Earp S L，Hughes E S，Elkins T J，et al. Ultra-wideband ground-penetrating radar for the detection of buried metallic mines[J]. Aerospace and Electronic Systems Magazine，IEEE，1996，11（9）：30-39.

[11] Valle S，Zanzi L，Lentz H，et al. Very high resolution radar imaging with a stepped frequency system[J]. Proceedings of SPIE，2000，4084：908.

[12] Cafforio C，Prati C，Rocca F. SAR data focusing using seismic migration techniques[J]. Aerospace and Electronic Systems，IEEE Transactions on，1991，27（2）：194-207.

[13] Bamler R. A comparison of range-Doppler and wavenumber domain SAR focusing algorithms[J]. Geoscience and Remote Sensing，IEEE Transactions on，1992，30（4）：706-713.

[14] Prati C，Rocca F，Monti-Guarnieri A，et al. Seismic migration for SAR focusing：interferometrical applications[J]. Geoscience and Remote Sensing，IEEE Transactions on，1990，28（4）：627-640.

[15] Grandjean G，Paillou P，Dubois-Fernandez P，et al. Subsurface structures detection by combining L-band polarimetric SAR and GPR data：example of the Pyla Dune（France）[J]. Geoscience and Remote Sensing，IEEE Transactions on，2001，39（6）：1245-1258.

[16] Osumi N，Ueno K. Microwave holographic imaging method with improved resolution[J]. Antennas and Propagation，IEEE Transactions on，1984，32（10）：1018-1026.

[17] Gazdag J，Sguazzero P. Migration of seismic data[J]. Proceedings of the IEEE，1984，72（10）：1302-1315.

[18] 张春城，周正欧. 基于 Stolt 偏移的探地雷达合成孔径成像研究[J]. 电波科学学报，2004（3）：316-320.

第 8 章　井中雷达的应用

GPR 技术是一种已经在很多领域被广泛使用的技术和方法。尤其是在地震、火山、山地滑坡、泥石流、雪崩等防灾减灾勘察，反恐防爆，探雷，物探，地探（农业、林业、渔业等资源），水探，冰探，气探，考古，资源探测，地理制图（河流、湖泊、山地、森林、沼泽、海洋、建筑等），环境监测，深空探测等领域，都有着一些具体的应用。

8.1　深部金矿探测

许多地球物理勘探方法，如三维地震，已从石油工业中借鉴过来，并经过大量努力后用于超深金矿的战略性规划。然而，不管这些方法多么有用，它们还是很难区分小于 20m、极有可能给矿工生命带来威胁的地质体。为了探测小于 1m 大小的目标，CMTE（Cooperative Research Center for Mining Technology Equipment）开发了一系列超细的钻孔雷达。VCR（Ventersdrop Contact Reef）岩礁是一个主要的金矿床。在南非，小于现在采矿深度的储量在急剧减少，例如，小于 3.5km 深度的 66000t 金矿储量现在只剩下 1/6。若要采矿深度安全到达 5km 以下，在开采之前就必须找出无压力无断层的通道。

如图 8-1 所示，VCR 是一个起伏的倾斜的片状物，并被网状河道所切割，接着被 100 多米厚的火山岩浆覆盖，最后被以后的沉积物覆盖。这种地形导致一个与矿体等级及压力集中程度有关的岩相，而当采矿区与台地边缘相遇时，这些都将无法控制。

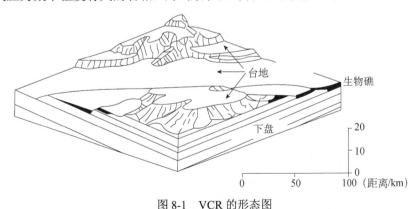

图 8-1　VCR 的形态图

太古界 Witwatersmnd 盆地在南非的经济发展中扮演了重要的角色，其面积约为（200×300）km²。VCR 在该盆地中具有独特的地质构造，横向连续超过 100km。VCR

位于盆地的西北边缘，是主要的采金层位，尽管已开采了一个世纪，现在的年采金量仍占世界的 6%。尽管 VCR 有些变化，但它大致仍为 1.2m 厚，金矿的品位为 10～15g/t。

由于网状河道、阶梯状河道三角洲的存在，可能造成岩礁的缺失。2.7 亿年前大量的火山熔岩充填这些河道。这些地质体包括一些化石、丘陵及古河道。后来的地质事件又引起一些大大小小的断层、节理及岩墙。现在，在约翰内斯堡的附近有露头。在 Carletoanle 地区，埋深为 2～5km，倾向为南东 18°～25°。

浅部矿脉的枯竭迫使南非金矿业开始开发更深处的岩礁。南非 30%的黄金产量将来自 3km 以下的矿脉。那时将出现复杂的岩石工程问题。沿着小的断层、岩墙、古地台等，经常出现灾难性的流体和大的应力能量的集中区。由于它们超出常规探测方法的分辨率的范围，这些小规模的目标很难圈定。

井中雷达可用来描绘 VCR 的详细结构。雷达发射和接收天线的直径为 32mm，带宽为 10～125MHz。该系统被用在与岩礁成 26°的井孔中，并测出一条 300m 左右的剖面。在噪声大于信号以前，距钻孔 80m 的 VCR 结构清楚可见。南非超深金矿给雷达的应用提供了理想的环境及高分辨率雷达图像的经济动力。钻孔雷达用来进行高分辨率测量，从而能探测到工作区向前 200m 的断裂区块等目标，避免了一些潜在的灾难。

图 8-2 为一长度 1.7m、直径 32mm 的钻孔雷达发射器进入一个 47mm 直径的钻孔。1kV，5ns 宽的脉冲以 0.5ms 的周期，通过一个带负荷的宽带非对称偶极子天线发射。类似的细的接收器和发射器连在一起。雷达回波馈给一个 10～100MHz 的低噪声增益模块，到达一发光二极管（LED）。调制的 860nm 光以及时间断开标志传送到解调器及 250MS/s 的 8 位 ADC。这些器件都密封在一个 PC104 计算机中，并采用由 486 母板控制的叠加单元及内存。叠加把系统的动态范围提高到 11～12 位。

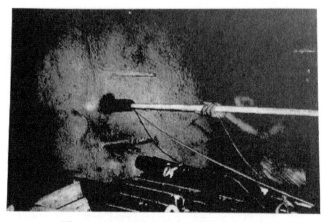

图 8-2　钻孔雷达在矿井下钻孔中的测量

井中雷达系统的设计不仅要考虑到钻孔很细这一情况，还要考虑到深部采矿环境非常恶劣这一实际情况。在钻孔钻遇高压断层带时，仪器遇卡的可能性极高。井下岩石的温度高达 70℃，导致仪器经常掉入井中。井内空气潮热且具酸性，因而电子线路的密封是必要的。配备电动机的绞车带有 400 多米长、8mm 直径的电缆。数据采集的速度约为 10m/min。随着雷达探头移动，反射体在回波列上产生特征模式。

图 8-3 为一近乎直线的钻孔的雷达剖面，钻孔和 VCR 的夹角为 25°左右。数据经过滤波和 AGC（自动增益控制）处理，从而使典型目标的回波模式更清楚。通过比较野外数据和先验的地质信息发现，第一反射来自相邻的井眼，接下来为 VCR 上部的火山熔岩，来自 VCR 的镜状反射形成第三条线，且非常明显。由于距离越远目标反射信号越弱，而噪声的大小是基本固定的，所以径向距离为 80m 左右时，VCR 镜状反射变得比噪声大。

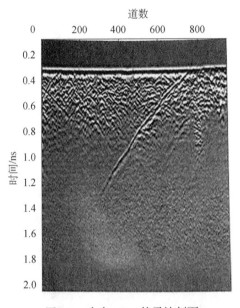

图 8-3　来自 VCR 的雷达剖面

8.2　冰川学研究

冰体在其物质组成上表现出高度的空间异向性。变化冰体的性质差异包括温度、晶体颗粒大小、方位和形状，以及气泡、沉积物、水、溶质离子浓度。以上各个性质都对冰对应力的响应有一定的控制作用，因此，冰的特征由其相应的流变学性质的空间变化来决定。研究表明，水含量增加 1%，样品的应变率能增加 400%。井中雷达可用来对冰川的热区域进行成像，并确定水及沉积物含量的变化。在沉积物缺失的情况下，标准的混合模型可从雷达速度来计算水的含量。

8.3 确定煤层采空区

为了确定美国印第安纳洲 Seelyville 煤矿下沉的可能性及采矿稳定成本，有必要了解地下矿体存在与否及其范围。调查区域的采矿活动可能在三个煤层上，包括伊利诺亚煤层的第七号煤层、第六号煤层及 Seelyville 煤层，深度范围为 70～300ft（1ft=0.3048m）。

这些矿区在采矿图存在以前已经开采 10 年，采矿情况有些不清楚，因而要精确地了解采矿区的范围。为此，跨孔雷达测量被用来确定六号煤层、七号煤层及 Seelyville 煤层的分布范围。

井中雷达的现场布置如图 8-4 所示。钻孔雷达在探测固体煤层的应用中效果非常好，原因是煤层上下都是由与煤层电性不同的介质组成的，像页岩、泥岩和黏土等的介质，通常表现出较低的电阻率，为 0.5～100Ω·m。煤通常有很高的电阻率，为 200～800Ω·m。煤层的介电常量比顶底部的介质具有更低的介电常量，为 5～6，而顶底板的介电常量为 10 或更大。这种电性上的差异在煤层的上下界面形成边界条件。电磁波限制在煤层中传播，波的传播就像是在波导中传播一样。因此，天线电信号在煤层中的传播比自由空间衰减得更小。当两天线放入井中，并对着同一煤层的时候，天线电信号从一个天线发出，并经过一定的衰减到达接收天线，如图 8-5 所示。

图 8-4 井中雷达测量井场布置图

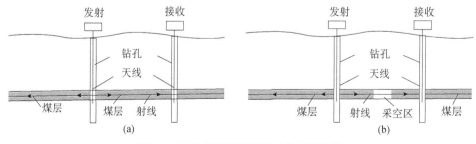

图 8-5 钻孔雷达测量煤层时的射线路径

（a）无采空区的煤层；（b）有采空区的煤层

在均匀煤层的情况下，衰减率是由煤层的性质决定的，如电阻率、湿度、煤层厚度等。这种情况下，衰减仅仅是天线间距离的函数，距离越大，信号越弱。当煤层中存在采空区时，可看作是一种异常，这时，如果传播的射线穿过或接近采空区，则信号衰减将很大。如果采空区接近但不在射线路径上，衰减将有少量增加。

通过测量穿过煤层的钻孔之间的射线上的信号强度，固体煤层的衰减率可以被确定下来。通过与其他路径的衰减相比较，可以确定哪些射线通过固体煤层，哪些射线通过或接近采空区。利用这样的方法，射线上采空区存在的可能性可以确定下来。

结果经过 8 天的野外工作，共测得 51 条射线。钻孔之间电波的传播距离达到240ft，远远大于用地面的探地雷达获得的结果。跨孔测量可找出固体煤层以及水淹过的采空区。

七号煤层测得的结果如图 8-6 所示。共测得 41 条射线。所有的射线（除 TL-3、TL-6 和 TL-2、TL-20）都证实了采矿带的范围。为了评价 TL-3 和 TL-6 之间的采矿情况，又增加了一个钻孔（TL-31），来自这口井的测量证实了固体煤层。采矿带在TL-3、TL-6 射线的边缘，并没有向西南方向发展。其余异常射线表明非采空区，这可由采矿图和其他射线读数来证实。这些异常可能来自一些遗留在矿中的钢框架。

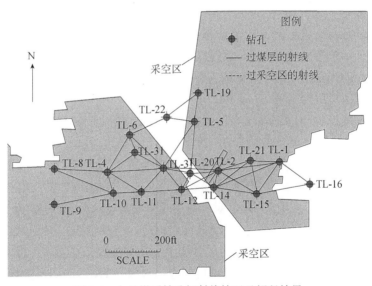

图 8-6　七号煤层钻孔间射线情况及解释结果

总之，钻孔雷达调查证实以下几点：
（1）七号煤层的采矿图是很精确的；
（2）六号煤层没有开采；
（3）发现 Seelyville 煤层 300ft 下有一未知的已开采区域，并被钻孔证实。

8.4　水文地质特征

如今，水资源的探测与保护是人类社会可持续发展的必要条件，是提升人类生活品质的前提，在一定程度上决定了人类未来的生存模式。在水文地质学中，土壤含水量控制着水文循环的主要过程，包括降水的渗透、径流和蒸发，影响地面与大气之间的能量交换。井中雷达作为一种新型的水文地质学的研究手段，已经越来越多地应用于水文地质特征的研究。利用井中雷达进行跨孔测量可以实时检测地层中含水量引起的介电常量变化，通过对雷达信号的分析可以判断不同深度地层中水分的分布及变化，为水文过程的解释提供定量依据，帮助人类更好地了解地下水资源的时空分布特征。

目前为止，井中雷达最为广泛和成功地应用在水文地质方面，取得了许多好的例子[1, 2]。

英国兰卡斯特大学（Lancester University）以 Binley 为代表的研究小组，应用井中雷达研究了地下水的季节变化和运移规律。跨孔雷达层析成像方法，能提供高分辨率的水文地质结构的图像，有时还能提供地下环境变化过程的详细评价。通过适当的岩石物理学关系，该方法能提供适合地下水建模的参数和约束的数据。并且，在英国 Sherwood Sandstone 进行的渗流带示踪剂的测试试验证实：这种方法能显示出 200h 的监控时间里示踪剂的垂直移动。通过比较不同时刻含水量的变化，有效的水传导率被估计为 0.4m/d。该值与野外饱和带所进行的水动力测试的结果具有可比性，并可为污染物运移模型提供参数。

如果想要准确预测地下环境中污染物的最终结果，对水源恢复过程的理解是非常重要的。为了很好地理解渗流带的水化学机制，有必要对水文学的动态变化进行适当的特征化。水分含量与孔隙介质介电常量及电性质之间可建立起很好的相关性。通过在井中放置适当的传感器，研究人员获得了英格兰 Hatfield 的三叠纪 Sherwood Sandstone 水源地的两年间的介电常量和电阻率剖面。雷达数据和电阻率剖面有很好的相关性。在第二个实验场地，距 Hatfield 17km 的 Eggborough，钻孔雷达也观察到砂岩中含水量的变化。两个实验场地的砂岩中的季节性湿带的运移速度约为 2m/d。在两个实验场地都发现近地表 3m 范围内的运移是很慢的，这表明污染物大多被控制在近地表。这些结果对地下水的模拟程序具有很重要的意义。这些程序被用来预测渗流带中的农药的移动。

美国能源部（U. S. Department of Energy）的渗流带运移场研究项目（Vadose Zone Transport Field Studies），其目的在于减少污染物下面的渗流带运移过程中的不确定性。它能够提供系统的野外试验来评价渗流带的污染物的运移。在该研究中钻孔雷达得到广泛的应用。

虽然钻孔和露头能提供一些有关岩石的取样，但在实验中存在不能提供点测量之间体积信息的需求。例如，介质不均匀时，有时需提供厘米到几十米范围的信息，这些特点足以改变污染物的运移。至今为止的研究表明，在很短的距离内，在孔隙介质的物理结构上存在非均匀性，在土壤样品和取样现场之间存在结构差异。跨孔地球物理方法，包括钻孔雷达和跨孔地震法能提供这方面的信息。

对渗流带污染物运移的理解，虽没有被不完备的概念模型所阻碍，但受到不完备的监控技术的制约。过去，污染物的圈定主要依赖自然伽马及自然伽马能谱测井。该方法无法追踪渗流带中高度移动的元素，因此，需要一种能够精确描述渗流带中污染物运移的手段。

来自渗流带的取芯分析在识别确定污染物时非常有用。然而，这些取芯分析很少且成本很高。没有足够的取芯，清楚识别非均匀的渗流带中污染物的位置将是很困难的。因而跨孔方法有可能提供一种低成本的手段。

地球物理方法的全面应用应该能够确定污染物的位置。应注意的问题是，跨孔方法的敏感度、分辨率及精度能否获得井旁及井间污染物随时间及空间变化的分布情况。更广泛一些，该研究的焦点在于，地球物理方法能否确定并区分天然的复杂体及地下的污染物所产生的非均匀性。

研究表明，雷达方法和地震方法的结果都很好。雷达测量在 200MHz 时能穿透5m，甚至 10m；在 50MHz 时能达到 20m。地震数据表明，在几百赫兹时，最重要的结果在于，地震数据和雷达数据是互为补充的，雷达数据主要是对湿度的变化敏感，而地震数据则主要是对孔隙度敏感。从时间流逝的观点看，雷达可以很高的分辨率显示湿度的变化，而地震可以较高分辨率显示岩性。总之，雷达和地震成像法产生互补的速度场，在确定水文地质参数时提供互补的信息。

美国地质调查局（USGS）的有毒物质水文计划（Toxic Substance Hydrology Program）开始于 1982 年。该计划的目的在于给国家的水环境中的有毒物质的情况提供科学的信息。地表水、地下水、土壤及空气中的有毒物质污染是美国所面临的重大问题。污染物，如过分的营养、有机化合物、金属和病菌等，经常通过工业、农业、采矿及其他人类活动进入环境。它们运移的量及持续性往往很难评价。消除污染物、保护人类环境，所需的时间和成本是非常巨大的，尽管各国政府和工业界一直都在努力发展环境技术。在调查地下水的过程中，该计划使用了钻孔雷达的方法。新罕布什尔州镜湖附近的裂缝性岩石含水层具有非常复杂多变的水文特征，它们大多分布在近地表，常受污染物的影响。地下水运动的速率及通道的不确定性阻碍了人们对污染的治理。USGS 的科学家正开发各种技术，以确定地下水及污染物的移动。例如，井中雷达被用来确定裂缝的位置，这些裂缝成为污染物运移的通道。该方法的使用将极大地提高人们预测有毒物质移动的能力，并有助于在别的地方制订补救的办法。

8.5 地下裂缝分布的探测

在地下工程地质中,断裂带的分布规律探测是一个重要方面。这里以作者课题组的探测实例介绍井中雷达探测地下裂缝的结果。实验场地位于北京西郊的一处石灰岩小山上。地下岩石被许多裂缝切割,且裂缝充满水。实验共包括 FR、AE1、AE2、AE3、AE4 等五个钻孔,其分布如图 8-7 所示。课题组在 FR、AE1、AE3、AE4 中进行了单孔反射测量,在 FR 和 AE2 之间进行了跨孔雷达测量。AE1 中所测的原始数据如图 8-8(a)所示,从原始数据中很难发现明显的有用信息。

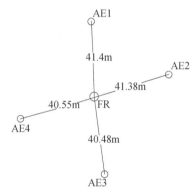

图 8-7 实验场地钻孔分布图

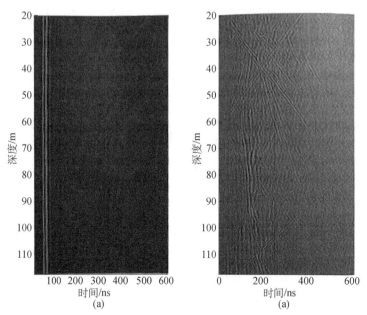

图 8-8 钻孔 AE1 数据处理前后的钻孔雷达剖面

(a)处理前;(b)处理后

　　为了提高信噪比和分辨率，我们对测量的原始数据进行了常规数据处理，包括时间增益补偿、自动增益控制（AGC）、带通滤波、直达波剔除等。钻孔 AEl 原始数据的处理结果如图 8-8（b）所示，裂缝信息可以清楚地反映出来。可以看出，钻孔雷达具有非常高的分辨率。该实验场地非常适合于钻孔雷达的使用。根据跨孔测量确定的该场地速度为 0.128m/ns，由此可以推断径向探测距离可达 30m。

　　我们用平面反射体的特征来解释处理结果。时间-深度坐标系中的裂缝分布如图 8-9 所示，这里用直线来表示裂缝的位置，这与实际的空间分布是有差别的。为了更好地理解裂缝的形态，我们需要把它们转换成真正的空间分布。从时间域剖面到空间域图像转换最常用的方法叫作偏移。针对实际情况，考虑到该场地的裂缝大多为平面反射体，我们采用一种简单的偏移或转换方法。对单孔反射测量来说，某一深度某一时刻的反射信号可能来自一个椭圆周边，其焦点位于反射天线和接收天线，长轴和短轴由反射信号的走时和速度的乘积决定。平面裂缝的空间展布位置可由与该反射信号的两端所对应的两椭圆的共同切线来决定。这样，某一裂缝距钻孔的距离和夹角就可确定下来。

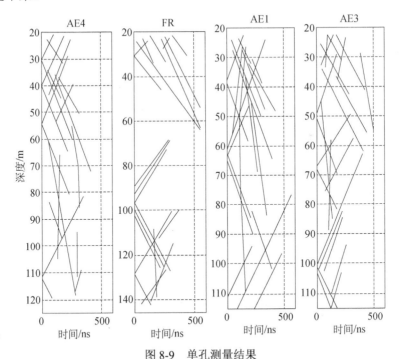

图 8-9　单孔测量结果

　　通过对解释的裂缝和地质取芯进行对比发现，大多数解释结果和地质取芯相对应。另外，井中雷达可以探测比取芯信息更多的信息，因为一些裂缝不与钻孔相交。由于普通井中雷达的测量是全方位的，裂缝的方位是不确定的。

　　通过对图 8-9 的处理结果观察分析发现，大多数裂缝和钻孔的夹角为 50°～60°。

这是同一应力系统作用的结果。实际的原状裂缝的延伸长度可能比解释结果要长，这是由于雷达的探测能力有限，无法探测到完整的裂缝几何形态，反射信号的大小由多种因素决定，如天线的指向性、裂缝开口大小、充填物性质，以及裂缝和钻孔的夹角等。比如，通常情况下，水平裂缝很难探测，而垂裂缝则很容易探测。在该实验场地，径向探测范围可达 30m。

通常，来自单一钻孔的测量数据无法确定裂缝的方位角。然而，如果同一裂缝被来自两个或多个钻孔的测量所发现，该裂缝的走向就有可能被确定。就该实验场而言，井间的距离大约为 40m，超出了雷达的径向探测范围。因此，单孔反射测量无法测得其他钻孔的存在。但是，一些位于钻孔中间的裂缝有可能被来自两个或多个钻孔的测量所观察到。

我们借助计算机来推断裂缝的倾向。钻孔 FR 位于一系列钻孔的中心，因此其附近的裂缝也很容易被其他钻孔所观测到。我们选择第 5～7 号裂缝进行分析。以第 5 号裂缝为例，通过比较 AE1、AE3、AE4 探测到的具有相同倾角的裂缝，有可能推断裂缝的方位。如图 8-10 所示，我们改变钻孔 FR 附近的第 5 号裂缝，以及被 AE4 探测到的具有相同倾角的裂缝的方位，如果它们可以位于同一平面内，则认为它们为同一裂缝，且被两个钻孔的测量同时测到。如果某一裂缝同时被两个钻孔的测量观测到，则该裂缝的方位有两种可能。第 7 号裂缝的方位角为 171°±90°∠44.2°，只有当倾向与两个钻孔的连线相同时，推断的裂缝的方位才是唯一的。例如，第 5 号裂缝

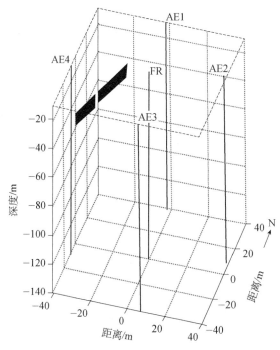

图 8-10　第 5 号裂缝的空间展布

的方位角为 257.5°∠52.8°，第 6 号裂缝的方位角为 357°∠57.9°。如果某一裂缝同时被三个或更多裂缝探测到，裂缝的方位可以是唯一确定的。利用多孔探测的图像，我们对一些裂缝的方位进行了推断。实践证明，井中雷达可以对地下的裂缝进行清晰的成像。

　　井中雷达是一种非常有效的地下探测手段，它可用来探测地下的裂缝系统。它能克服一些常规地质雷达的缺点，尽管它具有探测上的方位不确定性。它可以用来确定裂缝距钻孔的距离以及与钻孔的夹角。利用多孔测量，有可能确定某些裂缝的方位。然而，多孔测量必将提高勘探成本，从经济上考虑是不可取的。因此，开发能够进行三维测量的定向井中雷达是必然趋势。

8.6　存储仓库选址应用

　　随着经济的快速发展，核能作为世界上最清洁高效的能源，已经广泛应用于人类生活中。目前，全世界已有很多国家的接近一半的能源来自于核能。在和平利用核能的同时，人们对高放射性核废料的安全处理高度重视。深地层处置是当今世界上普遍接受的最安全可行的方法，这种方法利用地层深处的仓库永久保存高放射性核废料。核废料的储存场所需要较为稳定的地质结构，因此，深地层处的地质结构信息的获取就成为核废料处理的关键。井中雷达能够探测地下几千米深处大范围内的地质结构，包括地下裂缝和空洞等地质异常，其雷达信号的处理结果及重构的探测空间图像可以为核废料储存场所的选址提供依据。1980—1986 年，在经济合作与发展组织的资助下，瑞典等国科学家开展了名为 STRIPA 的国际研究计划，该项目旨在研究如何妥善处理核能发电中产生的核废料。作为该项目的重要研究内容，多国科学家利用井中雷达对瑞典中部的一处废弃地下铁矿进行了单孔及跨孔探测，以确定探测区域中的地下裂缝分布及水流特征，为核废料存储仓库的选址提供判断依据。

参 考 文 献

[1] Binley A，Cassiani G，Middleton R，et al. Vadose zone flow model parameterisation using cross-borehole radar and resistivity imaging[J]. Journal of Hydrology，2002，267（3）：147-159.

[2] Binley A，Winship P，Jared West L，et al. Seasonal variation of moisture content in unsaturated sandstone inferred from borehole radar and resistivity profiles[J]. Journal of Hydrology，2002，267（3-4）：160-172.